中国科普作家协会海洋科普专业委员会
山东自然辩证法研究会
山东省科普创作协会

# 海洋科普与海洋文化

马来平　杨立敏　肖　鹏　主编

中国海洋大学出版社
·青岛·

**图书在版编目（CIP）数据**

海洋科普与海洋文化 / 马来平，杨立敏，肖鹏主编 .
—青岛：中国海洋大学出版社，2020. 10（2022.1重印）
ISBN 978-7-5670-2629-2

Ⅰ. ①海…　Ⅱ. ①马…②杨…③肖…　Ⅲ. ①海洋学
－普及读物②海洋－文化史－世界　Ⅳ. ①P7-49
②P7-091

中国版本图书馆 CIP 数据核字（2020）第 212382 号

| | | | |
|---|---|---|---|
| 出版发行 | 中国海洋大学出版社 | | |
| 社　　址 | 青岛市香港东路 23 号 | 邮政编码 | 266071 |
| 出 版 人 | 杨立敏 | | |
| 网　　址 | http://pub.ouc.edu.cn | | |
| 电子邮箱 | 44066014@qq.com | | |
| 订购电话 | 0532－82032573（传真） | | |
| 责任编辑 | 潘克菊　王　晓 | 电　　话 | 0532－85901092 |
| 印　　制 | 青岛国彩印刷股份有限公司 | | |
| 版　　次 | 2020 年 10 月第 1 版 | | |
| 印　　次 | 2022 年 1 月第 2 次印刷 | | |
| 成品尺寸 | 170 mm × 230 mm | | |
| 印　　张 | 18 | | |
| 字　　数 | 360 千 | | |
| 印　　数 | 1 001－2 000 | | |
| 定　　价 | 78.80 元 | | |

发现印装质量问题，请致电 0532-58700166，由印刷厂负责调换。

# 编委会

为响应党中央"海洋强国"的号召,服务于山东海洋强省战略,2019 年 11 月 23—24 日,由山东自然辩证法研究会、中国科普作家协会海洋科普专业委员会、山东省科普创作协会联合主办,中国海洋大学出版社承办的海洋科普与海洋文化学术研讨会,在中国海洋大学鱼山校区隆重举行。较之往年的学术年会,这次会议表现出了以下几个特点。

一是规模大。三个学会联合主办;到会人数近百人;与会人员来自山东省、北京市、内蒙古自治区、四川省和江苏省等地,山东省到会者覆盖了山东省各地的主要高校以及海洋科学和海洋科普的主要科研院所等单位。特别值得一提的是,山东自然辩证法研究会的会员们在对海洋科普与海洋文化比较陌生的情况下,经过短短几个月的努力,完成了 30 多篇论文,难能可贵。

二是层次高。与会人员中有诸如国际欧亚科学院院士这样高层次的海洋科学家、国家一级作家这样高层次的海洋科普作家、科技哲学专家与学者、省科协以及许多地市的科技管理工作者;数位知名学者所做的高层次的会议学术报告等。

三是学术交流广泛深入。这次学术交流分为两大板块:海洋科普与海洋文化学术研讨,以及海洋科普创作与出版学术研讨。前者以报告论文的形式进行交流;后者主要以口头的形式进行交流。

就交流论文的论域而言,广泛涉及国家海洋强国战略、习近平海洋命运共同体思想、海洋文化和海洋文明、海洋科普和海洋生态保护等。

就交流论文的内容而言,不少作者从科技哲学的角度阐发了我国的海洋强国战略以及习近平海洋命运共同体思想的内涵、形成、构成、价值和实现途径等。还有一些作者就当前海洋科普和海洋文化方面所存在的问题进行了分析,并提出了具有可操作性的对策。例如,关于防范和化解海洋风险的对策、关于构建中国生态环境保护合作机制的对策等。另有一些作者对于海洋文化史进行了专题研究,例如,何种海洋史的研究能突破"西方中心论"、中国近代海洋气象史、海陆交通在早期中西文化交流中的意义等。

就交流论文的质量而言,论文作者提出了许多新思想、新观点和新概念,令人耳目一新。例如海缘世界观、海洋荒野、精准科普等新概念的探讨等。也正因为此,会后经山东自然辩证法研究会邀请的 5 名专家评审、研究会推荐,《"海缘世界观"的理解与阐释》《"海洋荒野"的客观性与社会建构性》《大数据域境下精准海洋科普供需链研究》《南中国海生态环境保护合作机制的构建》等 4 篇论文以"海洋科普与海洋文化研究"专栏文章形式,在《山东社会科学》2020 年第2 期发表。《海洋命运共同体何以可能——基于马克思主义视角的研究》《国家治理现代化视野下的海洋强国制度体系研究》《论海洋生态法治文化的体系构成及基本目标》等论文即将在《中国海洋大学学报》发表。

我们深知,这次会议所做的探讨,还只是刚刚开了一个头。在海洋科普与海洋文化方面,亟待研究的问题还有很多。我国是一个海洋大国,拥有 300 万平方千米主张管辖海域和 1.8 万千米大陆海岸线,但还不是一个海洋强国。公民海洋意识薄弱、海洋科技和开发能力欠发达、海洋经济占国民经济的比例偏低等。鉴于当前世界经济竞争的重心正在迅速从陆地走向海洋,我国亟待向海洋挺进、做好海洋强国这篇大文章。显然,一向以研究科技的本质、科技发展的规律、科技中的哲学问题、科技与社会的互动关系见长的科技哲学,在海洋科技引领的海洋强国领域任重道远、大有可为。我们期待更多的科技哲学工作者关注海洋科普和海洋文化研究。

会议期间,中国科普作家协会海洋科普专业委员会和山东省科普创作协会海洋科普专业委员会的挂靠单位——中国海洋大学出版社为会议提供了良好条件和优质服务,并承担了会议论文集的出版任务。在此,我谨代表会议主办方向以杨立敏社长为代表的海大出版社的同志们表示衷心的感谢!山东省科普创作协会为会议论文集出版提供了资助,在此也向山东省科普创作协会的领导同志表示衷心感谢!

马来平

2020 年 4 月 12 日于山东大学寓所

# 目录

Contents

1

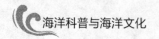

# 第三部分　海洋文化与海洋生态

# 附　录

# 繁荣山东海洋科普的若干建议 [①]

马来平 [②]

（山东大学儒学高等研究院,山东 济南,250100）

**摘 要**:山东海洋强省建设离不开海洋科普的强力介入。为繁荣我省海洋科普、将山东打造为全国海洋科普高地,本文特提出以下 8 项建议:编制《山东海洋科普行动方案》;设立山东海洋科普研究中心;成立山东海洋科普研究会;组建山东海洋科普图书出版基地;构筑和充分利用海洋科普场馆系统;壮大海洋科普产业;建立健全海洋科普的评价和激励制度;推动海洋科普进教材、进课堂、进校园。

**关键词**:海洋强省;海洋科普;建议

当前,在陆地资源危机重重的情况下,海洋以其占据地球表面积 71%,资源极其丰富的优势,格外引人注目。随之,世界各国发展的重心正在迅速由陆地移向海洋。党中央审时度势,及时作出了"坚持陆海统筹,加快建设海洋强国"和 21 世纪海上丝绸之路的战略决策。习近平总书记于 2018 年两会期间,向山东作出的关于"山东有条件把海洋开发这篇大文章做深做大;希望山东充分发挥自身优势,努力在发展海洋经济上走在前列""为海洋强国建设做出山东贡献"的重要指示,给大陆海岸线长达 3 124.4 千米的山东省指明了发展方向。随即,2018年 5 月 12 日,山东省委、省政府发布了《山东海洋强省建设行动方案》,吹响了挺进海洋、向海洋谋富强的号角。由此,山东海洋强省建设从战略规划阶段迈向全

---

① 此建议摘要载于《参事建议》(山东省政府参事室主办) 2019 年第 11 期专号。

② 作者简介:马来平(1950— ),男,山东巨野县人,山东大学儒学高等研究院教授、博士生导师,山东省政府参事,山东自然辩证法研究会理事长,山东省科普创作协会理事长。主要研究方向为科技儒学、中国近现代科技思想史、科学社会学、科普理论。

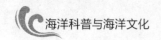

面实施阶段。

山东海洋强省建设工作千头万绪。其中,有一项工作不应忽视,这就是海洋科普。海洋科普和海洋科学研究是海洋科技事业的两翼。二者彼此依存,相得益彰:海洋科普既是激励海洋科技创新、建设海洋强国的内在需求,也是营造热爱海洋、关心海洋、认识海洋、经略海洋的创新文化环境以及培育海洋创新人才的基础工程;要使海洋技术为公众得以掌握并尽快转化为生产力,要使海洋科技新发现带来的新思想、新观念、新方法为公众所理解进而实现其精神价值,均离不开海洋科普的强力介入。

近年来,我省各地尤其是以青岛为排头兵的沿海区域,海洋科普有了长足发展。无论是在海洋科普队伍、海洋科普场馆和设施方面,还是在海洋科普活动和海洋科普产品等方面,均取得了优异成绩。但整体说来,较之建设海洋强省的要求、较之世界海洋强国和国内先进地区,差距依然明显。我省公民的海洋经济意识、海洋环境意识、海洋科技意识,尤其是海洋国土意识、海洋安全意识以及海洋政策意识亟待提高。为此,特就繁荣我省海洋科普、将山东打造为全国海洋科普高地提出以下 8 项建议。

## 一、编制《山东海洋科普行动方案》

此文件的制订,旨在落实 2016 年国家海洋局与教育部、文化部、国家新闻出版广电总局、国家文物局联合印发的《提升海洋强国软实力——全民海洋意识宣传教育和文化建设"十三五"规划》(以下简称《规划》)精神,并与《山东海洋强省建设行动方案》相配套,作为山东省未来一个时期内海洋科普的顶层设计。建议由省全民科学素质工作领导小组牵头,研究制订本方案,并分工实施,明确海洋科普的指导思想、目标、任务、措施、队伍以及条件保障和组织领导等。尽快建成全方位、多层次、宽领域的海洋科普体系,形成海洋特色鲜明、内容丰富新颖、形式多种多样、社会影响突出、组织保障有力、公众广泛参与的海洋科普工作格局。

## 二、设立山东海洋科普研究中心

此中心主要由一批学有专长的海洋科普学者组成,隶属省科协或省海洋局。主要职责是:定期进行我省全民海洋意识的调查和其他海洋科普的专题调查;

研究海洋科普的理论、技术和方法;研究发达国家和全国各地海洋科普的历史、现状、发展趋势以及先进经验等;及时介绍和有计划地引进国外优秀海洋科普作品;结合国家"21世纪海上丝绸之路"的倡议,加强与国外相关组织及其他省份有关海洋科普方面的交流合作;组织实施全省重大海洋科普课题的研究和重大海洋科普作品的创作;创办海洋科普杂志、网站、微信公众号、微博账户、手机APP等各种海洋科普的媒体平台;协助有关部门策划和组织常规性或应急性的全省重大海洋科普活动;发布年度全省海洋科普研究和海洋科普创作的课题指南,引导全省海洋科普的方向;组织实施全省海洋科普工作者的业务培训;建立和完善海洋科普的评价指标体系,参与实施优秀海洋科普作品、海洋科普先进单位和先进科普作家的评选等。

## 三、成立山东海洋科普研究会

目前,我省海洋科普的群团组织以隶属于山东科普创作协会的"海洋科普专业委员会"的形式存在,但远远不够,应当尽快成立独立的山东海洋科普研究会。该会的中心任务,第一是吸收涉海专业在职的或离退休且有参与海洋科普意愿的科技工作者入会,吸引和动员他们关心海洋科普、撰写海洋科普作品、参加海洋科普活动;第二是尽量吸收电影、动漫、绘画、音乐、戏曲、新媒体等各方面的人才入会,以期实现海洋科普和各种文学艺术因素相结合;第三,把分散在工人、乡村农民、城镇农民工、企事业单位职员、教师、公务员、解放军及武警战士、企业家、文化工作者、青年学生等各类人群中的海洋科普作者和志愿者团结和组织起来,让他们成为光荣的海洋科普学会会员,共同汇聚在海洋科普学会的周围,组成一支浩浩荡荡的活跃在海洋强省建设第一线的海洋科普大军。海洋科普研究会要结合省科普研究中心组织海洋科普国内外重要学术交流活动和海洋科普学术评价活动;为会员的创作、成长和事业发展提供雪中送炭式的优质服务,扶持和培养海洋科普新人,为海洋科普作者搭建成果发表和成果推广的平台,反映会员的意见和要求,加大信息共享力度,依法维护会员的合法权益等。

## 四、组建山东海洋科普图书出版基地

海洋科普图书的出版发行是海洋科普的一个相当重要的侧面。为了保障海洋科普图书的质量,疏通海洋科普图书出版的渠道,增强海洋科普图书出版的计

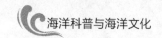

划性和连续性,有必要建立一处山东海洋科普出版基地。该基地的职责是:落实《规划》所提出的"打破音像出版、图书出版和互联网出版界线,打造集影视动画制作、纸质图书出版与数字出版三位一体的全媒体出版平台,扩大出版范畴,创造增值空间,实现一元化生产、多媒体发布、多渠道传播,为不同地区、不同年龄段、不同层次的群体同步提供差异化的适配于各类终端的海洋阅读产品"的要求,把纸介质、互联网、移动终端等各种介质以及影视制作、书刊出版和数字出版等多媒体融合起来,创作和生产影视作品同名图书,出版交互式海洋科普电子杂志;结合省科普研究院和省海洋科普研究会的有关专家制订和颁布五年期和年度海洋科普出版选题规划;设立出版基金,对规划选题进行资助;采取有力措施改革和完善海洋科普图书、期刊的发行、推广的组织机构和运营机制;逐步形成一支高水平的编辑队伍,吸引和凝聚一个全省乃至全国高水平的海洋科普作者群;有计划地编辑出版针对不同读者群的不同层次、不同内容、不同形式的优秀海洋科普图书,力争在数年内将其打造成为全国乃至全世界的海洋科普出版高地。从市场上常见的海洋科普类出版作品来看,大量知识点以示意图的方式展示出来,使读者尤其是学龄期少年儿童难以形成对海洋的直观印象,出版行业可适当将 AR、VR 等新兴技术运用到作品中,增强读者学习的立体感。结合我省的实际情况来看,中国海洋大学出版社是一家海洋专业性出版社,一向高度重视海洋科普,已经出版了一大批高水平的海洋科普图书,在海洋科普图书出版方面积累了丰富经验,也在全国业内产生了广泛影响。建议以该出版社为基础挂牌组建山东海洋图书出版基地。

## 五、构筑和充分利用海洋科普场馆系统

海洋科普场馆是最基本、最有成效的科普场所之一。例如,一场海洋科普展馆的参观,可以使观众通过实物、图片、音响、解说、互动和游戏等形式,对于海洋的起源、运动、构成、空间、景观、生态、灾异、资源储藏以及海洋科学研究和技术开发的成就与前景等,有一个大概的了解。因此要落实《规划》所提出的"以涉海部门、沿海地区为重点,推进海洋博物馆及涉海文化馆、科技馆、展览馆等建设,坚持设施建设与运行管理并重"的要求,着力加强我省海洋科普场馆的建设,构筑和充分利用海洋科普场馆系统。首先,发挥互联网优势,加强"海洋数字博物馆"建设,运用虚拟现实技术、三维图形图像技术、计算机网络技术、立体显示

系统、互动娱乐技术、特种视频技术,对海洋自然、人文等内容进行数字化,并通过网络直播等形式,引发观众互动,增强公众兴趣。其次,目前省内各大中城市没有建立海洋科普场馆的,应当尽快建立起来;已经建立的,需要通过改造和提升,使其科普功能得到更全面、更充分和更高水平的发挥。第三,有条件的地方要充分利用现有海洋科普资源,因地制宜建立多样化的科普场馆。利用我省丰富的海洋旅游资源,鼓励沿海地区的水族馆、海洋公园、海水浴场等增设科普场所并给予财政补贴。第四,现有科学馆、博物馆、文化馆等各类场馆,应当酌情增加海洋科普和海洋文化的内容。总之,要多管齐下,力争尽快在全省构筑起一个现代化水准较高的海洋科普文化场馆系统。第五,在我省广大农村地区,精神生活相对匮乏,科普知识获取的途径较少。对此,应结合我省正在实施的乡村振兴战略,在我省沿海的农村地区,仿照文化部门"大篷车下乡"的模式,鼓励海洋科普类场馆利用大篷车等模式进行海洋科普宣传。通过海洋生物标本和海洋科普知识的展示,建立高水平的"移动科技馆",利用全国科普日、海洋日、"六一"儿童节等各类节庆活动开展海洋科普活动,使海洋知识和海洋文化深入城乡的各个角落,发挥流动性科普的辐射作用,为提高全民海洋科学素质做出贡献。

## 六、壮大海洋科普产业

海洋科普是公益事业,由政府主导理所当然。然而,在市场经济的大环境下,找准海洋科普和市场经济的契合点,让市场这只"无形之手"尽显神威,将会对"政府主导"起到有益的补充作用。因此,繁荣海洋科普事业应当充分用好市场手段,壮大海洋科普产业。

政府在推动群团组织和有关事业单位积极购买海洋科普方面的社会服务的同时,应当出台政策鼓励和引导个人、企业、外资等社会力量和社会资金投入海洋科普产业。要着力培育有市场竞争力,有鲜明海洋特色的文学艺术、音乐舞蹈、戏剧表演、书法绘画、时尚设计、工艺美术、广告创意、动漫游戏等产品和作品;推进海洋特色文化传统工艺技艺与创意设计、现代科技、时代元素相结合;推动海洋主题影视业,加强海洋题材电影和海洋专题电视节目策划制作,特别是青少年海洋题材的科普科幻舞台剧和电影的制作;鼓励演艺娱乐业创新海洋题材,发展集演艺、休闲、观光、餐饮、购物为一体的海洋特色综合娱乐体;鼓励省内的海洋科研院所及中央驻鲁海洋机构开展针对中小学生群体的研学活动,鼓励省内海

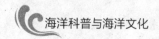

洋产业龙头企业开展工业游活动;发展具有鲜明地域特色和海洋风情的海洋生态旅游和海洋文化旅游产品;有效提升各类涉海节庆业、会展业的文化品质;积极引导海洋特色文化与建筑、景观、体育、餐饮、服装、生活日用品等领域融合发展,培育海洋元素的新型产品和业态;促进文化创意与海洋科技创新深度融合,提高海洋特色文化产品的科技含量和创意水平;立足地方海洋传统文化资源发展海洋特色文化产业,打造具有地方特色的海洋文化产品和知名品牌,鼓励从事海洋产业的龙头企业如山东海洋集团、山东港口集团体现社会责任,兴建海洋类科普场所;加强对海洋自然资源的保护,诠释绿色发展的概念,严厉打击破坏海洋生态环境的行为,提高公民的海洋环保意识,力争把我省建成海洋生态保护的典范省份。

总之,海洋科普投资主体的多元化,不仅会吸引大批资金用于海洋科普,而且会把竞争机制引入海洋科普,从而有利于建设海洋科普设施,充分利用和开发海洋科普资源,最终达到活跃和繁荣海洋科普的目的。

## 七、建立健全海洋科普的评价和激励制度

海洋科普的主体除了海洋科普工作者外,海洋科技工作者也是一支不容忽视的力量。海洋科技工作者参与科普,有利于保证海洋科普作品的科学性,提高海洋科普作品的权威性、时效性、前瞻性和国际性。所以,如何建立健全海洋科普的评价和激励制度,充分调动海洋科普工作者和海洋科技工作者的积极性,至关重要。然而,长期以来,由于整个科普工作评价和激励制度的滞后,严重制约了我省海洋科普事业的发展。鉴于落实《山东海洋强省建设行动方案》的迫切需要,当前亟待采取以下措施。

### (一)设立包括海洋科普奖在内的山东"省政府科普奖"

目前,省科协设有"山东科普奖"。尽管社会反响良好,但由于属于厅级奖项,作用有明显的局限性。因此,有必要将此奖项上升到省级层面,设立"省政府科普奖"。对于全省各行各业在普及科学知识、传播科学方法、宣传科学思想、弘扬科学精神方面做出优异成绩的单位和个人给予表彰。为保障此奖项的质量,需要成立山东科学技术普及奖评审委员会。由省委宣传部、省科学技术协会、省科技厅联合组成评审委员会,分管副省长任主任。评审委员会是评奖活动的领

导机构。办公室可设在省科协,由专职工作人员负责评审的日常工作。通过一定程序,按照一定标准,在全省科普作家、省级自然科学学会、省作家协会、科普出版机构、媒体科普相关人员、教育部门等方面遴选专家,组成专家库。评选时随机抽取,并依照一定的回避制度,确定每次参加评奖的评审专家。其他具体事项,待奖项设立后,由评审委员会征求专家意见,并参照省社科优秀成果奖做法酌定。

**(二)在山东自然科学基金项目中适当增列科普基金项目**

目前,在山东省自然科学基金项目的申报范围内,没有包括海洋科普在内的科普项目。为激励从事海洋科普和一般科普项目的人,建议在山东自然科学基金项目中增列适当的科普基金项目。

**(三)启动科普作家的等级评选**

为了解决科普界多年来一直呼声甚高的职称评定问题,建议仿照作家协会对艺术专业人员评定等级的做法,启动科普作家的等级评选工作。在充分征求各有关方面意见的基础上,由省科技厅和省科协共同组织专家研究制定《科学技术普及专业职务(科普创作水平)条例》,然后组织专家评审委员会,以申报人的专业学识、业务能力、工作表现、科普贡献等为主要依据,适当参考学历和资历,定期评定科普作家的等级。

## 八、推动海洋科普进教材、进课堂、进校园

第一,继续落实在中小学有关学科教材中,科学、合理地整合进海洋科普的内容,为中小学适当配置有关海洋科普的课件、挂图、教学参考书和多媒体等,不断更新并予以完善。

第二,继续鼓励高等院校、职业院校和中小学设立海洋科普的一般课程、网络课程和讲座;同时对中小学教师进行海洋知识和海洋文化方面的轮训,并纳入教育部门年度绩效考核体系。

第三,继续推动各类海洋科研院所、专业机构和管理部门利用实验室、科考船等资源建立海洋科普基地,向大、中、小学生免费开放;引导大、中、小学生积极参与各类海洋科普活动,建立海洋科普社团和海洋科普志愿者队伍。

第四,大力推动中、小学海洋科普剧的发展。充分利用科普剧这一雅俗共赏

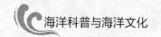

的艺术形式,促进青少年的海洋科学素养和艺术素养同步成长。

第五,设立省级海洋教育专项基金。此事由省财政厅、省教育厅牵头负责。一方面,此项基金用于对省内各类海洋教育活动的支持,促进海洋教育团体的发展,为各类海洋主体教育活动的运营提供资金和指导,并通过各类海洋教育活动的开展,提升民众的海洋意识。同时,此项基金还能够以大学为中心,为海洋科技的创新研究提供保障,促进海洋高等教育的发展。

第六,结合我省实际情况,建立兼具公益性的海洋教育门户网站。网站可提供在线海洋教育类视频,包括海洋科普类视频、海洋意识与素养宣传类视频以及海洋环境类等内容,向中小学学生和关心海洋的民众免费开放。网站还要为教育部门工作人员提供各种海洋教育活动信息和资料,如海洋教育研讨会的信息、海洋教育团体的招募通知等。

第七,出台切实可行的海洋类教育规划或行动纲领。从我省的实际情况来看,截至目前,我省出台的海洋教育类的纲领文件包括山东省《省级海洋意识教育示范基地管理暂行办法》及青岛市教育局印发的《关于加快建设全国海洋教育示范城特色市的实施方案》,建议我省其他沿海地市及有关部门依据《规划》要求,结合自身实际情况,出台切实可行的海洋类教育规划或行动纲领。

第一部分

# 海洋科普

# 海洋属于全人类

陆儒德[①]

**摘 要:** 在人类发展史上，海洋原是"大家共有物"，人类自由享用。在形成国家后，开始分割海洋，将部分海洋占为私有，甚至称霸世界海洋，导致数千年的海洋争夺与战争，人类深陷苦难。《联合国海洋法公约》诞生，确立了海洋是"人类的共同继承财产"，淡化了国家主权，回归到海洋的公有性质，开创了构建"海洋命运共同体"的新时代，让人类看到了和平利用海洋的光明前景。

**关键词:** 共有物;全人类;海洋争夺;爱护海洋;海洋命运共同体

为庆祝中国航海日和世界海洋日，北京和大连举办了"全国海洋意识教育基地"少年夏令营。在夏令营中，有小朋友们提出了"海洋是谁所有"的问题，这是涉及几千年海洋历史变迁的复杂问题，也是当今"海洋世纪"和建设海洋强国新时代大家都应该知道的海洋科普问题。

海洋，地球生命的基本支持系统。它提供了大气中约70%的氧气，吸收了地球表面大部分二氧化碳，储备着地球上最大的淡水资源。如果失去海洋，一切生命将会岌岌可危。

海洋，全球气候的"调节器"和风雨故乡。每年由海洋蒸发的水分降落到地面10万立方千米的雨水，是地球上万物生长的生命水。如果海洋环境不健康，大气环流和海流异常，就会出现"厄尔尼诺""拉尼娜"现象，台风、赤潮加剧，人

---

① 作者简介:陆儒德(1937— )，上海人。海军大连舰艇学院原系主任、教授，服役50多年，从事教育40多年，获全国航海终身贡献奖。退休后自觉宣传海洋，主编和撰写海洋图书数十本，做海洋学术和科普报告千余场，知名航海专家、海洋学者和军事评论员。

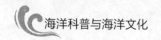

类就会生活在各种海洋自然灾害中。

海洋，人类可持续发展的物质基础。当陆地资源枯竭时，海洋里储备着各种可以满足人类生存和发展需要的资源。人类依靠海洋保持可持续发展，大家都有责任保护好"我们的海洋"。

所以，我们亟须更新观念。现代海洋科学探索证实，在千米深渊的高压、无氧、无光、有毒的黑暗海底，生存着各种奇异、鲜丽的海洋生物，呈现着一片生命绿洲，说明并非"万物生长靠太阳"，但人类确实离不开海洋。一个"海"字，由水、人、母三个组成部分，表达了海洋是生命之源，一直养育着人类，"海洋是人类之母"。

## 一、海洋原是"大家共有之物"

人类在生活和生产中逐渐认识海洋。古老的中国沿海人民，在靠海吃海的实践中，自由利用海洋的"鱼盐之利，舟楫之便"，纷纷下海谋生，曾经创造过海洋辉煌，开拓了海上丝绸之路。古希腊人走进海洋，创造了灿烂的海洋文明，成为西方文明的旗帜和摇篮。

起源于2 500多年前的古罗马法以及古代法学家认为，海洋同阳光、空气一样，是大家的共有之物，供人类共同享用。这是人类最早的海洋观，定性了海洋姓"公"，属于大家。当时人类过着操弄舟楫、采盐捕鱼的平静日子。后来开始交换多余物品，逐渐形成了海上贸易，产生了利益矛盾和争夺。

1609年，荷兰著名法学家格劳秀斯出版了《海洋自由论》，他强调：海洋是不可占领的，应向所有国家开放，供他们自由使用。各国拥有自由航行和海外贸易的天赋权利。格劳秀斯的观点强化了海洋"公有"的观点，海洋属于全人类，是大家的共同财产，各国应当互相合作、和平使用海洋，奠定了现代国际法的基础。

几千年来，通过海洋贸易，中国的丝绸、瓷器和茶叶深受各国青睐，传播到欧洲，欧洲不少产品运销至东方。中国沿海民众同各国人民共同创建了"海上丝绸之路"，连通了欧亚两大洲经济带，开创了海洋经济全球化的漫长历程。

然而，国家主义逐渐抬头，强化国家利益最大化，肆意侵犯他国的正当利益，国家间自由贸易引发的利益冲突频繁发生，出现了专用于杀戮和争夺海洋的军舰，开始利用武力将大家的"共有物"嬗变为国家的"私产"。海上争夺与战争时

而发生。最早的波斯和希腊间打响了大规模的海上战役,参战的舰船达数百艘,将平静的海洋变成为血与火的战场。国家间争夺海洋的战争从未停歇,导致国家吞并、政权更迭成为世界社会的历史常态,影响着人类文明和历史进程。

## 二、海洋争夺了数千年

一些古代思想家、军事家仰视世界,因征服、杀戮而兴奋,用武力侵略获得暴利,纷纷著书立说,创建海权理论,相继登上历史舞台。

古希腊历史学家、军事家修昔底德最早提出:海军是海上强国势力的来源,它们为国家取得收入,是帝国的基础。国家必须控制海洋通道的自由运用,并阻止他国利用海道。这一观念被西塞罗、色诺芬等思想家归结为"谁控制了海洋,谁就控制了世界"。这些论点刺激一些国家大力发展海军,国家间争夺、控制海洋形成世界潮流。璀璨的地中海文明将光明和财富带给人类的同时,将弱肉强食的"丛林法则"带进了海洋。一些强国开始侵略、征服和殖民,制造了海上强国此起彼落、兴衰更迭的世界战乱历史,给人类带来了深重灾难。

实施侵略扩张得到的暴利使殖民者贪得无厌,狂妄到欲吞下整个世界,在海洋上称王称霸,自诩为海洋的统治者。据记载,最早在 10 世纪,英国国王便自称为"不列颠海洋之主"。爱德华三世自封"诸海之王",享有"海洋主权"的权利,并将此作为国家主权和尊严的象征,要求所有外国船只向英王的旗帜敬礼,而拒绝敬礼的船舶将受到英国军舰的炮击。

最早走向海洋的葡萄牙和西班牙两国,一度形成了称霸世界海洋的两强格局。他们巧取豪夺,大力扩张,推行殖民统治,建起了最早的殖民帝国,企图瓜分整个海洋。据说,1494 年在罗马教皇亚历山大斡旋下,签订了一个《托尔得西拉斯条约》,在大西洋中部、西经 46°37′ 处划定一条南北向的分界线,把世界海洋一分为二,将东边属葡萄牙的势力范围,西边为西班牙的扩张范围。这是世界上第一次依照国际条约由葡、西两国分割了世界海洋。由于该条约是在教皇仲裁下签订的,史称"教皇子午线"。当然,在帆船时代谁也无力控制半个地球的海洋,"教皇子午线"只能是一段虚构的文字,开了一个历史玩笑。

荷兰人随后驾驭"海上马车"驰骋大洋,将当时的海上霸主西班牙"拉下马",占据了所有海上贸易通道,争夺海洋新霸主地位。他们高唱着"阿姆斯丹人

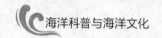

扬帆远航,利润指引我们跨海越洋,爱财之心驱使走遍世界港口",著名油画人物"阿姆斯特丹女神",将手按在地球上,宣示"这个世界属于荷兰"。

19世纪末,美国海军上校马汉的《海权论》发展了"谁控制了海洋,谁就控制了世界"的古代海权思想,提出了"所有国家的兴衰,决定因素在于对海洋控制"的系统理论。它顺应19世纪末西方国家海洋扩张战略的需要,推进了西方国家利用海军征服世界的历史。

虽然"海洋控制论"和《海权论》曾对世界历史发展和美国的崛起起到了推动作用,但只是在特定时代、特定国家的历史产物,并非海洋的"圣经"。正如英国军事家评论:"海军主义者也许是过分夸大了少数西方国家在一个十分有限的历史时期曾经有过而在以后可能不再出现的独一无二的经验","用简单的征服殖民地的方法夺取领土的时代已经过去了,因而海权的某些好处正从故意拔高的顶峰降了下来"。

我国国务委员兼外长王毅在"两会记者会"上讲:中国人的海洋观推崇郑和,看重的是海洋合作;而有些人信奉的是马汉,热衷控制海权。这里,郑和的"和"及马汉的"霸",形成鲜明对比。我们应该给新时代的海权观赋予新的内涵。

历史是最好的教科书,一些海洋国家因控制、称霸海洋而兴盛,又从海洋拼搏中衰败。最有代表性的国家便是英国,演绎了"向海扩张,由海退缩"的历史过程。它依靠穷兵黩武控制海洋,搜刮别国巨额财富,一时支撑繁荣富国。大英帝国巅峰时期的"领土"面积达到3 500万平方千米,是其本土面积的146倍。然而,这种狂热的"为扩张而扩张"的非理性行为,导致"海洋帝国陆地化",势必把优势演变为劣势,不得不将巨额的殖民利润消耗在巩固殖民统治上,导致内外交困,无可挽回地急剧衰败,决定了他们必然退回到远征出发地本土的宿命。

纵观世界历史,理念引领行动,方向决定出路。数百年来列强通过战争、殖民、划分势力范围等方式争夺利益和霸权逐步向各国以制度规则协调关系和利益的方式演进。在当今世界大发展、大变革、大调整时期,各国应当遵循《联合国海洋法公约》,坚持平等商讨,以制度规则协调解决海洋问题。

## 三、回归海洋属于全人类

20世纪七八十年代,联合国制定了《联合国海洋法公约》,将世界海洋35%

的面积归属沿海国管辖,而将 65％ 的海洋主体定为国际海域。即将毗连海岸的一片较窄的海域划归沿海国家,而将海洋的主体保持着"公有"性质,属于全人类所有。这是世界海洋历史上第一次以和平方式、共同协商来实现的海洋大分割,从法律层次上终结了一些海洋强国推行战争来争夺、瓜分海洋的历史。

《联合国海洋法公约》革命性的贡献,将国际海底及其所有资源法定为"人类的共同继承财产",并规定只有联合国组成的"国际海底管理局"代表全人类进行海底资源的勘探、开发和利益的公平分配。这在人类历史上第一次用国际法规定海洋属于全人类,规定海洋是"人类的共同财产"并由国际组织实施开发管理,并由此建立起相应的国际开发制度和财务分配制度,将海洋资源公平地分配给各个国家,包括沿海国和内陆国。

《联合国海洋法公约》刻意淡化国家主权,除了在公约中提到"妥为顾及所有国家主权"外,在专属经济区等新的条款中,不再赋予国家主权,而将主权分解为"主权权利""管辖权""专有权"等新法律用语。即使行使主权,也规定了要和平使用海洋、服从资源保护、环境保护等条款为前提。而且,《联合国海洋法公约》中的主体,除了国家外,出现了"国际组织""非政府组织"等机构,甚至将非国家机构的"国营企业""自然人"均可成为海洋法的主体,依法享有法人地位,体现了"多元主权"理论。

从国际法上淡化国家主权,是一项国际法律的重大变革,颠覆了 1648 年《威斯特伐利亚和平公约》突出"主权"、推行"零和博弈"的丛林法则,开创了和平合作,共建互赢的新时代。在法律上将海洋回归到姓"公",海洋担当着全球化的引领、示范作用,在人类前进道路上具有里程碑的重大意义。

值得指出的是,《联合国海洋法公约》的"人类的共同继承财产",其范畴仅指国际海底及其资源,但鉴于海洋的连通性和三维性,处理海洋事务的国际性,海洋各个部分不可分割,必须以一个整体来对待。正如著名的海洋专家、加拿大的鲍基斯教授在《海洋管理与联合国》书中讲道:"今天海洋空间普遍被称为'人类的共同继承财产',甚至在联合国正式文件中也是这样描述的,尽管国际法还没有赶上这一演变。"事实上,于 1994 年 12 月,联合国第 49 届大会上通过了由 102 个成员国发起的决议,宣布 1998 年为"国际海洋年",1998 国际海洋年的主题就是"海洋——人类共同的遗产"。

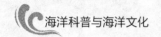

## 四、构建海洋命运共同体

联合国大会确定 2009 年世界海洋日的主题为"我们的海洋,我们的责任",其含义十分深远。海洋是人类的共同财产,沿海国家和内陆国家共同拥海洋资源,所以称"我们的海洋"。既然海洋属于大家,保护和保全海洋便是"我们的责任"。而"人类"的概念,既指现在活着的人,还包括尚未出生的人。开发海洋的总目标,应把发展与海洋环境相结合,既要满足当代人的需要,又要无损于子孙后代发展的需求,将现在和将来的需求保持一致,统筹发展。

当前,联合国正在推动一项"国家管辖范围以外区域公海计划"(简称"公海计划"),这项计划由全球环境基金(GEF)出资、联合国粮农组织牵头执行的计划,它指出:国家管辖范围以外区域(ABNJ)海洋覆盖了 40% 的地球表面,这些水域也被称为公共海洋,不属于任何一个国家。但缺乏全面性保护,不足以有效保护公海的生态环境。所以提出"公海计划",以捍卫我们的海洋,旨在促进世界各国间的合作,提高各国对海洋问题的认识,提供培训计划并实施使渔业更具可持续性的举措。

著名的《自然杂志》刊登了国际海洋研究学者的呼吁书,他们警告说,必须对地球公海的 30% 的面积实行全面保护,才有可能避免海洋生物的大规模灭绝。而目前对海洋的保护面积仅仅达到海洋总面积的 7%。专家们呼吁,必须尽早设立海洋保护区,也就是说,必须在该保护区内禁止任何经济开发活动,而且保护区的面积必须至少达到 100 平方千米。因为只有这样,才能够保护海洋的动植物,保护公海的自然生态。海洋属于全人类,只有共同行动,才能拯救海洋。

2019 年 4 月 23 日,国家主席、中央军委主席习近平在青岛集体会见应邀出席中国人民解放军海军成立 70 周年多国海军活动的外方代表团团长,发表了海洋论述:"海洋对于人类社会生存和发展具有重要意义。海洋孕育了生命、联通了世界、促进了发展。我们人类居住的这个蓝色星球,不是被海洋分割成了各个孤岛,而是被海洋连结成了命运共同体,各国人民安危与共。海洋的和平安宁关乎世界各国安危和利益,需要共同维护,倍加珍惜。""希望大家集思广益、增进共识,努力为推动构建海洋命运共同体贡献智慧。"构建海洋命运共同体理念,是对人类命运共同体理念的丰富和发展,是人类命运共同体理念在海洋领域的具体实践,中国为全球治理贡献的又一"中国智慧"。

　　显然,"海洋命运共同体"理念同海洋"人类的共同财产"的法律深度融合,珠联璧合开创一个由各国共建、共管、共享海洋资源的新时代,海洋担当着全球化的引领、示范作用,"海洋命运共同体"给人类前景充满希望。

　　尽管世界重大变革不会一帆风顺,需要经历一个历史过程。但我们满怀信心,秉持海洋命运共同体理念,坚持海陆统筹和可持续发展战略思想,树立"爱护海洋就是爱护人类自己,保护海洋就是保护人类的未来"的理念,坚持和平发展、合作共赢、公平共享原则,力求把我们这个星球建设得更加和平、更加繁荣、更加美丽。

# 大数据域境下精准海洋科普供需链研究

## 牟 杰 高 奇[①]

（岭南师范学院马克思主义学院，广东 湛江，524048；

山东大学马克思主义学院，山东 济南，250100）

　　**摘　要:**海洋科普效果不佳的深层原因是海洋科普供需失衡,而基于大数据技术的精准海洋科普是解决海洋科普供需失衡问题的有效路径。大数据技术能够推动海洋科普在受众需求、内容供给、方法选择、评价反馈、管理服务等方面实现精准化,并通过各环节的互动调节构建出完整的精准海洋科普供需链,不断提升海洋科普供给与受众需求的匹配度。要保障海洋科普供需链顺畅、安全地运营,需要从软硬件两个层面采取积极措施,以切实提高海洋科普效果。

　　**关键词:**海洋科普;大数据;精准;供需链

　　海洋强国是新时代的重要发展战略,"要进一步关心海洋、认识海洋、经略海洋,推动我国海洋强国建设不断取得新成就"[②]。了解认识海洋是海洋强国的底层支撑,《提升海洋强国软实力——全民海洋意识宣传教育和文化建设"十三五"规划》指出:"提升全民海洋意识是海洋强国和 21 世纪海上丝绸之路的重要组成部分,国家的海洋战略必须扎根在其国民对海洋的认知中。"这凸显了海洋科普对海洋强国战略实施的重要性。对此,学术界是有高度共识的。但是,就具体研究看,海洋科普的研究论著较少,且大多是宽泛而抽象的论述,缺乏对海洋科普新域境及新方式的系统研究;而就海洋科普实践活动来看,粗放型的海洋科普模

---

① 作者简介:牟杰(1980— ),男,岭南师范学院马克思主义学院讲师;高奇(1964— ),男,山东大学马克思主义学院教授、博士生导师。

② 《习近平总书记系列讲话精神学习读本》,人民出版社 2013 年版,第 222 页。

式所造成的海洋科普供需失衡问题影响了科普效果的提升。基于此,本文从大数据这一海洋科普的新域境出发,以海洋科普供需关系为研究视角,运用大数据技术研究构建精准海洋科普可行有效的路径,以持续提升海洋科普效果。

# 一、海洋科普的供需困境

海洋的广阔复杂及分布特征给海洋科普造成了天然障碍,而大数据、云计算、人工智能等数据技术给海洋科普以强烈冲击,既给海洋科普带来新的挑战,又是海洋科普实现转型、应对挑战的重要手段。海洋科普新旧问题的症结在于供需关系,海洋科普供需矛盾造成了海洋科普工作的现实困境。

## (一)亲临性差

海洋以浩瀚著称,海洋表面积约 3.62 亿平方千米,占地球总表面积的 71%左右,平均深度 3 795 米,总水量约为 14 亿立方千米。这些简单的物理数据足以拉开与民众的认知距离。海洋中栖息着大量的生物。据不完全统计,海洋生物有 20 多万种,包括 18 万种动物和 25 000 多种植物。它们分布于广阔而立体的海洋中,隐藏于海面之下,构成了天然的科普屏障。海洋的这些特点造成了民众亲身体验了解海洋的巨大障碍,海洋的物理透明度限制了海洋的认知透明度。要亲临考察研究就必须借助科考船、潜水器等工具,但工具的局限性也很大。以能窥探海洋奥秘的深潜器为例,我国的"蛟龙号"载人深潜器至今实现最大下潜7 062 米,可乘坐 3 名潜水员,是探索海洋的利器。但能够掌握载人深潜技术的国家目前也只有中国、美国、法国、俄罗斯和日本,且载人深潜器的数量很少,算上全世界投入使用的所有载人潜水器也不到 100 艘。每艘潜水器能携带的人员基本上是个位数,下潜一次耗时数小时,甚至数十小时。这种效率相较于亿级的海洋科普对象,差着几个数量级,根本无法承担科普亲临性的任务。大众认知海洋的需求与探索工具的供给之间的矛盾,决定着海洋科普亲临性差的现实。

## (二)地域限制

我国有 960 多万平方千米的陆地国土和 300 万平方千米的海洋国土,是一个陆海兼具的国家。生活在内陆和沿海的民众对海洋的了解和认知有巨大差异,从小看海长大的民众与从未见过大海的民众,他们对海洋的理解存在着元认知层面的差别。"东部地区海洋意识水平最高,平均值为 65.82,远高于其他区域。

东北海洋意识发展指数次之,为 58.88。排在其后的依次是中部和西部地区,分别为 57.97 和 56.51。"① 这种差距是难以通过海洋科普图书、展示及讲座等来弥补的。海洋馆是民众了解海洋生物的重要科普场所,是缓解海洋科普亲临性差的折中方式,而规模较大的海洋馆,如北京海洋馆、天津极地海洋世界、大连海洋世界、青岛极地海洋世界、上海海洋世界、珠海海洋王国、成都极地海洋公园、香港海洋公园等,都集中于沿海大城市及省会城市,难以让全国的民众方便经济地接受海洋馆等提供的海洋科普机会。海洋大学及设有海洋相关专业的综合性大学是海洋科普的重要支撑力量和依托。中国海洋大学(青岛)、浙江海洋大学(舟山)、上海海洋大学(上海)、广东海洋大学(湛江)、大连海洋大学(大连)、台湾海洋大学(基隆),这 6 所海洋大学无一例外地位于沿海城市,而以厦门大学为代表的 10 所拥有海洋学科专业的综合性大学也都坐落于沿海或近海城市。大众认知海洋的需求与海洋科普供给的区域之间的矛盾,造成了海洋科普地域限制的现状。

### (三)时代挑战

大数据时代,数据信息呈指数级增长,压缩了海洋科普数据资源空间,致使海洋科普数据空间相对缩小,存在着被冲出信息流之外的风险。海洋科普数据信息淹没于数据洪流中,大大增加了公众寻找和接触海洋科普信息的难度,阻碍了海洋科普的推广。而基于数据的网络娱乐形式挤占了公众接受海洋科普的时间,网络娱乐的生活化、丰富性、即时性、互动性,易于满足公众多元的需求,这与海洋科普的形式单一、吸引力匮乏、互动不强的现状形成鲜明的对比。虽然海洋科普也开始尝试与新技术及"互联网 +"融合,现在不少海洋展览馆、海底世界等运用现代科技加强与观众的互动,不过这种互动往往是简单的、有限的、无差别的互动,仍然没有脱离粗放型科普的范畴。也有不少海洋科普知识接入网络平台,但漫灌式模式没有真正改变,也影响着网络科普潜力的发挥。在推送算法的驱动下,不被关注的信息会被逐渐排挤出推送之列。大数据时代,大众对海洋认知的多元化及精细性需求与传统海洋科普的单一及粗放供给之间的矛盾,构成了海洋科普的新挑战。这也彰显了海洋科普精准化的必要性和紧迫性,精准

① 《国民海洋意识发展指数报告(2016)》,海洋出版社 2017 年版,第 67 页。

海洋科普能直达公众需求点,产生切实的科普效果,是应对大数据时代挑战的优选方法。

## 二、大数据与海洋科普供需链的精准建构

无论是海洋科普的固有问题,还是海洋科普面临的新挑战,都可归因于海洋科普需求与供给的失衡问题。海洋科普需求与供给精准匹配是解决海洋科普困境的根本途径。大数据技术既给海洋科普带来了新挑战,又为海洋科普营造了新域境,也为海洋科普突破困境提供了新思路及技术支撑。本文运用大数据技术从海洋科普供需层面分析海洋科普的需求、供给、匹配方法、评估反馈机制、管理服务之间的逻辑关系,以构建海洋科普的精准供需链,探寻提升海洋科普效果的底层逻辑。

### (一)海洋科普受众需求的精准区分

海洋科普受众是海洋科普的对象,也是海洋科普的重心。目前的海洋科普大都是受众无区分的粗放模式。事实上,海洋科普受众的组成复杂,需求多元,他们的年龄段、学历、学科背景、职业、思维水平、科学素养及文化素质等存在显著差异,批量、同质的海洋科普内容和方式方法难以收到理想的科普效果。因而,海洋科普要精准区分定位受众的需求特征。一是区分受众的年龄需求、知识需求、能力需求等特征。幼儿阶段的受众需求偏向能够提升海洋基本感知的内容,小学阶段的受众需求偏向简单的、有趣的并带有些许拓展性的海洋知识,中学阶段的受众需求侧重系统的海洋知识及相关的海洋文化,大学阶段的受众需求倾向于蕴含海洋意识、海洋精神、海洋思维的内容。科学素养一般的受众喜好有趣味性的大众化海洋科普内容,科学素养较高的受众则注重理论性强的海洋科普内容等。二是追踪受众的需求变化。随着受众年龄、知识及能力的提升,他们对海洋科普的需求也将相应发生变化,受众需求持续变化是必须关注的特征,要在变化中精准把握受众的需求。根据受众的需求特征选择对应的科普内容,选取恰当的科普方式,实现"因材"海洋科普。如何准确而便捷地获知受众的需求特征呢?运用大数据技术分析是最佳方法。网络已然成为公众的日常信息来源,"截至 2019 年 6 月,我国网民规模达 8.54 亿……互联网普及率达 61.2%,我国

手机网民规模达 8.47 亿……网民使用手机上网的比例达 99.1%"[1]，公众在使用网络时留下巨量的数据信息，包括网页浏览内容、购物记录、实体书和电子书的购书信息、常用的社交软件、下载使用 APP 的数量和类型、观看影音的品类和频率等行为数据信息。运用跨界数据分析法对收集的分散、多源、海量的受众行为数据进行细致分析，可以根据特点、偏好、思维水平等标准对受众的海洋科普需求进行精细分类。通过大数据分析技术对受众海洋科普知识学习接受状况的数据进行跟踪分析，可以依据数据反馈情况持续追踪受众需求的变化，实时掌握受众的需求。精准区分受众需求是做好精准海洋科普工作的关键。

### （二）海洋科普内容的精细化供给

需求和供给是一对矛盾，二者的适配度决定着海洋科普的实际效果，要适配海洋科普受众需求的精准化态势就要对海洋科普内容进行供给侧精细化改革。受众的多元需求决定了在海洋科普工作中要竭力提高海洋科普内容供给的针对性和有效性。提高海洋科普内容针对性的有效方式之一就是运用大数据技术搭建模块化和组合式内容的供给模式。首先运用大数据技术精确搭建海洋物理环境模块化立体场景。这一步的关键是高效地获取海洋大数据，例如，使用已有的专业海洋数据库，可接入中国"数字海洋"数据库、各海洋研究机构及设有海洋专业的大学相关数据库、国外专业的海洋数据库等。在获取海洋大数据的基础上，运用可视化技术精准搭建海洋地理地貌的基础数据模型，通过渲染呈现出高度真实的海洋地理地貌立体场景，搭建好海洋环境模块；接着创建具体的海洋生物立体影像及数据信息模块。根据海洋生物的物理信息数据创建立体动态模型，并将名称、种类、习性、食物链关系等具体的信息集成到模型中，构成小型的单元数据库，形成生物数据模块。模块化和组合式内容供给模式既能降低模块搭建难度，又能增加应用的灵活度和针对性，根据受众不同的需求选取对应的环境模块、生物数据模块及模块组合，以恰当的方式精准满足受众的多元需求。例如，针对中学生，推送能够产生沉浸式体验的模块组合；针对大学生，则推送数据较为详尽的模块组合。海洋科普内容的精细化供给是精准满足受众不同需求的基础，是提升海洋科普效果的前提。打造高精细度的海洋科普内容供给模式，是精

---

[1]《第 44 次中国互联网络发展状况统计报告》，http://www.cnnic.cn/hlwfzyj/hlwxzbg/hlwtjbg/201908/t20190830_70800.htm。

准构建海洋科普供需链的基础性工作。

### （三）海洋科普供需精准匹配的方法

受众需求和内容供给是海洋科普供需链的核心环节,精准海洋科普的过程就是运用恰当方法联通供给与需求,实现供需精确匹配的过程。方法的丰富性及恰当运用,在很大程度上决定着海洋科普能否突破传统困境及现实冲击,直接影响海洋科普实际效果。海洋科普方法的精准选择与应用是至关重要的。精准海洋科普方法可分为两大类,一是能够增强真实体验及打破时空限制的方法。例如,根据海洋基础数据构建三维虚拟海洋,运用虚拟现实技术(VR),以 VR 眼镜为介质,使受众进入逼真的虚拟海洋世界,感受海底沟壑纵横、鱼虾环绕、珊瑚绚丽的境界,再配合水体温度、盐度、流速、密度、声音等数据营造全方位全要素多维感知的沉浸式体验。根据受众的喜好和需求,可以方便地切换虚拟海洋模块,调整海洋数据参数,细致地了解海洋。运用虚拟现实技术使受众"重走"海上丝绸之路,受众可以在每个感兴趣的节点上停留,了解当时当地的地理人文状况,感受海洋文化的魅力与价值。虚拟现实技术与海洋数据的结合,使受众不管何时、身在何处都可以感受海洋、认知海洋。这种虚拟沉浸式体验方法能够打破海洋科普亲临性差及地域局限的困境。网络直播也是一种突破困局的好方法,如"雪龙"号科考船执行南极考察任务时可以在直播平台全程直播,受众可以随时随地使用电脑、手机等终端设备接入直播平台,与科考人员一同探索海洋。二是能够增加海洋科普内容吸引力的方法。海洋知识游戏化是增强受众学习海洋知识兴趣的方法,将海洋知识融入精心设计的游戏环节中。受众在过关斩将的满足中学到了丰富的海洋知识,提升了他们的学习兴趣和积极性。海洋科普图书"内数字化"能够焕发海洋科普图书的新生,在不改变图书物理面貌的情况下,植入数字化信息,读者通过智能眼镜等增强现实工具(AR)或手机 APP 扫描书中特定图像,就会在设备上显示有关的音频、三维影像等数字信息,获得沉浸式阅读体验,提高读者的阅读兴趣。智能语音技术能够提升海洋数据检索效率,是消除数据密集恐惧症的利器。只要说出问题,智能语音技术就能快速而准确地给你想要的答案,十分便捷,且数据库越丰富,答案越精准。将海洋知识、海洋文化等融入影视作品的创造,通过微信、微博、短视频平台等公众喜欢的方式推送与海洋科普有关的内容,也能提升海洋科普吸引力。基于数据底层逻辑的现

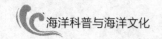

代信息科技手段有助于打造沉浸式体验、智能化互动、便捷性获取、个性化服务、多样性需求的海洋科普方法类型,促进需求和供给的精准匹配和有效对接,切实解决海洋科普面临的传统与现实问题。

### (四)海洋科普供需的精确评估反馈机制

海洋科普的供需匹配程度必须精确评估才能据此制定准确的改进方法,提高供需匹配度。海洋科普传统的评估方式是建立在有限信息之上的,大概只能统计参与人数、年龄结构等粗略信息,通过现场询问或问卷形式了解科普情况,评估的精确度不足。要提高评估的准确度就必须收集多方面的要素信息进行综合评价,大数据和云计算等数据技术为多要素评价提供了坚实的技术支撑。线下海洋科普活动可以通过门禁系统准确获取参加活动的人数、年龄、进入及离开的准确时间等详细数据,通过视觉轨迹跟踪技术精确获取观众在每个展示空间停留的时间、观看时与展示物之间的距离、行走路线轨迹等数据,通过脸部识别技术精确收集观众的面部表情数据,等等。利用大数据和云计算技术从收集到的海量数据中筛选相关性高的数据进行提炼、分类和整合,以此为基础准确评估效果是评价方式的重大变革。例如,通过面部表情数据分析可以判断哪些内容是观众感兴趣的,哪些让观众感觉轻松愉悦,哪些让观众难以理解,哪些让观众真正接受了。根据评估情况对展示内容、形式、布局、方式等进行调整、规范和完善。线上海洋科普的评估反馈更为即时准确,能够便捷地获取受众学习情况的精确数据,观看哪些内容、观看时间段及时长、哪些重复观看等数据。不仅如此,还能够采集到同一时间段内受众观看的其他内容的类型、时长、关注度等数据。这些跨界数据对于评估海洋科普真实效果非常重要。还可以调取历史数据,做到横向纵向数据比照分析,评估效果,制定相应的改进方法,形成评估反馈机制。基于大数据技术的评估反馈机制是一个评估、反馈、调整、再评估、再反馈、再调整的循环向上的机制,它不仅是评价机制,也是提升机制。评估反馈机制作用于供需链各环节,以协调提升海洋科普供需的匹配度,是海洋科普供需链不断升级的推动力。

### (五)海洋科普管理服务平台的精细搭建

海洋科普的管理服务水平是海洋科普顺利展开的重要保障,大数据相关技术为海洋科普管理服务工作的精细化注入了新动力,以大数据技术为基底搭建精细化的海洋科普服务大平台为海洋科普供需链有效运作提供了保障。它主要包括两个管理服务平台,一是海洋科普工作者大数据服务平台。例如,建立海洋科普工作者信息主数据库,收录个人基本信息及专长、从业经历等数据,特别是收集海洋专家数据信息,涵盖专家的姓名、年龄、学历、专业、研究领域、论文、著作、课题等基本数据信息。这些信息既要通过大数据抓取技术从网络信息中收集,也要鼓励专家主动申报,两种数据收集方式要结合起来。再者,秉承动态数据库理念,要将专家学者的最新研究成果及时录入数据库,保持数据持续更新。此外,还应建立扩展数据库。海洋科普包括的范围很广,除了海洋知识,还包括海洋历史、海洋文化、海洋意识、海洋精神等,相关的文化学者、历史专家、哲学家、人工智能及大数据专家等数据信息也需集中收集。主数据库和扩展数据库各有侧重,二者独立建库既可以有效保护数据库的数据安全,又可以运用大数据技术和人工智能技术在数据匹配时打通两个数据库的数据流,提高匹配的精度。海洋科普工作者大数据服务平台能够根据海洋科普供需链运作情况筛选匹配度高的科普工作者或团队提供服务支持。二是海洋科普大数据综合管理平台。一方面可实现中心化管理,海洋科普活动过程产生的数据不再由各单位或组织分别存储,而是要将所有数据实时上传管理平台,借助人工智能技术对大量而多元的数据进行细致分析,以把握海洋科普发展的趋势,发现存在的不足,以顶层设计方式系统科学地制定海洋科普发展的规划和政策;另一方面,可实现扁平化管理,扁平化管理指令传递的层数相较于垂直化管理模式减少很多,甚至是指令可以直接下达到具体实施的环节,从而减少了指令传递过程中的信息扭曲,提高了管理效率和精细度。同样,海洋科普各环节中出现的问题可以实时无障碍地反传回管理平台,通过云计算技术进行分析,给出解决问题的方案,既提高解决问题的效率,又为平台持续积累管理经验,以形成动态精细化管理方式,更好地开展管理工作。以数据分析为基础的管理决策减少了凭直觉、凭经验决策的弊端,使得海洋科普中的数据管理、活动管理、人员管理、反馈管理等更为直接、精细和高效,从而优化海洋科普环节、降低成本、提高效率。精细的管理服务平台能够准确响应供需链各环节的细致需求,实时准确地提供管理服务支持,保障供需链顺畅运作,推进精准海洋科普进程(见图1)。

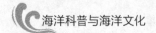

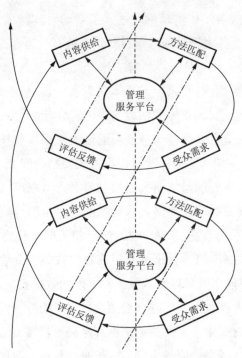

图 1　海洋科普供需链精准调控升级方式

　　由上可见,精准海洋科普就是基于大数据技术,以精细化的海洋科普内容,运用精准的方法满足受众多元化需求的科普实践过程,是海洋科普需求与供给匹配和提质增效的过程。海洋科普需求与供给以海洋科普方法和评估反馈为中介来实现互动,需求、供给、方法和评估反馈构成了一个供需环,在运行中不断实现需求与供给的匹配。运用大数据技术对海洋科普供需匹配度进行多要素综合评估,根据评估反馈数据对供给内容和科普方法进行精准调校,以更精准地满足受众不断提升的需求。经过调整的供给、方法及提升的需求形成新的供需环。评估反馈机制将供需环提升到一个新阶段,新的供需环包含前一个供需环的数据信息,并以评估反馈机制为纽带形成上升的链条,即供需链。基于大数据和人工智能技术的管理服务平台为海洋科普需求、供给、方法及评估反馈提供支持并实现互动,它是海洋科普供需链不可或缺的组成部分,是海洋科普供需链畅顺运转的保障。海洋科普供需链螺旋上升的过程就是海洋科普不断精准化的过程。

## 三、大数据域境下推进精准海洋科普供需链畅顺运转的措施

如前所述,精准海洋科普能有效提高科普效果,而海洋科普供需链的精准构建和畅顺运转是精准海洋科普的重中之重。不过,精准海洋科普供需链各环节构成复杂、组织难度大、新技术种类多、人员素养要求高,因而,要采取积极有效的措施保障海洋科普供需链顺利、有效、安全地运转,以建构好海洋科普供需链,充分发挥供需链在精准海洋科普中的作用。

### (一)充分认知数据思维的特征和价值

人们不断生产、收集、运用数据,而数据又反向塑造着人的思维方式。大数据时代,数据思维是决定性的思维方式,海洋科普供需链运转的顺畅度及海洋科普的精准化程度都取决于对数据价值的认可度及数据思维的应用度。数据思维并非简单地套用"数据 +"模式,这无法充分发挥数据的价值。数据思维是冲击原有思维模式重新塑造的新思维范式。建构和运营海洋科普供需链须掌握数据思维不同于传统的特征,一是相关性思维。精准海洋科普供需链建构过程中不能仅收集分析与海洋科普有关的数据,而要放开眼界,将与海洋科普泛相关的其他领域及平台的数据一起收集,进行综合分析判断。二是全样本思维。抽样分析是小数据时代的无奈选择,从抽样数据中得出的结论准确度低,而大数据时代,海量数据能够支撑全样本分析,从中得到的结论准确度较高,在评估海洋科普的供需满足度时就要摒弃抽样思维,运用全样本思维来分析,以更精确地评估和反馈。三是定制化思维。海洋科普通常的模式是大规模地、集中地、无差别地向受众提供科普内容,大数据能够通过数据分析了解受众对海洋科普的具体需求,可以个性化定制海洋科普内容及方式,针对性强,效果好。四是理性决策思维。数学算法应用到海量数据分析上可以预测事情发生的概率大小,能提升海洋科普决策的准确度。数据思维是运营好海洋科普供需链的思维保障,是精准海洋科普的底层逻辑,是一切问题思考的逻辑起点。从具体海洋科普活动的组织到海洋科普方针政策的制定都应以数据为思维起点。只有充分认识数据思维的特征和价值,才能保证海洋科普供需链顺畅运行,保障海洋科普精准化进程有效推进。

### (二)提高海洋科普相关人员的数据素养并培育正确海洋观

运营好海洋科普供需链,推进精准海洋科普,人才是关键。海洋科普人员除

了专业知识和技能外,还有两方面的能力需要着重培养,一是数据素养。精准海洋科普供需链的每一个环节都离不开数据,相关人员不能仅懂得使用数据,而应懂得从数据底层逻辑出发思考问题。二是正确海洋观。"我们要着眼于中国特色社会主义事业发展全局,统筹国内国际两个大局,坚持陆海统筹,坚持走依海富国、以海强国、人海和谐、合作共赢的发展道路,通过和平、发展、合作、共赢方式,扎实推进海洋强国建设"①,这是新时代科学的海洋观。树立正确的海洋观才能保证海洋科普供需链及精准海洋科普的正确方向,才能更好地推动海洋强国和海洋命运共同体的建设。海洋科普管理机构和服务平台要对海洋专家、海洋科普专职人员、海洋科普志愿者等不同类型的人员制定针对性的培训策略。对于海洋专家来说,着重提升他们对数据重要性和数据思维的认知;对于海洋科普专职人员来说,要依托海洋大学及设有海洋专业的综合大学的资源优势进行综合性提升培训;而对于海洋科普志愿者来说,主要进行有关海洋科普基础知识和技能的定期培训。但不管是针对什么层次的人,也不论是什么类型的培训,正确海洋观都是不可或缺的内容。在某种程度上讲,海洋科普人员的数据思维水平直接决定着精准海洋科普供需链各环节能否顺畅运行,而海洋科普人员的海洋观将决定着精准海洋科普的方向正确与否。

### (三)着力建设海洋科普数据库系统

海洋科普数据库系统是精准海洋科普供需链建构和运营的基础,它涵盖海洋数据采集、存储和分析三个子系统,每个子系统都非常复杂,需要大量的人力和财力投入。海洋数据采集是数据库建设的基础工作,是海洋科普供需链的底层支撑,是投入大且艰苦的工作。海洋的特殊性决定了海洋数据采集的高成本,需要专业人士使用专业设备进行专业操作以获取数据。海洋数据采集设备多样,如遥感卫星、科考船、深潜器、深海滑翔机、深渊着陆器、水下机器人、浮标以及各种传感器等,它们的建造成本、使用和维护费用高昂。海洋科普数据全靠海洋科普机构采集是不现实的,应积极有偿利用已有的海洋数据库资源,与海洋专业数据库对接,付费使用所需要的数据资源。海洋科普内容不限于国内海域,还包括公海及其他国家的专属经济区和领海。这些数据的获取就不仅仅是成本费用的

---

① 《进一步关心海洋认识海洋经略海洋,推动海洋强国建设不断取得新成就》,《人民日报》
2013 年 8 月 1 日第 1 版。

问题,还涉及主权问题,因而,要与相关国家的海洋数据库协商,付费使用非敏感的数据资源。此外,还应与各类社交平台、视频平台等进行数据合作,打造数联网,丰富数据的多元性,为数据分析打好基础。

海洋科普数据库的性能很大程度上取决于数据存储能力,有足够的数据存储能力才能支撑起海量、多维的信息检索,满足受众多元的需求。海洋科普数据存储形式需合理搭配,兼顾性能与成本。云存储技术是海洋科普数据存储的首选存储介质,云存储即海量分布式存储技术,"是指通过集群应用、网格技术或分布式文件系统等功能,将网络中大量各种不同类型的存储设备通过应用软件集合起来协同工作,共同对外提供数据存储和业务访问功能的一个系统"①。云存储的扩展性强,适应不断增长的数据存储要求,云存储的使用费用相较于自建存储设备低很多。不过,像海洋资源分布、近海岛屿详细地理信息、水文状况等涉及国家安全的海洋数据则需存储在自建数据库中。因此,海洋科普数据应采取混合存储的模式,一般性数据存储在商业云上,有成本和扩展性上的优势;敏感的、涉密的数据存储于自建数据库中,混合存储模式既能兼顾经济性,又能体现安全性,可以充分发挥两种存储方式的比较优势。

数据分析是发挥数据库作用的关键步骤,面对获取的海量的、不同类型的数据信息,如何充分挖掘数据的内在价值,实施精准海洋科普,核心在于对数据的分析能力。提升数据分析力,一方面要创新大数据分析技术,加大对数据分析软件的开发和使用投入,并做好维护和升级工作;另一方面要加大对数据分析人员的持续专业培训。数据分析人员运用数据分析软件对大数据进行发掘和分析,并承担着数据分析系统的开发、运营、维护等复杂工作。要定期对数据分析人员进行数据分析软件更新功能的使用培训以及与数据分析相关的数学、统计学、行为心理学、计量经济学等学科知识培训,综合提升数据分析人员的能力,以提升管理服务平台的专业性及评估反馈的精度与效率,为海洋科普供需链的运作提供高效的支持及上升的动力。

### (四)保障海洋科普数据准确和信息安全

以数据思维来审视,精准海洋科普供需链就是数据信息流,要推进供需链

---

① 黄冬梅,邹国良:《海洋大数据》,上海科学技术出版社2016年版,第38页。

的顺畅运作就必须保障数据信息的准确和安全,确保海洋科普数据在传播过程中不被歪曲。特别是自媒体和流媒体,它们在传播过程中容易"稀释"海洋科普本应包含的海洋意识和海洋文化精神,甚至"曲解"海洋知识,使海洋科普的准确性受到威胁。海洋科普过程中可以采用区块链技术作为精准海洋科普底层安全技术支撑,"区块链(Blockchain)是一个由不同节点共同参与的分布式数据库系统……它是由一串按照密码学方法产生的数据块或数据包组成,即区块(block)"①,每一个区块都有一个数据加密值,且之后产生的区块都包含上一个区块的加密值,根据加密值可以追溯到数据信息的来源,方便确认信息的可信度,减少传播过程中被歪曲的几率。并且,区块链的节点信任机制几乎可以杜绝数据信息被篡改。任何节点都暴露于网络中,对所有参与者可见,无论是新创立节点,还是修改已有节点,都需超过51%的节点通过,当区块链上的节点足够多时,篡改数据近乎不可能。所以,以区块链技术作为海洋科普数据库建设的底层技术,可以确保海洋科普信息在供需链中准确传达,保障科普效果。

海洋科普过程中要注重保障数据信息安全,一是海洋数据本身的安全。海洋数据采集难度大、成本高,数据存储安全问题十分重要,要建立数据备份机制,防止意外事件造成数据损失,安装防病毒系统,防止木马等网络恶意攻击,进行访问认证和控制等。海洋大数据构成多元复杂,也涉及机密敏感的数据信息,对于这些数据要根据安全密级选择不同的存储服务器及网络安全措施,在与国外海洋数据库合作时要特别注意机密敏感数据信息的安全,做好相应的保护措施。二是受众隐私安全。精准海洋科普供需链运行过程中会获取受众多方位数据信息,海洋科普机构应高度重视这些信息的安全,一旦泄露,不但会给受众生活工作造成困扰,增加遭受广告、推销、保险等信息轰炸,甚至是精准诈骗的风险,而且会损害受众对海洋科普机构的信任度,不利于海洋科普工作的开展。要强化保护受众隐私的意识,采取周密措施保护受众隐私信息,并加强工作人员的隐私教育培训。

大数据既给海洋科普带来了新挑战,又为海洋科普突破困局营造了新域境,提供了新方法、新手段、新思维以及新平台。大数据正在重塑海洋科普模式,促

---

① 〔加〕唐塔普斯科特,〔加〕亚力克斯•塔普斯科特:《区块链革命》,凯尔,孙铭,周沁园译,中信出版社2016年版,第11页。

使海洋科普模式从传统的单向、单一、刻板、被动、局部、无区分、粗放转向双向互动、多样、多彩、自主、全覆盖、个性化、精准。在大数据技术的加持下,海洋科普各环节能够实现精准而高效地互动,形成循环向上的发展态势,不断推进海洋科普的转型升级,完成海洋科普由"大水漫灌"到"精准滴灌"的模式进化。以数据作为底层逻辑的科技手段正持续涌现,海洋科普工作者要顺势而为,积极适应持续更新的技术条件,努力探索海洋科普精准化的新方式、新路径,促进公众更好地感受海洋、了解海洋、认知海洋,不断提高海洋的透明度,增强海洋意识、体悟海洋文化精神,推进海洋强国建设,共同构建海洋命运共同体。

# 科学知识传播——科学家的神圣使命

李新正 ①

（中国科学院海洋研究所，山东 青岛，266071；

中国海洋湖沼学会科普工作委员会，山东 青岛，266071）

**摘　要**：根据多年海洋生物学科普活动的体会，谈了对科学传播的认识。首先，科学传播不但对于提高民众科学素养和社会文明程度至关重要，而且可以真正提高社会生产力和提高人们的生活质量，因此也越来越受到党和国家的重视，科学传播被提到了与科学研究同等重要的程度；其次，科学家做科学传播具有不可替代的权威性和巨大优势，号召科学家积极做科普工作，同时呼吁社会评价体系应考虑对科普科学家有公正的待遇和一定的激励机制；最后，分享了做科普工作的经验。

**关键词**：科普；科学家；"多多少少"的辩证法

什么是科学？科学是区别于宗教的，人类解释世界运行规律的方法。科学分为自然科学和社会科学。前者是解释自然界运行规律的，而后者是解释人类社会运行规律的。作者是从事自然科学工作的，因此本文中的科学主要是指自然科学。

科学家是从事科学研究的知识分子。科学家不但要探索、研究世界的运行

---

① 作者简介：李新正（1963— ），男，山东安丘人，现任中国科学院海洋研究所二级研究员、中国科学院大学岗位教授，是中国科协聘任的全国海洋生物学首席科学传播专家。长期从事海洋生物学、深海生物多样性、无脊椎动物分类系统学、底栖生物生态学、甲壳动物学研究。他是第一位乘"蛟龙"号下潜至 3 500 米以上级深海的科学家，也是迄今唯一一位既乘坐过"蛟龙"号，也乘坐过"深海勇士"号两艘中国已服役的载人深潜器的海洋生物学家。

规律,还要将这些运行规律应用到人类生活的方方面面中去,从而推动人类社会的发展,推动人类文明的进步。而推动人类社会的发展、推动人类文明的进步,必须有全人类的共同参与。因此,科学家要将已经发现的世界的运行规律以及探索、研究世界运行规律的方法、技术、手段、设施、装备,传播给广大的民众。因此,科学知识传播也是科学家的任务,是科学家的神圣使命。

## 一、科普的重要性

科普是科学普及的简称,又称科学传播或者普及科学,是指利用各种传媒以浅显的、让公众易于理解、接受和参与的方式向普通大众介绍自然科学和社会科学知识,推广科学技术的应用,倡导科学方法,传播科学思想,弘扬科学精神的活动。科学普及是一种社会教育。

科普可以让老百姓获得最新信息,使我们的科研成果意义更大化。科普可以让民众知道,如何防治各种疾病,如何增加产品的产量,提高产品的质量,远离诈骗,理性看待科学争论例如转基因食品,了解中国和世界科学技术的发展水平,保护环境,等等。例如,美国海洋学家蕾切尔·卡尔逊在1962年出版的科普著作《寂静的春天》,不但在当时引起了巨大轰动,让大量的普通民众认识到了农药对大自然的强烈破坏,而且直到现在仍然在唤起人们的环境保护意识,对各国各级政府制定相应的环保法律法规起到了重要的推动作用,大大减轻和减缓了人类对自然界的破坏程度和速度,使全人类受益。科普对于青少年的意义更大,可以让他们从小就树立起科学的世界观,建立起科学的思维方式。

2016年5月30日,全国科技创新大会、两院院士大会、中国科协第九次全国代表大会召开,强调了科普的重要性。2017年10月18日,在中国共产党第十九次全国代表大会上,习近平总书记又提出了弘扬科学精神,普及科学知识,开展移风易俗、弘扬时代新风行动,抵制腐朽落后文化侵蚀的重要要求,再次强调了科普的重要性。习近平总书记指出,科技创新、科学普及是实现创新发展的两翼,要把科学普及放在与科技创新同等重要的位置,普及科学知识、弘扬科学精神、传播科学思想、倡导科学方法,在全社会推动形成讲科学、爱科学、学科学、用科学的良好氛围,使蕴藏在亿万人民中间的创新智慧充分释放、创新力量充分涌流。可见,科普工作的重要性已经提升到了国家战略的层次上,科普对于提升我国的经济实力和文化软实力,建成世界科技强国,实现中华民族伟大复兴起着

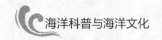

至关重要的作用。

近年来,在党中央、国务院的正确领导下,我国科普工作取得重大进展,科普服务水平明显提升;科普支撑保障条件明显改善;科普参与面、覆盖面和影响力进一步扩大;青少年科技教育与人才培育取得新进展,高层次科普专门人才培养取得新突破;进一步开拓网络科普主战场,科普信息化和科普产业发展取得新进展。2015年我国公民具备科学素质的比例达到6.20%,比2010年的3.27%提高近90%,超额完成"十二五"末我国公民具备科学素质比例超过5%的既定目标,进一步缩小了与世界主要发达国家的差距。2016年,为满足人民群众科技文化需求和提高自身科学素质的愿望,更好地服务于全面建成小康社会和创新驱动发展,实现2020年我国科普发展和公民科学素质达到创新型国家水平,中国科协制定《中国科协科普发展规划(2016—2020年)》,制定了六项重点任务:实施"互联网 + 科普"建设工程、实施科普创作繁荣工程、实施现代科技馆体系提升工程、实施科技教育体系创新工程、实施科普传播协作工程、实施科普惠民服务拓展工程,并制定了四项保障措施:加强组织领导、完善保障机制、加强科普队伍建设、加大科普投入。《人民日报》在2019年明确指出:科普是一项基础性工作。就像经济社会发展离不开水电油气、道路桥梁一样,进一步加强科普工作,也应该将其作为一种基础设施来建设,这样才能让科普成为百姓生活中离不开的公共产品,充分发挥其应有的社会作用。反之,如果社会缺少了科普这个基础设施,任由伪科学甚至迷信滋生、蔓延,就好比缺电缺水一样,不但会影响经济社会发展,甚至有可能破坏正常的生产生活秩序,带来很大的危害。2019年是"十三五"末,在广大科普工作者的共同努力下,我国国民的科学素养更上一层楼,呈现出历史最高水平。这对我国国民经济的建设和发展,对于我国国民的文明程度和科学意识的提高都是至关重要的。

## 二、科学家为什么要做科普

众所周知,科技是第一生产力。而科学普及和科技创新对于创新发展就好比鸟之双翼、车之双轮,具有同等重要的意义,缺一不可。资深科学记者和活跃科学传播人、著名科普作家贾鹤鹏说,科学传播的制度安排,并不是让每一个科学家都要从事科普,而应该是通过提供科学传播资源、平台和路径,激励科学家从事科普,从而达到如下三条核心的目标:第一,创造能满足社会经济发展和公民科学素养提升的科普供给;第二,让各种科学机构可以通过向社会供给科普而满足特定机构需求;第三,让有潜力有意愿从事科学传播的科学共同体成员能获得渠道、资源与支持。

并不是所有的人都认可科学家做科普这件事,包括很多科技工作者自身。很多人认为,做科普那是退休老头才干的事,甚至还有人认为科研做不下去了才去做科普呢,也有人认为科普对于科学家来说太小儿科了,大材小用。其实,科学家做科普不但不被理解、不被认可,而且的确非常耽误时间,因为把一个科学发现用科技术语表达起来很容易,但想向非专业人士讲清楚讲明白就不是一件容易的事了,需要花大量时间去研究如何讲解才能更直观,更让民众理解和接受。所以,很多科学家不愿意做科普。

有的科学家不愿做科普还因为没有动力。现有的评价体制,只看科研人员的专业学术研究成果,科普工作并未纳入对科研人员的考核中。在这个体制下,许多科研人员就是想做科普,也是心有余而力不足。一线科研人员的考核压力都是巨大的,特别是中青年科研人员,他们面临着生存和晋升的双重压力。没有建立相应的鼓励科学家做科普的体制机制是导致科学家普遍远离科普的根本原因。

有的科学家不屑于做科普。在我国,有些科学家嘴上说科普很重要,但其内心深处是看不起科普工作的。科学家从事科普工作往往会被认为是不务正业、不思进取;科研圈也普遍看不起搞科普的科研人员。在很多情况下,做科普反而会对科学家的个人形象塑造起到负面影响。不管人们愿不愿意承认,这就是目前我国的冷酷现实和科学家的尴尬处境。

很多科学家愿意做科普,却不擅长做科普,满腹学问讲不出来。科普工作需要新颖的形式、深入浅出的表达、公众喜闻乐见的表现方式等,而现实是,科学家虽然是某一科技领域的专家,但他们往往缺乏有关科学普及的训练,缺乏科普工作的技巧、经验和能力。

那么,如果科学家不做科普,那么由谁来做科普更合适呢?经验表明,虽然科学家不是唯一的,却是最合适的科普工作者。

首先,科学家是做科普工作的最佳人选。科学家处于科学研究的最前沿,他们掌握着丰富且严谨的科学知识,对科技热点谙熟于心;此外,科学家过着与普通人一样的现实生活,又使他们能够敏锐捕捉并能准确地了解公众对哪些科学

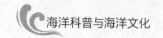

问题感兴趣、对哪些科学知识有需求。他们同时具有"专业人士"与"普通公众"两个身份,具有做科普的独特优势和不可替代性。

其次,作为科普的主力军,大部分科技工作者对国家和社会有强烈的责任感。他们对未知世界有强烈的探索情怀,对科普工作有荣誉感和使命感。当前,公众关于科学家的刻板印象是错误的,科学家并非只能待在实验室和办公室内,只能做实验、写论文,科学家也可以并且应当擅长做科普,虽然这也许会耽误一些做科研的时间,但是对人生来讲,科学家做科普的选择是正确的,最终的收益是正向的,是推动社会进步的强大力量。个人"耽误"的一点时间可以在广大青少年和民众提高了科学素养,对社会做出了更大的贡献,创造了更多的财富中数倍地补回来,社会效益这笔账是非常划算的。

第三,对科学家来说,做科普的过程也是一个自我提升的过程。有些东西觉得自己会了,但当我们要把它讲明白的时候又发现很难,说到底还是因为我们掌握得不够好。因为如果能让别人听得懂专业艰深的东西并对之感兴趣,说明自己对专业的理解一定十分透彻深厚,而且在讲解和互动的过程中也能发现一些新的问题,同时自己的逻辑表达也会受到训练,反过来又能促进我们科研能力的提升。

还有一点非常重要,那就是科学家做科普具有其他人无法达到的权威性。这是其他人无法替代的,达到的效果也是无法替代的。

如果科学研究的目标是对世界运行规律的新发现和新认识,那么科学普及的目标是改变人们的思维方式,让人们有科学的世界观和科学的思维方式。科学研究是科学普及的基础,但实际工作上,科学普及的难度并不小于科学研究,甚至更难,从社会效益上看,科学普及对社会的贡献并不小于科学研究,甚至更大。因此,科学家也应该在力所能及的情况下承担起科普工作的责任,这是社会赋予科学家的义务和神圣使命。

### 三、科学家如何做科普

实际上,无论科学家还是专职的科普工作者,做科普工作都各有优势,各有各的招数。科普没有定式,所谓"文无第一,武无第二",只要效果好,达到了向民众传播科学知识的目的,无论采取什么样的方式,讲座、展览、电视片、图书、访谈和问答、网络、演示,等等,都是值得做的。

笔者做了近30年的科普讲座,常讲的题目有"神秘的海洋生物""走进奇妙的海洋生物世界""乘'蛟龙'探深海""海洋那些事儿""海洋的故事"等,积累了一些经验。这里做个简要的介绍,与科普同行分享。

### (一)以受众基础准备讲座内容

讲座的内容和幻灯片、视频的准备一定要事先向主办单位了解清楚,听众是什么群体,多少人,讲座的场地什么样子,最多讲多长时间。这样在备课时就可以根据听众的知识、已有基础水平做准备,比如小学生、中学生、大学生之间就差别很大,如果讲的是生物学的知识,那么大学里生命学院的学生与其他学院的学生的基础就很不一样,接受能力也大不一样。青年人与离退休人员的关注点也非常不同。

### (二)随受众情绪随时调整讲座内容和节奏

要根据现场的状况随时变换演讲的节奏和内容。比如小学生一般15分钟后注意力就有很大变化,这时候就要想办法把他们的注意力拉回来。比如,在讲海洋生物时,隔一段时间就要提问一下,幻灯片上的动物是什么动物?你有没有见过?对它了解多少?在讲深海生物时,可以提问,深海里有没有植物?深海里有没有动物?深海里还有什么生物?它们都吃什么?等等,看似很简单的问题,但有很多人会答错,这就大大提高了听众听讲座的兴趣,注意力自然就集中了。

### (三)"多多少少"的辩证法

演讲的课件和演讲者要注意几"多"几"少":① 多图片少文字,多给听众放一些有吸引力的图片和视频,文字尽量少,因为人对图像的接收能力远远大于对文字的接收能力,可以最大程度地让听众获得海洋生物知识,提高科学传播效果;② 多提问少灌输,多向听众提一些看似容易实际上不容易答对的问题,提高听讲座的兴趣;③ 多故事情节少深奥理论,人们都愿意听故事,在讲科学知识的同时,顺带穿插一些出海的和实验中的亲身经历,例如在出海时遇到危险情况,最后怎么解决的,使用了什么样的知识,等等,大家都愿意听,顺便也讲了科学知识和理论;④ 多"现挂"少呆板,讲课时,如果发现在现场有什么与讲座有关的人物、宣传画,或者听众现场提出了有意思的问题,都可以利用,通过"现挂",更好地让听众理解科学知识,尽量少地讲枯燥的理论,做到理论联系实际,让听众听

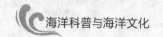

得明白,才能印象深刻;⑤ 多肯定少否定,对听众的提问和回答要马上肯定他们说得对的地方,让听众有信心,激发听众的热情和思维能力;⑥ 多用口语少用书面语,这是基本要求,讲座中尽量少用生涩的科学术语,用词尽量口语化,通俗易懂,让听众容易理解和接受。

国家的经济建设和社会进步离不开科学研究,也离不开科学知识的传播和普及。科学家做科普工作既是社会赋予科学家的社会责任,也是新时代赋予科学家的神圣使命。科学家讲解和传播科学知识具有不可替代的权威性,这是科学家做科普工作的独特优势。同时,社会也应该理解科学家做科普这件事,要给做科普的科学家以社会认可和社会待遇,尤其在科学家考核评价体系中,应正确定位科学家的科普工作。

# 关于青少年海洋科普教育的一点思考

霞 子①

（山东省科普作协，山东 济南，250002）

**摘 要:**青少年的科普教育是全国科普工作的重要领域之一。如何加强青少年的海洋科普教育，为建设海洋强国培养未来人才，是值得深入探讨和研究的。探讨包括青少年海洋科普教育的目标，青少年海洋科普教育视野以及对青少年海洋科普教育的几点建议。

**关键词:**青少年海洋科普教育；青少年海洋科普教育的视野；人文与自然和谐发展

"十三五"期间是全国科普工作高速发展的时期。其中，对青少年的科普尤其受到重视，成为科普的重要领域之一。习近平主席指出，21世纪，人类进入了大规模开发利用海洋的时期。经过多年发展，我国海洋事业总体上进入了历史上最好的发展时期。这些成就为我们建设海洋强国打下了坚实基础。我们要着眼于中国特色社会主义事业发展全局，统筹国内国际两个大局，坚持陆海统筹，坚持走依海富国、以海强国、人海和谐、合作共赢的发展道路，通过和平、发展、合作、共赢方式，扎实推进海洋强国建设。②所以，如何加强青少年的海洋科普教育，为建设海洋强国培养未来人才，是值得深入探讨和研究的。在此，仅从个人从事青少年海洋科普工作的体会谈几点看法。不妥之处，还望大家批评指正。

习近平总书记曾指出，建设海洋强国是中国特色社会主义事业的重要组成

---

① 作者简介:霞子(1958— )，女，儿童文学作家，文学创作一级，山东科普创作协会副理事长，中国科普作协海洋科普专委会副主任委员，研究方向为少儿科学文艺创作及其理论研究。

② 《进一步关心海洋认识海洋经略海洋 推动海洋强国建设不断取得新成就》，http://www.xinhuanet.com//politics/2013-07/31/c_116762285.htm。

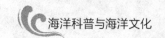

部分。党的十八大做出了建设海洋强国的重大部署。要进一步关心海洋、认识海洋、经略海洋,推动我国海洋强国建设不断取得新成就。

## 一、青少年海洋科普教育的目标

青少年的海洋科普教育是在校本课程的基础上,对海洋科学教育的助力、深化和伸延。科普教育与校本课程相比较可能内容更加宽泛,形式也更多样,且更强调科学思想、科学精神以及科学方法的融入以及科学的思维方式和海洋精神的培养。提高创新能力应从少儿抓起。据有关报告反映,很多中学生缺乏对科学探究的兴趣和科学的思维方式,其主要原因是由于在少儿时期没埋下一颗热爱科学的种子和大胆质疑的科学精神。因此呼吁加强对少儿的科普教育和创新性思维的培养。科普教育应针对少年阶段(小学)和青年阶段(中学)的不同特点和需求,选择不同的内容,且有机连贯,环环递进,以使青少年逐步完成较为系统的海洋通识教育,对海洋科学和海洋文明的基本了解,建立科学的思维方式、和谐的发展观和勇敢探索的科学精神。青少年的科普教育目标主要包括认识海洋、理解海洋、畅想海洋三个阶段。

### (一)认识海洋

主要是对自然海洋认知的教育,这是在小学阶段完成的海洋通识教育。通过普及海洋基本知识,让小学生从地理、地质、生物、资源、生态等方面了解全球海洋概况以及海洋民俗民风、人与海洋的关系等,打好海洋知识基础,增强海洋意识,从而培养小学生热爱海洋、探索海洋的积极性以及保护海洋、人与自然和谐相处的人文观。让小学生知道蓝色海洋是地球上生命的起源,是能让人类的未来充满无尽可能的。

### (二)理解海洋

可以理解为科学海洋,是对初、高中阶段海洋科学和海洋人文的基础教育和知识架构。主要是让中学生了解海洋科技发展简史,海洋文明发展简史,知晓海洋科学的分类及其发展现状,掌握海洋探索和科研的基本方法,博览海洋人文作品,培养胸怀天下、勇敢探索的海洋精神。

### （三）畅想海洋

根据不同年龄段所掌握的知识层级，在引导青少年了解海洋的基础上，通过探索实践、研学、参观、科普展讲等科普活动，让青少年走近海洋，体验海洋科技的奥妙，触摸海洋科研的前沿，领略海洋人文的魅力，体会海洋生态的重要，畅想蓝色海洋的未来，懂得"人文自然和谐发展，是海洋研究与开发的价值取向"这一理论的深邃内涵，[①] 培养新一代具有探索实践能力、科学想象力和人文情怀的创新型海洋人才。

以上三个部分互相关联照应，在不同的年龄段，有不同的侧重点。为经略海洋、造福人类、培养有情怀的且具有科学思维的创新型人才为最终目标。

## 二、青少年海洋科普教育的视野

随着科技的发展，时代在不断进步，观念也在不断更新。以下三个观点也许对于拓宽青少年海洋科普教育的视野有帮助。

第一，海洋科普教育中的大海洋观。当前，我国实行的海洋发展战略是海陆统筹，以海洋经济为基础，实现社会、经济、文化、生态的协调发展。这是一个可持续发展的科学发展观，也是一个体现了整体思维和系统思维的大海洋观，不仅强调海陆统筹，也强调社会、经济、文化和生态的全面协调发展。因此，青少年的海洋科普教育不应只集中活跃在沿海地带，更应该深入内陆地区，让远离海洋的青少年接受海洋意识教育，了解海洋科技发展的前沿，关心海洋生态的未来。常言说"千条江河归大海"，从水的循环来看，海洋与江河湖溪是一体的。"非水无以准万里之平，非水无以通远道任重也。"[②]"上善若水"[③]"水有四德"[④] 等中国传统水文化理念，同样适合海洋文化的深化。所以，对于海洋文化的研究，应与中国优秀的传统水文化相结合，上升到一个新的高度来进行探讨，提炼出更加精准

---

① 吴德星：《人文自然和谐发展，是海洋研究与开发的价值取向》，http://edu. china. com. cn/2011-10/21/content_23688530. htm。

② 《尚书大传》卷1，中华书局1985年版，第38页。

③ 《道德经》第8章，华文出版社2010年版，第38页。

④ 《尸子·君治》云："水有四德：沐浴群生，流通万物，仁也；扬清激浊，荡去滓秽，义也；柔而能犯，弱而能胜，勇也；导江疏河，恶盈流谦，智也。"《尸子》卷上，中华书局1991年版，第19页。

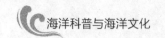

有内涵的海洋精神传递给青少年。

第二,海洋科普教育中的大人文观。海洋曾把世界不同的陆地割裂开来,让人类隔海相望不相知;随着航海科技的发展,海洋又成为连接世界的纽带和通途,成为世界各国合作共赢的空间。通过发展海洋事业带动经济发展、深化国际合作、促进世界和平,努力建设一个和平、合作、和谐的海洋是中国海洋强国战略的要义。中国始于春秋、兴于唐宋的海上丝绸之路,曾对世界贸易和文化的交流做出了非常大的贡献。21世纪,中国新海上丝绸之路的提出,在对世界贸易和文化交流做出新的贡献的同时,也必将对实现人类命运共同体的宏伟设想做出积极的努力。所以,青少年的海洋科学教育也应该具有世界视野,不忘情系天下。只有心怀对整个人类及其未来的大悲悯情怀,才能更好地经略海洋。

第三,青少年海洋科普教育要有坚定的育人观。青少年的科普教育以自然科学和社会科学知识为基础,以传播科学思想,弘扬科学精神,倡导科学方法,培育科学的思维方式为重心,以培养能够担责社会、对人类及其未来具有悲悯情怀的创新型人才为目的。也就是说,对于青少年的科普教育,育人是第一位的。这个育人不仅仅是知识的传递,更重要的是精神质地的培育。所以,在青少年的海洋科普教育中融入更多的人文教育是必要,优秀科学家的事迹,先进的科学思想,大胆质疑和勇于奉献的科学精神,都是培养未来人才不可或缺的内容。

## 三、对做好青少年海洋科普教育的建议

青少年是求知欲最旺盛的时期,也是最容易激发兴趣,埋下爱科学的种子的时期,更是建立基础知识网络体系的时期。兴趣是最好的老师。对于青少年来说尤其如此。那么,如何让青少年对海洋科普教育产生兴趣,将是一个重要课题。

第一,打造高质量的青少年海洋科普教育读物,助力海洋校本课程的学习,提高海洋科学素养。根据青少年的需求,针对性地出版更多优秀的海洋科普读物。提高青少年海洋科普教育读物品质,要从"深入浅出有故事"方面入手,故事性让读物更有趣味,提高青少年的阅读兴趣;而"深入浅出"的方法则让读物更通俗易懂,快速吸收。在此基础上,要加大"蓝阅计划"在全国的推广力度,让优秀的海洋科普读物准确快速地到达青少年手中,助力青少年海洋科普教育的发展。

第二,大力开展青少年海洋科普研学活动,沿海城市可以在集中精力打造

具有地方特色的海洋研学基地的基础上,形成青少年海洋科普研学联盟,互通有无,加强交流,定期研讨,资源共享,形成联动性优势互补,带动内陆地区的海洋科普研学的发展。

第三,以沿海地区的青少年海洋科普教育优势,带动内陆和偏远地区的青少年海洋通识教育,推动全国青少年的海洋科普教育共同发展。

# 系统思维视角下海洋教育的内涵与外延 [①]

## 季 托 武 波 [②]

（中国海洋大学教育系,山东 青岛,266100;

中国海洋大学基础教学中心,山东 青岛,266100）

**摘 要**:海洋教育是海洋强国战略的软实力。海洋教育是一门教育学科,隶属于社会科学,其特殊性在于它又是一个众多学科交叉的研究领域,横跨自然、社会、人文三大知识部类。明晰海洋教育的内涵及外延,对于逐步建构海洋教育理论体系,促使海洋教育系统可持续发展等具有重要意义。首先,在梳理海洋教育概念的前提下,以系统思维的视角给出了海洋教育内涵,即通过各种教育活动,将海洋"生""和""容"的精神传递给每个人,培养人类高尚的品质。"生"是海洋教育的核心,是其生长的动力;"和"是海洋教育可持续发展的基础;"容"为海洋教育提供信息。其次,依据内涵设计了海洋教育知识外延体系,包括海洋自然科学教育、海洋社会科学教育、海洋人文学科教育。最后,简单论述了其外延的拓展空间,即海洋科学教育与海洋科普教育的关系。

**关键词**:海洋教育;海洋教育内涵;海洋科学教育;海洋科普教育;海洋精神

海洋教育不是一个新词,传统意义上即使没有明确说明,人们也知道指的是针对海洋相关的专业教育活动。近年,随着发展海洋强国战略、培养公众海洋意识的提出,海洋教育不仅仅表示海洋科学或海洋专业的教育,还包括针对中小学

---

① 基金项目:中央高校基本科研业务费专项成果(201415004)。2016 年度青岛市社会科学规划研究项目(QDSKL1601012)

② 作者简介:季托(1975— ),中国海洋大学讲师,博士,主要从事海洋教育和系统科学应用研究,联系方式为 jituo@ouc.edu.cn。武波(1973— ):中国海洋大学基础教学中心讲师,博士,研究方向为海洋信息技术,联系方式为 wuboqd@163.com。

生和公众的海洋知识普及性教育。海洋教育的概念和内涵开始变得模糊。从系统科学的视角出发,梳理海洋教育的概念,并明确海洋教育的内涵和外延。

## 一、海洋教育概念的产生与发展

1946 年,我国开始海洋科学专业教育,至今已形成一定的规模。因为涉及学科范围比较广,海洋教育的概念并没有明确界定,主要采取间接论述方式,多数是在海洋和教育之间加入一个限定语,如海洋环境教育、海洋物理教育、海洋生物教育等。针对中小学生和公众的科普性质的教育使用环境教育替代阐述海洋教育所占比例最高,然而单纯的海洋环境教育又缺少了海洋的情景与技能的含义。

国外相关研究未明确提出"海洋教育"定义。英语表达中,"海洋教育"一词 有"aquatic education""sea education""ocean education""maritime education" "marine education" 等。"aquatic education" 泛 指 和 水 有 关 的 教育,"maritime education" 指涉海的专业人才教育,"sea education""ocean education" 指海洋教育,相对更广泛些。美国充分利用信息技术手段开展了极为丰富的海洋教育活动,但对于海洋教育概念没有明确海洋科学教育和海洋科普教育,只是通过受众对象来进行区分。欧盟海洋政策报告中指出海洋教育是唤醒人们对于海洋遗产的重视、正视海洋在生活上的重要性以及海洋发挥无限的潜力,提供人们生活福利与经济的机会。日本的《学习指导要领》是指导该国高中小学教学内容的基本事项和总则,2014 年,日本政府根据新的要领,充实有关加深对领土、领海和海洋资源等国家主权理解的"海洋教育",将海洋知识等纳入各科目教学范围,使日本青少年学生能够系统性的学习相关知识。日本的海洋教育概念政治目的较强,强调国家主权,值得一提的是其在概念中唯一提到体系性、系统性。

大陆学者马勇从人海关系的视角出发,定义了广义海洋教育和狭义海洋教育,前者指所有与海洋相关的活动;后者专指学校参与的与海洋相关的培养海洋素养的教育活动。[①] 冯士筰借助教育学对教育的定义,认为海洋教育指的是为增进人对海洋的认识、使人掌握与海洋相关的技能进而影响人的思想品德的一切

---

① 马勇:《何谓海洋教育——人海关系视角的确认》,《中国海洋大学学报(社会科学版)》,2012 年第 6 期。

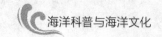
活动。从不同的角度来看,海洋教育可以分为不同的类别。[①]海洋科学教育包含在海洋教育之中,是传授海洋科学知识和技能的活动,[②]这个概念简练地明确了海洋教育与海洋科学教育的关系。中国台湾地区对海洋教育研究相对比较丰富,按照1988年联合国教科文组织报告区分了海洋专业教育和海洋普通教育,对海洋教育概念和内涵的研究也经常产生碰撞的火花。一个争议较小的海洋教育概念是:以海洋为主题的一门教育科学,包含海洋休闲、海洋社会、海洋文化、海洋科学、海洋资源等基本教育素材。中小学海洋教育目的是以发展"亲海""爱海""知海"的新运动与新文化,培养一般国民的海洋通识素养为主轴,并兼顾海洋人才培养,达成教育学生亲近海洋、热爱海洋、认识海洋、善用海洋、珍惜海洋以及具备海洋国际观特质的国民素养。[③]台湾地区海洋教育更侧重于中小学的海洋科普教育,很多研究资料显示使用"海洋教育"一词替代了海洋科普教育,甚至一些学者提出使用海洋教育专指海洋科普教育。大陆地区也逐渐加深海洋科普教育的研究,前期文献资料参考多来自台湾地区。这种不明确的写法可能会产生误解或误导,人为地缩小了海洋教育的研究范围和功能属性,持续下去可能会弱化海洋科学教育在海洋教育中的地位。

由此,学术界有必要界定海洋教育,探究海洋教育内涵,梳理海洋科学教育、海洋科普教育及其关系,逐步建立海洋教育理论体系,充分发挥海洋教育在海洋强国战略中软实力的作用。

## 二、海洋教育内涵

从系统思维的视角出发,海洋教育是通过各种教育活动,将海洋"生""和""容"的精神传递给每个人,培养人类高尚的品质。其内涵是海洋精神"生""和""容"三个要素及其相互作用关系的体现,"生"是海洋教育的核心,是其生长的动力,"和"是海洋教育可持续发展的基础,"容"为海洋教育提供信息。

---

① 冯士筰:《海洋科学类专业人才培养模式的改革与实践研究》,中国海洋大学出版社2004年版,第3-10页。
② 李巍然:《海洋教育新进展——2011年海洋教育国际研讨会论文集》,中国海洋大学出版社2013年版,第9页。
③ 季托,武波:《台湾地区海洋教育研究核心议题与发展趋势》,《航海教育研究》2016年第3期。

（一）"生"——海洋教育的核心

卢梭提出教育的目的是生长,而后杜威发展了这个观点。教育是人的一种自然生长过程,而海洋具有"生"的本质,二者以"生"为契合点,形成了海洋教育内涵的核心。这种"生"不是简单和静止的,而是蕴含着发展和动态的能力,这种力量是海洋教育具有强大生命力的基础指数。海洋与人是有机连续的统一体,人通过教育来实现对大自然的精神表达。人是海洋生生不息的精神体现,是其生生不息的担当者[①],海洋的精神需要通过人借助海洋教育来传达与实现。

1. 生命源自海洋

生命在海洋中诞生。最古老的生命遗迹在海洋中发现,海洋中的藻类在古生代志留纪末期登陆,演化成陆上第一代裸蕨类植物。陆地生物包括人类,体内仍带着一部分海洋:每一种生物血管内所流淌的血液都和海水一样带有咸味,甚至连钠、钾、钙等元素的含量比例都几乎相同。人的生命也起始于母亲子宫内的迷你海洋,而胚胎的发育过程,也与物种的演化进程相同,从以鳃呼吸的水中生物发展成陆地生物,无论是漫长的生物演替,还是短暂的生命个体,最后残骸又都回归大海[②]。海洋是生命之始,亦是万物最后的归宿,地球上的生物按照时间的维度,以海洋为始终点形成了一个封闭的系统。

2. 海洋维持着地球上生命的发展

地球因为有了海洋,人类和其他生命才能得以生存发展。首先,地球上的氧气大部分是海洋中生物进行光合作用产生的;其次,海洋影响全球的气候,海洋通过调节地球能量、水与碳的系统进而控制天气,海洋不仅在气候自然变化中起重要作用,对人为引起的气候变化也有抑制作用,温室效应产生的额外能量绝大部分被海洋吸收,大气中30%的二氧化碳也被海洋吸收;[③] 再有,地球的水与海洋息息相关。海洋占地球表面的71%,海洋的水经过蒸发到达上空,再通过降水的方式返回陆地表面,经地表进入江河湖泊或成为地下水,部分成为饮用淡水,绝大部分再返回海洋,循环再生。海洋对生命至关重要,生命必不可少的新鲜

---

① 王国良:《试论儒家万物一体的自然观与生存观》,《社会科学战线》2010 年第 8 期。

② 〔美〕蕾切尔·卡逊:《海洋传》,方淑惠,余佳玲译,译林出版社 2010 年版,第 5-7 页。

③ 蔡榕硕,齐庆华:《气候变化与全球海洋:影响、适应和脆弱性评估之解读》,《气候变化研究进展》2014 年第 3 期。

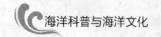

空气、适宜的温度、洁净的淡水均与海洋密不可分。

### 3. 生生不息

中国哲学中具有重"生"的传统,[①] 认为自然是一个以生生不息为目的的过程;[②] 西方语境中,"自然"也有生的含义。海洋属于大自然的一部分,自身完成如生命的孕育、生长、更替、发展和演化,连续不断,从哲学角度表现出了生命的共时性和历时性。海洋的生生不息不是简单地重复生命状态,而是在适应环境的过程中表现出来的适应和生存能力不断加强,孕育新生命由简单到复杂的生长发展演化过程。

### (二)"和"——海洋教育的基础

人与海洋和谐共生中,具有了与彼此形成有机整体的能力,海洋教育正是这种能力的执行者。人与海洋和谐共生的理念贯穿始终,这是海洋教育内涵的基础。开展教育活动过程中应体现出海洋的自身系统和谐性,充分发挥海洋生态永续功能,将其应用于海洋教育指标体系中,维持海洋教育能力的可持续发展,保证对"和"的精神内涵体现。

#### 1. 海洋的自我协调

海洋是一个完整的系统,自我生长、自我修复能力很强。其自然生态系统很完善,包括海洋植物、海洋动物、海洋微生物在内的海洋生物群落通过能量流动和物质循环与环境之间进行作用,并通过自我调节而形成一个有机整体。海洋系统具有自净能力,即海洋环境通过自身的物理过程、化学过程和生物过程而使污染物质的浓度降低乃至消失的能力。

#### 2. 人与海洋和谐共生

对人与自然辩证关系的认识是海洋教育产生的哲学基础。老子的"道法自然"虽然没有直接论述人与海洋的关系问题,但是为古代海洋价值观寻找到了重要理论依据。[③] 人与海洋和谐共生是人与海洋共同存在于地球上,相处过程中表

---

① 王国良:《孔孟·朱熹·戴震——中国生存论哲学传统的建构》,《社会科学战线》2004年第4期。
② 乔清举:《论〈易传〉的"生生"思想及其生态意义》,《南开学报(哲学社会科学版)》2011年第6期。
③ 蔡丰明:《中国非物质文化遗产的文化特征及其当代价值》,《上海交通大学学报(哲学社会科学版)》2006年第4期。

现出来的一种融洽、调和、协同的趋势和动态的过程,体现在人对海洋的影响与海洋对人的制约。人与海洋相互依存、彼此协调。人从海洋中获取所需的资源和信息,同时利用新技术给予海洋保护和治理。海洋能够满足人的生存和发展的需要,因为有了人而更加富有生机,更能体现其存在的价值,在与人的交互中实现自身发展和演化。海洋以其自有的运行规律展现给人类,自我承载能力在特定时间内是有限的,其内在有用性是人类不能创造的。人通过科学研究,掌握海洋的运行规律,在海洋自我修复能力之内进行资源的开发和利用,保持生态平衡,与海洋在和谐共存的基础上进行交流,不能无休止破坏,否则必然会受到海洋的报复。

### (三)"容"——海洋教育的信息来源

海洋的包容性体现在两方面。其一,海纳百川。地球上的水,无论是涓涓细流、平静的湖水,还是奔腾的大河最终都流入大海,海洋包容汇集了大自然各种形式各种来源的水,容的过程表现的是水顺势而为的自然过程。其二,海洋容纳了人类生活及科技生产排泄的生活垃圾、工业废料、二氧化碳等,在其自身的能力范围内,进行消化和调节。

由海洋的自然之"容"进而引申出社会之容、人文之容、个人修养之容。中国传统文化就有着强大的包容、同化能力,经历了百家争鸣,慢慢接受各民族文化并吸收外来文化,自身体系越来越博大精深,形成以儒、道、释为主相互融合的文化。"海纳百川,有容乃大",说明海之所以浩瀚广大,在于能涵纳百川细流,通过教育使个人的胸怀像海一样的广阔。

海洋教育贯通自然科学、社会科学、人文学科领域,是一个将这些领域知识交叉融合的研究过程,正需要具有海洋"容"的能力,才能使不同学科、不同专业之间的知识借助海洋教育找到共享的领域,使它们更好地为人类服务,促使海洋教育蓬勃发展。

海洋精神表现出来的"生""和""容"三个维度作为要素构成海洋教育系统,系统结构即是海洋教育的内涵,功能表现为海洋教育的外延,如图1所示。系统的三个要素通过物质、能量和信息的交流耦合在一起,彼此之间互有影响。"生"可以扩展"容"的能力,容纳信息量多、容纳力强则能够推动和谐与共生("和"),"和"又会促进"生"的发展;系统生命力指数("生")高可以保持和谐发展("和"),"和"可提升"容"的能力,容纳能力增强,可以提供更多信息,增强系统的生命力。

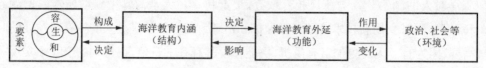

图1　海洋教育系统的演化①

## 三、海洋教育的外延

### (一)海洋教育的外延

海洋教育的外延是反映海洋教育内涵的所有相关对象,涵盖海洋生物、海洋经济、海洋管理、海洋法律等一切与海洋相关的知识获取。李醒民学者将知识分为三大部类:自然科学、社会科学、人文学科,且自然科学中包含技术科学。②依此,将海洋教育按照知识部类扩展为海洋自然科学教育、海洋社会科学教育、海洋人文学科教育,每部类分为三个层面,具体参见表1。

表1　海洋教育的外延

| | 第一层 | 第二层 | 第三层 | 目的 |
|---|---|---|---|---|
| 海洋教育 | 海洋自然科学教育 | 海洋物理* | 海洋水文物理学、海洋光学、海洋热学、海洋声学、海洋电磁学、海洋气象学、海洋力学…… | 认识海洋、开发海洋、利用海洋、保护海洋 |
| | | 海洋化学 | 海水化学、海洋物理化学、海洋生物化学、海洋热化学…… | |
| | | 海洋地质学 | 海洋地貌学、海洋地图学、海洋地震学、海洋沉积学、海洋矿藏勘探…… | |
| | | 海洋生物学 | 海洋生态学、海洋植物学、海洋动物学、海洋微生物学…… | |
| | | 海洋天文学** | 航海天文学 | |
| | | 海洋环境 | 工程环境海洋学、海洋环境保护学、海洋环境监测评价学、海洋灾害…… | |
| | | 海洋工程 | 船舶与海洋工程(船舶与海洋结构物设计制造、轮机工程、水声工程)、港口、海岸及近海工程、海洋建筑学…… | |

---

① 李曙华:《从系统论到混沌学》,广西师范大学出版社 2002 年版,第 40、49 页。

② 李醒民:《知识的三大部类:自然科学、社会科学和人文学科》,《学术界》2012 年第 8 期。

| 第一层 | 第二层 | 第三层 | 目的 |
|---|---|---|---|
| 海洋教育 | 海洋科学技术类教育 | 海洋能源开发与技术 | 海洋采矿学、海上采油学、海洋能源学…… | 认识海洋、开发海洋、利用海洋、保护海洋 |
| | | 海洋水产养殖 | 海洋渔业科学与技术、海洋捕捞、海产品加工与储藏…… | |
| | | 海洋医药学 | 海洋药物学、航海医学***…… | |
| | | 海洋交通运输 | 船舶驾驶、航海技术、船舶工程、港航监督、海上救助…… | |
| | 海洋社会科学教育 | 海洋经济 | 海上贸易、海洋技术经济学、海洋保险学…… | |
| | | 海洋政治 | 海洋权益、海洋国防、海洋政策、海洋战略…… | |
| | | 军事海洋学 | 海洋战略与技术、水面舰艇、潜艇与水下武器、深潜技术…… | |
| | | 海洋法学 | 国际海洋法、海洋经济法…… | |
| | | 海洋管理 | 海事管理、海洋环境管理学、海洋行政管理学、海洋工程管理学、海洋旅游、海洋产业管理、海域管理…… | |
| | | 海洋新闻传播 | 海洋文献学、海洋情报学…… | |
| | | 海洋文化 | 海洋伦理学、海洋民俗学…… | |
| | | 海洋社会学 | 海洋社会史、人口海洋学…… | |
| | | 海洋教育学 | 体育海洋学、海洋人才学…… | |
| | 海洋人文学科教育 | 海洋文学 | | 提升境界、升华精神 |
| | | 海洋史学 | 海洋科技史、海洋地名学…… | |
| | | 海洋考古学 | 海洋演化史…… | |
| | | 海洋哲学 | | |
| | | 海洋宗教学 | | |
| | | 海洋艺术学 | 海洋美学…… | |

说明:学科分层名称有参考"王续琨,庞玉珍.海洋科学的学科结构和发展对策 [J].大连理工大学学报:社会科学版,2006,27(1):29-33.① "文章中的表格进行取舍整理。

*按照学科划分,存有不同的意见,有学者认为"物理海洋"替代"海洋物理",物理海洋主要研究海水运动,这里主要从与海洋相关知识的角度出发进行划分,采用的是海洋物理,研究海洋中的物理现象。

**海洋天文学基本没有形成体系,国内研究有将其划分为物理类,这里将其单列出来,期待未来发展引起重视。

***航海医学是研究航海条件下各种医学问题的学科,属于医学科学与航海技术科学之间的边缘学科,归在海洋医药学中,也有学者认为归在航海技术中。

---

① 王续琨,庞玉珍:《海洋科学的学科结构和发展对策》,《大连理工大学学报(社会科学版)》2006 年第 1 期。

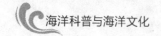

海洋自然科学教育主要包括海洋物理、海洋化学、海洋生物、海洋地质、海洋天文以及技术类的海洋工程、海洋资源开发技术、海洋交通、海水养殖等。[1] 数学属于自然科学的门类,海洋科学离不开数学,但是目前海洋数学知识还没有形成完整的学科和研究体系,也没有要形成一个知识体系的趋势,暂时将其排除在外。海洋社会科学教育涉及海洋经济、海洋政治、海洋军事、海洋法学、海洋社会学、海洋管理、海洋文化、海洋教育学等。[2] 海洋人文学科是以海洋为研究对象,从不同角度发掘海洋人文价值,以达到人受海洋启发后的心灵成长与自我修为,包括海洋史学、海洋考古学、海洋文学、海洋艺术、海洋宗教等。尽管海洋社会科学教育和海洋人文学科的发展和研究还处于起步阶段,没有形成完整的体系,但发展势头不容小觑。随着人类越来越重视对海洋的研究,将会有更多与海洋相关的人文社科知识被发掘研究。本文先按照知识部类划分出体系,以方便与明晰以后研究方向。

海洋是一个复杂的自然体系,任何一个空间单元中常常可能同时发生物理变化、化学变化、生物变化和地质变化等,而这些变化又交织在一起互相影响。因此,海洋教育的第一层面的三个子系统(自然科学教育、社会科学教育、人文学科)之间互有融合与交叉,第二、三层学科之间既层次分明又有趋同,界限并不是很严格。找到不同领域之间的融合点或者协同发展的方向,才能全面、系统地研究海洋问题。

### (二)外延空间的拓展

随着海洋强国战略的提出以及适应我国海洋事业的发展形势,迫切需要加强和完善海洋教育体系,一方面培养高水平的海洋专业人才,另一方面拓宽海洋人才来源[3]。由于海洋研究涉及学科众多,也有很多非海洋专业的人才发展为海洋科学家。因此,应当加强公众、青少年的海洋科学普及教育,在高校非涉海专业中增设海洋教育相关通识课程。按照对象和实施主体的不同,可以拓展为海

---

[1] 国家自然科学基金委员会:《未来 10 年中国学科发展战略·海洋科学》,科学出版社 2012 年版,第 1 页。

[2] 杨国桢:《论海洋人文社会科学的概念磨合》,《厦门大学学报(哲学社会科学版)》2000 年第 1 期。

[3] 国家自然科学基金委员会:《未来 10 年中国学科发展战略·海洋科学》,科学出版社 2012 年版,第 1 页。

洋科学教育、海洋科学普及教育（简称海洋科普教育），具体参见表2所示。

表2　海洋科学教育和海洋科普教育

| | | 对象 | 实施主体 | 主要目的 |
|---|---|---|---|---|
| 海洋教育 | 海洋科学教育 | 大中专、高职技校等海洋相关专业学生 | 学校、科研院所等 | 海洋可持续利用和开发 |
| | 海洋科学普及教育（简称海洋科普教育） | 公众 | 政府、非营利教育机构等 | 提升全民海洋意识 |
| | | 大中专学生 | 学校 | |
| | | 小学高年级阶段、初中、高中 | 学校 | |
| | | 小学低年级阶段、幼儿园 | 学校 | |

近年，随着东海、南海之争越演越烈，提高全民海洋意识的任务势在必行，让海洋意识成为一种社会意识，需要加强海洋科普教育。海洋科普教育绝不只对沿海地区的学生及人群普及，受众人群应该分别面向公众、青少年以及高校学生，目前需要建立一套完整的海洋科普知识体系，才能真正实现认识海洋、利用海洋、开发海洋、保护海洋，到达提升全民海洋意识的目的。海洋科学教育是以某个学科领域或探究主题为中心从事的教育活动，不一定是全面的、系统的海洋知识的教育，而海洋这个领域研究具有明显的学科交叉和区域集成的特征，对于海洋专业人士不仅掌握本专业的知识结构，更加需要多维度、跨领域的综合知识，了解其他相关学科的知识和技能是完全必要的，参加面向公众的海洋科普知识学习。海洋科学教育和海洋科普教育是结合在一起的，相互促进，共同发展。

因此，海洋教育既开展海洋科学教育的学科交叉研究，也包含海洋科普教育的知识体系、理论指标的构建研究以及海洋知识与专业知识的融合研究，还包括海洋意识培养的研究，是一个多层次、多角度展开研究的体系。海洋教育是由海洋科学教育和海洋科普教育共同组成的一个整体，海洋科学教育为海洋科普教育提供教育素材，海洋科普教育的系统化实施可以推动海洋科学教育的发展，既可以增强海洋知识的理解力，又能够培养人广阔的思维模式，体现出海洋教育"生""和""容"的精神内涵。

## 四、结语

海洋教育学是一门教育学科隶属于社会科学门类，其突出人与海洋精神的

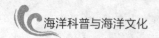

结合,实现教育的认知、技能、情感等目标。同时,海洋教育也是一个众多学科交叉的研究领域,横跨自然、社会、人文三大知识部类,除具备传统教育学的特质,还要兼具客观性和主观性的品性,即自然科学的客观"硬"事实和人文主观的"软"事实兼而有之[①]。因此,明晰海洋教育内涵与外延及其关系至关重要,内涵是外延的核心、基础与来源,外延是内涵的反映与拓展。海洋教育要以"生"为核心,和谐共生,协同、融合不同领域的知识,逐步构建海洋教育理论体系,找到具有学科特色的研究方法,搭建研究平台,以实现海洋的可持续利用和海洋教育系统的稳定发展。

---

① 李醒民:《知识的三大部类:自然科学、社会科学和人文学科》,《学术界》2012 年第 8 期。

# 海洋科普教材的跨学科特征及实现路径

## 王 杰 季 托①

（中国海洋大学教育系，山东 青岛，266100；
中国海洋大学海洋文化教育研究中心，山东 青岛，266100）

**摘　要**：海洋科学是跨学科方法研究海洋自然现象、性质、变化规律及其与海洋相关的人文、社会等的科学，既是一门跨学科交叉的综合性学问，也是一门系统性的跨学科学问。海洋学的学科历史、学科性质和学科术语等跨学科性决定了学科自身的跨学科性。跨学科性是海洋学的重要特征及其学科性质的重要体现。本研究在解析跨学科性的历史发展及其概念外化的基础上，论述了海洋科普教材具有知识互涉整合化、教材设置创新化以及学科范式综合化的跨学科性特征，最后总结出海洋科普教材跨学科性的具体实现路径，对当代中小学海洋科普教材跨学科性的编写具有一定的意义与价值。

**关键词**：海洋科普；跨学科；教材建设

近年来，社会科学与自然科学跨学科研究的逐渐兴起和应用，引起了学界极大的关注。要想更好地实现跨学科的学习，必须综合运用多门学科知识才能有效解决问题。传统教材提供的学科知识难以解决现今复杂问题，需要跨学科教材来扩展知识体系。然而，目前我国跨学科教材种类少，质量差，极大地阻碍了复合型人才的培养。跨学科研究强调运用多个学科的研究方法对问题进行研究，从不同学科视角出发对同一问题形成更加综合的理解，海洋科学所涉及的学科

---

① 作者简介：王杰（1995—）：中国海洋大学教育系硕士研究生，研究方向为海洋教育，联系方式为 1228744145@qq.com。季托（1975—），中国海洋大学讲师，博士，主要从事海洋教育和系统科学应用研究，联系方式为 jituo@ouc.edu.cn。

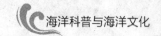

领域较广,与其他科学相结合不仅萌生了很多新的海洋学科分支,也为社会的发展创造价值。海洋学科其本身是一门具有丰富内涵的学科,它不仅包含着丰富的自然科学知识,同时具有大量的人文科学内容。教材作为课程的基本物质载体,是海洋教育的直接体现。在海洋科普教材中也存在与其他学科的交叉渗透点,证明了跨学科研究在海洋科普教材中的探索与研究的重要价值。

## 一、跨学科的发展历程及内涵分析

### (一)"跨学科"的历史发展

"横看成岭侧成峰,远近高低各不同。不识庐山真面目,只缘身在此山中。"苏东坡的诗《题西林壁》点出了世间万事万物的基本特性——跨学科性(Interdisciplinarity)。[1] 从一般系统论的观点来看,科学研究的所有对象都具有立体性、跨学科性特征。跨学科问题研究是以跨学科本身为研究对象的学术领域,伴随着"跨学科"一词的历史发展过程,国内外关于跨学科问题研究从轮廓形成到揭开面纱也经历了一个漫长旳演化过程。追溯国外跨学科的发展历程,可将其划分为两个阶段,即隐形阶段与显性阶段。

#### 1. 隐形阶段时期——20 世纪以前

以柏拉图为代表人物所提倡的哲学是一门统一的科学,而在当时的哲学家被视为将知识进行综合化的人。[2] 到中世纪,欧洲出现了一批将学科知识和技能进行了融合与交叉进行教授的综合性大学。[3] 在 19 世纪前期,一些科学家基于自身爱好首次对跨学科进行了研究。其中以法国数学家费尔玛与笛卡尔为代表,将数形相结合,实现了代数与几何学科的交叉。之后俄国罗蒙诺索夫运用物理学知识去解决化学问题,形成了将物理学科与化学学科的交叉。之后,经过多名化学家共同研究,最终形成了化学动力学、电化学、化学热力学三个分支相互融合的新兴交叉学科。[4]

---

[1] 冯用军:《论科举学的跨学科性》,《贵州师范大学学报(社会科学版)》2019 年第 4 期。

[2] 唐磊:《跨学科研究的理论与实践》,中国社会科学出版社 2016 年版。

[3] 金吾伦:《跨学科研究引论》,中央编译出版社 1997 年版,第 15-17 页。

[4] 杨小丽,雷庆:《跨学科发展及演变讨论》,《学科建设与发展》2018 年第 4 期。

2. 显性阶段时期——20 世纪之后

由于工业革命的出现,学科专业性与社会需要的复杂性日益突出,学科壁垒被击破,学科间逐渐实现交叉渗透,跨学科性成为专门的研究对象。这标志着跨学科研究进入了显性自觉阶段。① 初步发展期。20 世纪 30 年代,美国进行了多个跨学科项目的研究,其中最具有代表性的是"区域研究"。自 20 世纪 40 年代起,跨学科研究正式产生。随着美国展开"曼哈顿项目"社会具体问题的综合性与复杂性促使了跨学科研究的产生。1947 年,美国成立了第一个跨学科实验室——汉森应用物理实验室。① 跨学科研究的产生和跨学科实验室的成立,都为跨学科的长期发展奠定了基础。② 蓬勃发展期。20 世纪 50 年代,"跨学科"一词开始出现在各种出版物中,成为欧美国家一个流行词。1970 年 9 月,在法国尼斯大学召开的会议上首次对跨学科的概念和内涵、跨学科科研和教育问题进行了系统的讨论。②1976 年英国科学家 A. R. Michaelis 联合多国科学家共同创办了跨学科研究领域的权威刊物——《交叉学科评论》杂志。1979 年,在宾夕法尼亚大学出版了《高等教育中的跨学科》,这本著作对基本理论和跨学科教育等问题做了全面论述。③ 相对平稳期。1990 年,美国跨学科专家克莱因完成并出版了第一部完整的跨学科学专著《跨学科学——历史、理论和实践》。2004 年,美国国家科学院协会发表了《促进跨学科研究》的报告,该报告标志着跨学科学进入了一个全面发展的新时期。从国外跨学科发展上看,国外跨学科研究较早。跨学科发展主要在于两个方面:其一是社会大背景的需要,工业革命伴随着对综合性人才的需求增加;其二是学科知识的分离化与专业化的弊端日益突出。对跨学科的研究主要集中在科学和教育范围内。

国内对跨学科的研究起步较晚,主要可分为萌芽发展时期、快速发展时期以及多元化发展时期三个阶段。① 萌芽发展时期。"跨学科"的概念于 20 世纪 80 年代初第一次传入中国。1985 年,首届跨学科学术讨论会在北京召开。该会议描述了我国跨学科发展的重大趋势,提出了"迎接跨学科的新时代"的号召。③同年,刘仲林全面地探讨了跨学科的基本问题和概念。② 快速发展时期。20 世

---

① 刘小宝:《论"跨学科"的谱系》,中国科学技术大学出版社 2013 年版。
② 刘仲林:《当代跨学科学及其进展》,《金秋科苑》1997 年第 1 期。
③ 章成志,吴小兰:《跨学科研究综述》,《情报学报》2017 第 5 期。

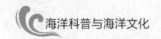

纪 90 年代,我国涌现了多部跨学科领域的专著。1989 年,李光、任定成编著了我国第一部跨学科专著——《交叉科学导论》。1990 年《跨学科学导论》和《交叉科学导论》的编著,标志着我国跨学科研究步入规范化。1991 年,刘仲林主编的《跨学科教育论》正式出版,该书全面介绍了跨学科教育的问题。1997 年,由金吾伦编著的研究跨学科的历史与现状、跨学科图示性结构分析、交叉学科研究方法论等问题的《跨学科研究引论》正式出版,通过上述书籍看出,我国在跨学科研究的角度上不够全面,只是滞留在理论上的研究,没有就实际应用展开深入探讨。③ 多元化发展时期。21 世纪,相继出现了一批著名的刊物,主要有《交叉学科结构论》《跨学科研究与非线性思维》《中国交叉科学》等。不仅如此,在高校还相继成立了一批以跨学科和交叉学科研究为特色的科研机构。

### (二)跨学科的内涵分析

所谓跨学科性,就是沟通两个不同层次,对两个层次的术语、概念和学科结构等进行协同的组织特性。跨学科(Interdisciplinary)一词最先出现在 20 世纪中期的美国。到 50 年代,跨学科在社会科学界广泛传播。关于"跨学科"的定义,国内外学者均对其进行研究。1972 年,在经济合作与发展组织的教育研究及创新中心(CERI)组织的关于跨学科活动探究的研讨会上,学者们对"跨学科"的定义总结为跨学科的目的在于整合多个不同类型的学科,从对学科认识的简单沟通,到概念、方法论和认识论以及学科语言之间的交流,甚至是在研究进路、科研组织的方式和学科人才的培养层面上进行的整合。Humphreys 认为跨学科是为了使技能和知识在多个领域的学习中得到发现、发展和应用。2004 年,美国国家科学院、国家工程院等机构联合发布的《促进跨学科研究》报告中也提出:跨学科研究是通过团队或个人融合,整合两个或多个学科的信息、技术、视角、概念以及理论,从而强化对超越的单一学科界限的或学科范围的问题的理解,为它们寻找适当的解决方案。虽然国外学者就跨学科定义的描述有所不同,但他们都认为跨学科不仅表现在单一学科上,而且体现在多学科的跨度上,呈现出学科之间的相互渗透。"跨学科"在我国也经常被叫作"交叉学科"。综合国内对"跨学科"的定义发现,学者们都认为"跨学科"不单是对多门学科开展研究,更强调两门或两门以上学科间的相关性、融合性。其次,都认同"跨学科"与"交叉学科"在名称上的一致性,并且都强调"跨学科"是打破学科壁垒而进行的两门及以上学科间的交叉渗透。因此,跨学科不是一门学科,而是围绕某这一学科,建立学科间的相互联系,实现学科知识的交叉渗透。它突破传统教学科目的体系,打破学科间的界限,拓宽知识面,有效地解决了多学科复杂综合问题,促进了科学发展,使多门学科知识得到巩固、发展和提高。

在 21 世纪逐渐引起普遍关注的海洋学科,应该是最具有跨学科特征的一门新兴交叉学科,因为它不是关乎一人一书一地之"学",而是对关乎政治、经济、文化、教育、军事、外交、民俗等各个方面,即跨越古今中外、文史政教、数理化生的综合性、全球性之"学"。海洋科普教材尝试用一种新的格局、新的构架来论述海洋知识,力求有所创新。同时从多学科的视野,对海洋进行全方位的研究,就像根据原先不同侧面拍摄的平面图像,重构出一尊立体的雕塑,正是基于海洋学科的跨学科性特征,开展海洋科普教材的跨学科研究才能成为顺理成章、势在必行之事。

## 二、海洋科普教材的跨学科特征

在海洋学的发展中,海洋学科与其他相关学科的相互交叉融合与渗透,使人们对当代海洋学科的探索进入一个新的阶段。这种知识的增长绝不是偶然的,它诞生于一种新的跨学科方法论,重建于学科的不断分化与不断组合的基础之上,关系到海洋科普教材跨学科问题的探究,是一种"学科互涉"的新兴学科研究形态。正是这个意义上,当代海洋学科正以强大的渗透力对传统单一海洋学科或其他学科进行"二次开采和利用",寻求海洋科普类教材与其他学科教材之间的交叉性与理论之间的关联性,为海洋学的研究提供有效路径,构建具有跨学科性的海洋学研究范式。尽管目前海洋学跨学科的研究还处在形成过程之中,但它已显示出一些明显的特征。

### (一)知识互涉整合化

在跨学科研究的概念中已经提到,跨学科研究是一个"整合"的过程。在跨学科研究中,需要面对各种学科的知识,通过各方面知识的整合,包括显性和隐性的知识,从各个角度出发,利用各学科之间的联系,对确定的主题进行讨论研究,从而形成一个公共的语言体系,全面理解该问题并解决它。[1] 在海洋科普教

---

[1] 沈雍,郑超男:《跨学科研究的内涵、特征及路径探索》,《产业与科技论坛》2018 年第 2 期。

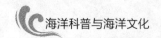 

材中各学科知识也具有高度整合性的特征。自海洋教育在全球范围盛行以来，各类海洋教材也逐渐引起广泛的关注，从对各类海洋教材的研究发现，海洋教材在很大程度上放弃了学科单一性的编写范式，与政治学、经济学、社会学、人文学、历史学、生物学、法律学、艺术学、管理学等学科发生联系，学科之间的界限越来越不明晰，以欧洲大陆学派"综观论"为新的科学方法论的形成，构成了学科的跨学科性研究。当某一学科跨出自身的界限时，将不同的理论与方法整合在一起，这门学科就产生了实质性的飞跃，从而产生具有学科间的新成果形态或新研究方法形态。① 海洋学的跨学科研究展现出一派繁荣景象，在海洋教材中，其跨学科性不只是实现海洋内部学科知识之间的跨越，而且实现了海洋内部学科知识与基础学科知识之间的交叉渗透。海洋内部学科的研究已经涉及海洋自然、海洋技术、海洋社会、海洋人文等多个学科领域，例如海洋物理、海洋化学、海洋地质学、海洋生物学、海洋生态学、海洋天文学、海洋环境、海洋工程、海洋能源开发与技术、海洋交通运输、海洋经济、海洋政治、军事海洋学、海洋法学、海洋管理、海洋科研、海洋文学、海洋史学、海洋考古学、海洋民俗等。除此之外，还涉及海洋学科与语文、数学、科学、美术、体育、音乐等基础学科之间的相互融合。

可见，海洋科普教材的跨学科性与学科交叉融合性体现了学科之间日益综合的发展趋势。跨学科性成为这个时代最明显特征之一，这一形势的驱动下，海洋科普教材的跨学科发展被推上了重要的平台。它力图打破传统学科界限相互分离的局限，建构综观论的研究形态，探寻海洋学与相关学科之间的平等对话、融会贯通和交叉研究的合作机制，内在地显示了海洋学科的跨学科性与学科交叉融合性，具有学科互涉的重要特征。

### （二）教材设置创新化

跨学科研究，是用整合的知识、综合的视角看问题，解决问题，这本身就是一种创新。此外，在实现跨学科研究的过程中，需要改造旧的制度，建立新的制度，这也是一种创新。例如打破传统的基于学科形成的组织结构，建立能协调各学科和跨学科发展的组织结构，建立合理的考评机制等。跨学科具有创新性，因此，跨学科性的海洋科普教材的设置也表现出创新化的特征。在海洋科普教材中，

---

① 兰晶，罗迪江：《作为方法论的界面研究》，《宜春学院学报》2015 年第 2 期。

其跨学科设置不只体现在教材知识内容的设置上,还表现在教材活动设计中。如情境的设置不同于一般教材,创设的情境不只是单纯地引出本章节的内容,更是将整章节内容涵盖其中。在一个情境下可以开展一个或多个教学活动,涉及多个学科领域,实现跨学科融合。通过聚焦一个真实问题的情境,展现与教材内容相关的学科知识,所创设的情境与教材的知识内容具有较强的关联性。另外,教材中还设有自我评价、小组互评、教师评价等栏目,其教学活动设计的评价方式上也具有一定的创新性,不仅对教材活动设计的结果进行评价,而且对活动的过程进行评价,从而实现教材活动设计的全方位、多角度的评价过程。

### (三)学科范式综合化

海洋学研究范式的转换意识随着海洋学科研究的变革而进步。海洋学的跨学科研究经历了从自然科学主义到社会人文主义的普遍拓展,逐渐超越单一性、简单性范式而形成复杂性范式,主张既包含自然科学的内容,又涵盖社会科学的内容;既包含思辨研究,又涵盖实证研究,以一种新的教材研究范式来理解跨学科性带给海洋学的新视角。可以说,海洋教材学科范式的综合化已成为当代海洋科普教材研究的新范式。

海洋学经历了以自然科学占据主导地位的阶段,1855年美国海军军官马修·莫里出版了第一部具有标示性意义的海洋科学著作《海洋自然地理学》。1891年,英国学者约翰·默里,同勒纳尔合作写成海洋沉积学的经典论著《深海沉积》。20世纪上半叶至80年代,海洋科学研究者借用自然科学的理论和方法,对海洋进行了全面的研究,先后建立了海洋力学、海洋物理学、海洋化学、海洋地球科学(海洋地学)、海洋生物学、海洋工程学的众多分支学科以及介于这些学科之间的海洋地球物理学、海洋地球化学、海洋生物力学、海洋生物物理学、海洋生物化学、海洋环境科学、海洋化学工程学、海洋生物工程学等边缘学科。在经历以自然学科占据主导地位的过程中,越来越多的学者意识到其存在的局限性,这种局限性反映了海洋学科知识的研究越来越不适应海洋学的跨学科发展,成为海洋发展的桎梏。为了走出这种的困境,一些国家不仅陆续出版或在相关刊物上发表了海洋学史、海洋研究史、海洋经济学、海洋文化学、海洋管理学(海洋环境管理学、海洋行政管理学、海洋工程管理学)、海洋政治地理学等学科的著作和论文,而且许多学者还积极倡导创建海洋社会经济史、海洋社会学、海洋法学、海洋文献学、海洋情报学、海洋教育学等一系列具有哲学社会科学属性的交叉分支学科。① 正是在这样的背景下,原本完全归属于自然科学的海洋科学开始向哲学、社会科学方面迁移,逐渐形成了自然科学与哲学、社会科学之间的综合发展。王续琨和庞玉珍共同构建了海洋学科结构,将海洋学的所有的分支学科划分成 5 个学科群组,该学科结构包含 144 个以上海洋学科,基本上涵盖海洋的全部分支学科。② 在该研究的基础之上,学者进一步以学科视角对海洋领域的学科进行了深入的分析与研究,将海洋教育按知识部类划分为海洋自然科学教育、海洋社会科学教育、海洋人文学科教育。③

海洋学科的研究经历了从自然科学向社会人文的交叉渗透,教材作为学科的重要体现亦是如此。因此,海洋科普教材体现出跨学科的、多维度、综合化的特点。

## 三、海洋科普教材跨学科性的实现路径

### (一)增加跨学科知识内容,提高跨学科知识整合程度

我国在"新课标"中明确地提出倡导学校要积极开展跨学科综合性实践活动,利用社会上的资源,为学生创设更好的学习机会。④ 因此,应该注重横向拓宽知识覆盖面,纵向提高知识层次性。从跨学科视角出发,可考虑从更多不同的学科来学习和探讨同一主题或问题,学科间的知识整合适当放大,如既融合人文学科又整合自然科学方面的知识,注重使学生综合应用多学科知识去分析解决问题,拓宽学生的科学视野,以发展学生科学素养;教学内容难度的设计应体现由浅入深的层次性,适当增加内容的纵向深度,让不同学习基础的学生得到相应合适的科学能力培养,提高深度学习的成效。

在教材知识整合上,应重视跨学科的教育理念,不仅要加大学科内部知识的整合,更要重视学科内部与其他基础性学科之间的融合,加大教材中其他基础性

---

① 杨国桢:《论海洋人文社会科学的概念磨合》,《厦门大学学报(哲学社会科学版)》2000 年第 1 期。
② 王续琨,庞玉珍:《海洋科学的学科结构和发展对策》,《大连理工大学学报(社会科学版)》2006 年第 1 期。
③ 季托,武波:《系统思维视角下海洋教育的内涵与外延》,《教学研究》2017 年第 4 期。
④ 郭元祥:《知识的教育学立场》,《教育研究与实验》2018 年第 9 期。

学科的比例,扩大教材整合力度,使学生将不同学科的知识综合运用,融会贯通。围绕一个学科多元知识点的真实问题,整合多门学科知识,引导学生自主设计和开展科学研究,同时使用信息技术搜集资料、分析数据,设计和改进研究方案,解决生活中的科学问题,掌握跨学科知识。

### (二)注重教材学科间的均衡性

教材学科间的均衡性对学生跨学科知识和能力的全面发展有直接影响,对复合型人才的培养有着直接性的关系。在教材编写时,应着重强调学科间的均衡性,应从整体上提升海洋技术与海洋人文两个门类的比例,注重自然科学与人文社科之间的平衡发展,协调教材在学科设置上的均衡性,为学生多元智能的发展提供保障。

### (三)采用多样化的呈现方式

在教材跨学科呈现方式上,注重采用形象生动的图片和表格呈现跨学科教育内容,这种多样化的呈现方式,不仅使版面生动活泼,更加便于学生理解。图文结合,数形结合,帮助学生直观感知和理解,还可以增加教材的冲击,吸引学生的注意力,激发学生学习的兴趣,减少学习中的视觉疲劳,文字与图像的相结合有利于学生接受潜移默化的多学科渗透教学。

### (四)聚焦真实的问题解决情境,强调创新性

在教材情境设置上注重立足本土创设真实的问题解决情境,培养学生的社会责任感。基于真实情境解决问题是 STEM 的内涵之一,STEM 教育最主要的特征就是跨学科性。因此,基于跨学科的教材也应该注重聚焦真实的问题解决情境。在教材编写情境时,应充分照顾到学生发展的需要,例如,利用当下生产生活中的热点问题、现实生活中的重大课题进行背景设计,也可以在本节教材结束时,引导学生运用所获得的观点或结论去解决实际生活、社会生产中的问题。将跨学科内容与社会生活紧密联系起来,尽可能地让学生将综合运用已有知识、在活动中提升能力,以更好地应对未来可能面对的复杂社会问题与挑战,培养学生的社会责任感。从这方面来看,多领域专家参与教科书的编写是十分有必要的。

在学生现实生活中的真实现象创设问题情境的基础之上,更应该强调跨学

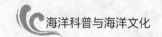

科情境设置的创新性。在教材编写中,注重创设基于一个现实问题,可以引导出多个学科的知识的情境,从而将多种学科涵盖其中。例如在对介绍海水这一章节中,可以围绕水对于生产生活的重要性这一情境,可以研究海水淡化、海水蒸馏等水的物理性质对我们生活的影响,水的化学性质与生产生活的关系,生命(动物、植物微生物等)与水的相关性,水与地球的各个系统(大气、生态、地质、气候、土壤、热力)的作用以及水对我们经济生活的影响等多个学科领域。

### (五)注重教材栏目的跨学科性设置

在活动性栏目形式设计方面,应加强跨学科之间的整合力度。在设计操作性活动栏目时,应注重跨学科理论与实际的相结合,除了传统的技术性操作外,相应增加对操作背后的涉及的学科原理阐述,体现科学知识的本质,重视促进学生对知识、概念的理解,让学生在实验设计和操作中掌握深层次的科学原理,启发学生自主思考,深入钻研,而不仅是局限于表面的实践操作。如在教材编写时设置"学科交叉"栏目,专门呈现其他具体学科关键词说明。其次,应注重跨学科各栏目间关联性,如在教材编写时,围绕一个大的活动性主题,采用多门学科知识,通过完成多个相关联的活动,进而解决一个项目式的活动。

在活动性栏目的内容设计方面,应该尽量加大学科整合力度,引导学生运用多种学科知识解决问题,而不是滞留在"我来查""我来演"等浅显的栏目设置上,如在教材编写时,可以基于创设的实际问题情境,设置项目式或合作式的学习活动,引导学生运用多种知识解决复杂的问题,并在动手操作的过程中学习科学知识。

在教材活动设计的栏目学科设置上,可以适当扩大教材学科来源,加强辅助栏目的跨学科性,增加体育、美术、语文、数学等基础学科的比例,实现教材的均衡性。教材中还可以在恰当的位置,如问题情境的引入、探究性学习活动、阅读材料等环节中,增设跨学科栏目,以保证每一章节中的跨学科教育内容的数量,提高教材的可读性和应用性。

### (六)教材理论与应用相结合

教材作为教学活动的基本工具,不仅是教学内容的载体,也是各种教学方法的基础指导。而在当前的教育改革的过程中,跨学科应用型课程教材的建设相对于教育的改革及发展已明显滞后。因此,依据行业通用标准和专业教学标准编写跨学科课程教材,将不同学科之间交叉渗透部分的内容按综合性、实用性、针对性的要求和行业企业用人需求,以能力培养为目标,将理论与应用结合来进行跨学科教材建设,以达到增强学生解决多领域问题综合能力的目标,从而培养出更多面向行业、服务地方的复合型人才。

### (七)完善跨学科研究组织的建设

高校是跨学科研究的主力军,应该要充分重视跨学科研究:一方面高校可以寻求国家和政府的支持,协调各部门的关系,获得经费和资金,成立跨学科学会等学术性交流组织,扩大跨学科研究的社会认知度;另一方面,通过组织结构再造和改革,在学校内部组建适应跨学科发展的组织结构,注重顶层设计,成立跨学科专家委员会和相关的交流中心,为跨学科教材的编写提供后台保障,鼓励相关人员多交流,互相学习,理解彼此学科文化,增加对不同学科的认同,弱化学科界限。

## 四、结语

综上所述,海洋科普教材的跨学科性研究是时代发展的必然趋势和内在要求。跨学科性是现如今海洋教育发展的重要方法和手段。从跨学科的角度来理解与把握海洋教材,进而思考与研究海洋教材中跨学科性,并从教材编写的角度提出海洋教学跨学科性编写的实现路径,必定能让我们在海洋教育的教学实践和理论研究中有更大的收获。

# 科技场馆海洋科普的实践困境与发展思路

张纪昌 ①

（内蒙古师范大学科学技术史研究院，内蒙古 呼和浩特，010022；
山东省临沂市科技馆，山东 临沂，276037）

**摘　要**：当前科技场馆的海洋科普的具体实践长效机制没有形成，海洋科普的力度还不够，科技场馆的海洋科普处于实践困境。本文明晰科技场馆推进海洋科普实践的意义和使命，总结具体实践中海洋科普设施不足、海洋科普活动不够、整体海洋意识不强、理论研究支撑不强等现状，进而提出了实践思路和可行性对策建议：丰富科技展馆建设内涵、拓展科技场馆活动外延、激发科技场馆运行活力等。

**关键词**：科技场馆；海洋科普；对策建议

海洋科普是科技场馆科普工作的重要内容，也是践行海洋强国和振兴海洋文化的重要途径。科技场馆作为科普主阵地，理应成为海洋科普实践的重要平台，但是当前科技场馆的海洋科普具体实践还没有形成长效机制，海洋科普的新局面还没有完全呈现，文化氛围还不够浓厚，非沿海区域的科技场馆尤显不足，这一定程度上反映了我国海洋科普的现状。本文结合山东省临沂市科技馆的工作实际明晰科技场馆推进海洋科普实践的使命和职责，总结具体实践中的问题和不足，初步探讨提出发展思路和对策建议。

---

① 作者简介：张纪昌（1974— ），男，山东临沂人，内蒙古师范大学科学技术史研究院博士研究生，现任职于临沂市科技馆，主要研究方向为科技史、科普理论等。

## 一、科技场馆推进海洋科普的职责和优势

海洋科普是科技场馆义不容辞的职责和使命,似乎不言自明、人所共知,但在实践中"言行两张皮"现象一定程度上较为普遍,认识上的"巨人"、行动的矮子大有人在,"在相当一部分领导干部中间,'取消论''不切实际论''代替论'等错误观点十分流行"。[①]实践中有的海洋意识不足,对海洋科普重视程度不够,认为"海洋远着呢,在本区域生产生活中根本用不着";有的认为海洋科普只是工作中可有可无的一部分,其他工作做好了,可以一好遮百丑,遮蔽或替代海洋科普工作;有的以实际工作中的客观困难为借口听之任之,海洋科普被动应付,积极性不高,种种表现不一而足。这表明科技场馆在海洋科普实践中要纠正错误认识,深刻认识自身的使命和职责,切实推进海洋科普发展。

### (一)科技场馆是增强海洋意识、振兴海洋文化的重要平台

新时代以来,党的十九大提出海洋强国建设战略,全面推进海洋文化建设。2018年3月8日,习近平总书记希望山东为海洋强国建设做出山东贡献。山东将"海洋强省"建设纳入新旧动能转换重大工程加快推进,制订印发了《山东海洋强省建设行动方案》,提出了深入实施海洋强省建设海洋科技创新行动等"十大行动",做了周密规划。其中在"海洋文化振兴行动"中对全面增强海洋意识、传承发展海洋文化、打造文化产业高地做了部署要求:"加快海洋科普公共文化设施建设,发展海洋公益民间组织和社团,规划建设一批海洋科普文化馆、博物馆、图书馆、展览馆等设施,在现有场馆中增加海洋科普、海洋文化内容。依托涉海机构搭建开放灵活的科普宣教共享平台,推动海洋实验室、科技馆、样品馆和科考船等向社会开放。"这既是时代赋予科技场馆的历史使命,也是党和政府发挥科技场馆在新旧动能转换重大工程中作用的号召和要求,更是科技场馆面对新挑战、新要求加强和发展海洋科普的机遇,科技场馆在普及各类基础知识的同时,各种形式的海洋科普是增强群众海洋意识的重要途径,科技场馆在场景化的活动中可以有效地实现科学与文化的互动,促进海洋科普和海洋文化的融合发展,努力打造增强海洋意识、振兴海洋文化的重要平台,创造科技场馆振兴海洋文化的山东样板。

---

① 马来平:《科普理论要义——从科技哲学的角度看》,人民出版社2016年版,第63页。

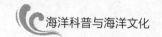

### （二）科技场馆是推进海洋科普、提高全民科学素质的主要阵地

习近平总书记在"科技三会"上指出，科技创新、科学普及是实现创新发展的两翼。认识海洋、经略海洋离不开海洋科普和科技创新。在当前政府推进、社会参与的科普模式下，各类科技场馆是科普的主要阵地，尤其是在缺少海洋馆、水族馆等专业场馆的区域。科技场馆要突出自身特点，即形象生动的实物化自我学习、体验互动的场景化引导教育，积极构建群众喜闻乐见的海洋科普形式。科技场馆也是科技创新人才培育的主要基地，面向青少年的海洋科普和各类科技创新活动，可以发现人才、培育人才，为经略海洋提供人才储备和智力支撑。

### （三）科技场馆是整合协同发展、打造海洋科普的优势载体

综合类科技场馆展品展项更新造价高、更新慢，不如文字、影音视频媒体便捷快速，在体量、专业性等方面与主题海洋馆相比也还有很大差距，但是实物形象性、参与互动性是科技场馆的主要特色和优势。海洋科普是个系统工程，科技场馆既要与文化馆、博物馆、图书馆、展览馆、海洋馆等设施整合资源、协同发展海洋科普，也要与报纸、广播电视、网络等媒体紧密融合、打造全方位海洋科普阵地，共同振兴海洋文化。科技场馆只有在把握自身特点的基础上进而整合各类社会资源，才能彰显海洋科普的载体优势。

## 二、当前科技场馆推进海洋科普的实践困境

"长期以来，我国国民的海洋意识和观念就比较淡漠，这也是近代中国与世界交往中处于被动地位的重要原因。"[1]21世纪以来我国海洋科普有了进一步发展，《科普法》《全民科学素质行动计划纲要》等法规先后实施。2018年《山东海洋强省建设行动方案》实施以来，全省各地科技场馆积极响应，海洋科普设施建设加快，日照海洋馆等相继建成开放，同时因地制宜开展了海洋科普活动。这些实践的深入开展体现了科技场馆的担当。但是青岛水族馆、日照水族馆等少数"顶天立地"的海洋科普高地突显，"铺天盖地"的海洋科普工作全覆盖还远没有达到，海洋科普存在程度不同的实践困境，主要表现在以下几个方面。

---

① 孟显丽，张莉红：《关于加强我国海洋科普教育的思考》，《经济师》2019年第5期。

## （一）海洋科普设施不足

当前我省只有青岛等少数区域有水族馆等专业海洋科普设施，受众容量不足，辐射力度不强，参观成本较高，制约了海洋科普的推进。21世纪以来政府主导新建的公益性、综合性地市级科技馆中海洋科普无论布展面积、展品数量还是涉海知识内容所占比例均很少，有的甚至付之阙如。方便深入社区、学校、机关等的流动科技馆展品情况与之相仿。此外，民营海洋馆等海洋科普设施屈指可数。海洋科普设施的数量、规模、分布等与山东这一人口大省、经济大省的发展不相匹配，海洋科普设施不足导致相关科普活动失去了载体。

## （二）海洋科普活动不够

作为科普活动重要形式的科技竞赛中没有专门的海洋类项目（与之相比，青少年机器人项目科技竞赛较多），科普引导性没有突出。专业海洋科普人员相对匮乏，相应培训辅导机构缺乏，专业化程度弱。海洋科普大多以发放明白纸、播放视频等为主，形式单一，内容与受众的学习、生活关涉度不高，活动方式需要进一步创新。

## （三）整体海洋意识不强

党和政府历来重视海洋科普、海洋文化振兴事业，但是作为沿海省份我省在海洋科技、海洋经济迅猛发展的同时，群众的海洋意识相对不高，关心海洋、认识海洋、经略海洋的氛围这不浓厚。这在内陆区域尤为突出，临沂作为临港城市，群众多拘泥于沂蒙山区的内陆思维，海洋在生活、生产的话境中占比甚少。很多农村青少年学生甚至没有看见过大海，农耕文化的束缚也让部分群众对海洋望而生畏。海洋科普资源共享还不充分，与外地市海洋科普场馆联合活动还没有长效化，当前还没有形成较为成熟的海洋科普运行机制，海洋科普处于各自为战的发展阶段。海洋意识的整体不足反过来制约了海洋科普的长足发展，形成了科技场馆在海洋科普中的工作困境。

## （四）理论研究支撑不强

在知识爆炸的大科普时代以"海洋科普"为"主题"在中国知网数据库中检索，1992年至2019年只有144条相关文献信息，且2012年以后文献有104条，占文献总数的73%；2016年后文献有46条，占文献总数的32%；以"海洋科普"

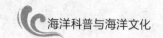

为"关键词"检索只有 14 条文献信息。这说明海洋科普理论研究总体不强,且集中在党的十八大以后时期,缺乏历史积淀。文献中涉及山东的显然更少,亟待更多的专家学者深入探讨。海洋科普理论研究的长期缺失缘于科普实践的不充分,而理论的缺失自然无法支撑实践的进一步推进。

上述远非"足、够、高、强"的现状囿于诸多客观因素,比如:现有海洋科普资源共享机制不完善;新建海洋科普场馆的建设和运行成本较高,且有较长的建设周期,无法短时期内满足群众更加便捷地认识海洋的需求;海洋经济发展不充分,由海洋科技引发的生产驱动力和生活渗透力不足,群众难以在猎奇、了解基础上有更高层次的需求和关联。但更重要的是发展海洋科普的思路和措施有待强化和提升。

### 三、科技场馆海洋科普的发展思路

科技场馆的海洋科普要在海洋强国的号召下因地制宜、创新发展,笔者结合山东省临沂市科技馆的工作实际初步探讨发展思路。临沂市科技馆,作为山东省第一个具备现代完备功能的地市级科技馆,建成时海洋科普展品展项所占比例相对欠缺。作为面积和人口大市,目前建有动植园一处,设置部分海洋动物展区;建有一家民营商业海洋馆,均规模较小;未有公益性海洋专题展馆。

#### (一)丰富科技展馆海洋科普建设内涵

临沂市科技馆根据现有条件,因地制宜、创新发展,在没有单独展厅的情况下通过改造与提升着力支撑海洋科普、营造海洋文化氛围,即化室内为室外、化常设为临时、化现实为虚拟,主要有以下几个措施:室内展厅增加涉海展品,同时在室外设置海洋动物互动模型等展品;在临时展厅吸纳海洋科普主题展览,尤其是活体展览,并延长展览时间、提高设展频次;充分利用国内外海洋馆数字展厅资源,引导观众选择观看。展品展项以实物(活体)、标本模型、仿制件为主,辅以影像、动漫等虚拟资源,关注海洋生物、产业、科技、国防、环保等多重领域,涵盖科技原理、海洋科技史、海洋文化等多元知识,丰富科技场馆内涵,充实海洋科普内容。

#### (二)拓展科技场馆海洋科普活动外延

临沂市科技馆开阔视野,积极拓展科技场馆海洋科普的外延,做到既"请进来"，又"走出去"。"请进来"的举措主要有以下几个：争取活动海洋展品短期展览；邀请专家走进科技馆举办报告会、座谈会等；邀请群众代表、小记者等现场体验征求意见建议，积极吸纳群众走进科技场馆体验海洋科技、感受海洋文化。"走出去"主要是与市内动植物园、博物馆、图书馆、展览馆、文化活动中心等协同联动，与市外海洋科普设施、高校等合同共享科普资源，包括：与动植园等合作海洋科普公园、举办科普旅游或研学游、开展海洋主题夏（冬）令营以及送海洋知识进校园、社区、机关等。

此外，加强部门横向协作，联合举办海洋主题校园科技节、知识竞赛等活动，在每年一届的全市青少年科技创新比赛中引导学生关注、参与海洋科技作品创新。网络主页、微博、微信公众号等虚拟多媒体的开通深化了互动效能，将海洋科普从活动现场延伸到受众身边，3D、AR、VR 等技术的利用进一步强化了活动的浸入感、临场感。

### （三）激发科技场馆运行活力

科技场馆从建设到活动均需要多方位措施激发活力，保障高效有序运行，其中海洋科普人才的引进和成长需要着重关注和实施，包括：成立海洋科普相关学会，吸纳专家参与，提高活动专业水平；组织职工加强研修、到先进场馆考察学习、参与业务竞赛等以提高业务能力；鼓励职工参与研究课题，提高工作理论水平等，结合单位整体工作出台系列激励机制、长效机制等，为海洋科普人才的锻炼和成长提供充足的成长空间和资源，支撑和推进海洋科普实践的发展。

# 当前我国海洋科普出版的现状、问题与对策

赵洪武 ①

（潍坊医学院马克思主义学院，山东 潍坊，261053）

**摘　要**：登载海洋相关研究论文的报刊和以海洋知识为主要内容的书籍，国内从晚清开始零星出现，民国以及新中国探索时期发展缓慢，改革开放后特别是进入新时代以来大量涌现，努力缩小与传统海洋国家差距的同时依靠信息技术有所创新。《海洋世界》刊载论文的统计分析，和中国海洋大学出版社在海洋科普教育方面的出版经验，部分反映出我国海洋科普出版工作从实际出发，海洋科普内容逐步体系化，杂志倾向于学术性，而畅销书基本为亲子图书和青少年海洋百科等特点。海洋科普出版工作呼唤更大的政策支持，加大投入，扩展渠道，深入研究公众动态，加强信息化建设，打造一支将海洋研究与海洋科普较好融合、终身学习、充满热情的海洋科普队伍。

**关键词**：海洋科普杂志图书；海洋科普；出版

加强海洋科普教育、提高国民海洋意识，在保障我国海洋强国战略的稳步推进方面，越来越显示出其重要性。"欲国家富强，不可置海洋于不顾。"有学者认为海洋科普教育应该包括增进人的海洋文化知识，增强人的海洋意识，影响人的海洋道德，改良人的海洋行为的活动②。联合国教科文组织在一份报告中，把海洋教育分为专门性的海洋科学教育和普通海洋科学教育。前者主要培养海洋科技与产业的专业人才，后者则为培养科普全民海洋素质的国际海洋公民③。海洋科

---

① 作者简介：赵洪武(1970— )，男，潍坊医学院马克思主义学院讲师，主要研究方向为科学哲学、技术哲学、中国传统文化与科技发展。
② 马勇：《何谓海洋教育——人海关系视角的确认》，《中国海洋大学学报》2012 年第 6 期。
③ 周祝瑛：《台湾海洋教育之回顾与展望》，《海洋事务与政策评论》2011 年第 1 期。

普教育包括面向大众和面向专业人员两个层次。

不应该把海洋科普视为一般意义上科普的组成部分,海洋科普教育承担着传播海洋科技、分享海洋文化、塑形海洋观等任务,海洋科普教育工作的展开主要通过针对在校生的相关课堂教学和兴趣小组活动、对大众的影视传播和海洋馆展示、新型多媒体技术传播,但报刊和书籍等出版物才是海洋科普教育最持久、更有效的。

## 一、海洋科普期刊

### (一)海洋科普期刊的出现和发展

中国最早的报纸是邸报,鸦片战争前传教士在靠近中国的南洋和沿海地区创办报刊,最具代表性的是《察世俗每月统传记》和《东西洋考每月统计传》。我国晚清学者在认识到海洋的重要性后也开始办报,具有代表性的科普杂志主要有《格致汇编》《格致新报》《普通学报》《农学报》《中外算报》等,其中《格致汇编》《格致新报》影响较大。①

《全国报刊索引》中搜索"海洋",得到 283 489 个结果,其中晚清(1833—1911)时期题目中涉及海洋的有 45 篇,民国时期(1911—1949)2 144 篇,现代期刊 281 331 篇。

### (二)涉及海洋科普的期刊

知网搜索含有"海洋"的期刊,得到 311 条,其中期刊 54 种,报纸 1 种,11 个科研院所的博硕士论文汇编,其余为会议记录。54 种期刊绝大多数为专业性的,比如海洋科学、海洋测绘、海洋经济、海洋开发与管理等。兼具科学性和普及性的"海洋科普"文章,则分散在 30 种期刊里,其中以《海洋世界》为最多。其他如《海洋信息》《边界与海洋研究》也有相当数量的海洋科普文章。

### (三)《海洋世界》中的海洋科普

《海洋世界》是国家海洋局、中国海洋学会面向广大青少年,面向社会公众宣传我国海洋事业,传播海洋科普知识,促进全民海洋意识提高的重要窗口,是国内受到众多普通读者喜爱的唯一一本有关海洋的综合性科普期刊。

《海洋世界》发表的论文中涉及各个学科的分布统计如下:海洋学,578 篇,

---

① 占小飞:《近代报刊视域下的海洋科普教育》,《宁波教育学院学报》2018 年第 6 期。

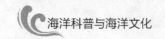

25.1%；生物学，341 篇，14.8%；地理学，236 篇，10.2%；旅游，160 篇，6.9%；中国文学，117 篇，5.1%；环境科学与资源利用，98 篇，4.2%；美术书法雕塑与摄影，92 篇，4.0%；军事，91 篇，3.9%；地质学，65，2.8%；气象学，65，2.5%；服务业，53 篇，2.3%；自然地理学与测绘学，52 篇，2.3%；船舶工业，52 篇，2.3%；水产和渔业，52 篇，2.3%；戏剧电影与电视，48 篇，2.1%；中国政治与国际政治，47 篇，2.0%；世界历史，47 篇，2.0%；武器工业与军事技术，45 篇，2.0%；公路与水路运输，38 篇，1.6%；中等教育，36 篇，1.6%。

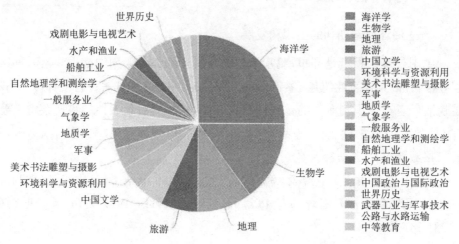

图 1 《海洋世界》论文涉及学科分布图

《海洋世界》所设栏目统计如下：

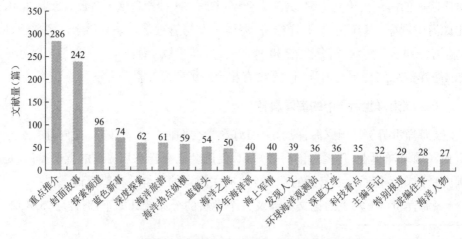

图 2 《海洋世界》所设栏目统计图

在《海洋世界》发表论文较多的作者及其所研究的主题：

表1 《海洋世界》发表论文作者分析

| 序号 | 人物名称 | 发文量 | 主要研究主题 |
|---|---|---|---|
| 1 | 刘中民 | 25 | 海防思想、海防、海权、伊斯兰教、伊斯兰 |
| 2 | 盖广生 | 7 | 大海、中国人、播种、促成、洋务运动 |
| 3 | 韩立民 | 6 | 海洋经济、海洋产业、海洋渔业、渔业、水产品 |
| 4 | 高抒 | 4 | 沉积物输运、海岸、潮汐汊道、数值模拟、沉积物 |
| 5 | 张文木 | 3 | 地缘政治、海权、世界地缘政治、外交政策、一带一路 |
| 6 | 郭培清 | 3 | 《南极条约》、艾森豪威尔政府、艾森豪威尔、主权、观察员 |
| 7 | 林东 | 2 | 军队建设、岛国、以巴冲突、经济地位、陆地面积 |
| 8 | 田延华 | 2 | 北极战略、国际社会、资源价值、全球气候变暖、国际法 |
| 9 | 温泉 | 2 | 生态系统管理、生物多样性、海岸带、生态系统服务、海洋生态系统 |
| 10 | 王香梅 | 2 | 城建档案工作、现代信息技术条件、科技档案工作、社会档案 |

《海洋世界》与其他杂志的相互引用，学科主要参考文献期刊如下：

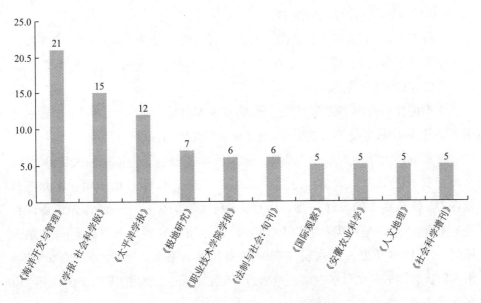

图3 《海洋世界》参考文献期刊统计

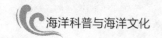

### 二、海洋科普图书

中国第一本海洋科普类图书诞生于何时清朝康熙年间,钱塘人聂璜游历天津、浙江、福建多地考察海洋生物,画下来后查阅群书并且与当地渔民相互验证,去伪存真。1698 年完成的《海错图》以图片和文字描绘了 300 多种生物,后来成为乾隆翻烂的枕边书[①]。这并不是海洋科普图书,只说明中国古代确实存在对海洋进行考察的些许愿望。

在"超星发现"中查询海洋相关中文图书,得到 23 743 个结果,并列出了各年代出版海洋图书的数量。1949 年以前共出版 105 种,1949—1989 年共出版 1 616 种,1990—1999 年共出版 1 343 种,2000—2009 年共出版 4 893 种,近 10 年来海洋类书籍发展更为迅猛,2010 年 952 种,2011 年 1 170 种,2012 年 1 268 种,2013 年 1 544 种,2014 年 1 738 种,2015 年 1 577 种,2016 年 1 742 种,2017 年 1 993 种,2018 年 2 160 种,突破了 2 000 种,2019 年已被收入的是 1 139 种。

国内以海洋为出版方向的主要有海洋出版社、中国海洋大学出版社以及青岛出版社、大连出版社等。近年来许多出版社比如中山大学出版社等也纷纷加入,推出不少海洋科普方面的图书。

海洋科普图书,有成人科普与少儿科普的区别,少儿科普的目标读者主要是中小学生和学前儿童,成人科普的目标读者可以是海军军官、研究人员、涉海类高校师生、海洋知识爱好者。

当前海洋科普图书的几个特点是,读者范围相对广泛,少儿海洋科普图书会更有销量,印刷精美价格可能更高,相对稳定但也可能有波动[②]。

中国海洋大学出版社作为我国一所以海洋图书出版为特色的大学出版社,在海洋科普图书的出版工作方面贡献甚大。1991 年 11 月推出第一本海洋科普图书《妙趣横生的海洋动物》,之后《来自大海的疑问——海洋知识百问百答》(4 册)、"海洋与人类丛书"(10 册)和"海水健康养殖丛书"(6 册)分获第七届(1997—1998 年度)、第八届(1999—2000 年度)、第十一届(2005—2006 年度)山东省优秀图书奖;"海水健康养殖丛书"(6 册)荣获纪念新中国成立 60 周年"山东省优秀出版成就奖",等等。

---

① 张晨亮:《海错图笔记》,中信出版社 2019 年版。
② 刘才琴:《海洋科普图书的特点与出版营销创新》,《新闻研究导刊》2019 第 4 期。

中国海洋大学出版社 2010 年 7 月启动"海洋科普与海洋文化普及出版工程",创立了"小海豚"海洋科普图书出版品牌,自主策划、编创与出版海洋科普图书。10 年来自主编创与出版海洋普及类图书百余部,获得了广泛的社会赞誉。

## 三、多媒体与海洋科普网站

如今社会上多数人已经习惯碎片化阅读,影视的影响力更大,精美的海洋纪录片令人印象深刻。美国、英国等出品的海洋纪录片占领了全球的屏幕,近年来我国也推出了《中国海洋》《寻找中国海》《走向海洋》《奇幻海洋》《极致中国》等优质的影视作品。

以海洋网站搜索,百度找到相关结果约 25 500 000 个;以海洋科普搜索,百度找到相关结果约 9 500 000 个。但是仔细查看,其中真正海洋科普的内容很少且陈旧,掺杂许多盈利者。海洋科普网站和青岛海洋科普联盟是两家主要阵地。

## 四、思考和建议

海洋科普的目的在于通过传播海洋科学技术知识、海洋文化、海洋观等内容,提高公众的海洋意识水平,进而促进海洋科学技术的发展及国家海洋政策的制定与实施。科技传播是指科学共同体通过传播科学技术知识与信息实现科学技术的大众化的过程,使科学的发展得到公众与社会的支持,同时提高公民的现代科学素养以增强综合国力。学术界尚未建立独立的海洋科技传播模式,多以科技传播模式来给予阐释[①]。

加强海洋科普教育,首先要与中国特色社会主义建设紧密结合,配合国家海洋政策,运用先进的技术手段,建立有效的海洋科普机制,推动建设海洋学科。

中国海洋大学出版社张华老师给出了做好海洋类大众图书的策划与编辑的三个建议,一是要在策划选题时避"热"就"冷",精准定位;二是要以专业的视角做大众图书,突出人文精神,提升图书的文化底蕴,有精品意识;三是要充分发挥

---

① 王英,张峰:《国际海洋科普模式演进及其传播方法比较》,《河海大学学报(哲学社会科学版)》2011 年第 1 期。

编辑的主导性,在出版过程中不断提高专业化程度,注重细节①。

　　海洋科普出版工作呼唤更大的政策支持,加大投入,扩展渠道,深入研究公众动态,加强信息化建设,打造一支将海洋研究与海洋科普较好融合、终身学习、充满热情的海洋科普队伍。

---

① 张华:《海洋类大众图书也畅销——以"人文海洋普及丛书"的策划为例》,《出版广角》
2013 年第 13 期。

第二部分

# 海洋强国

# 海洋命运共同体何以可能

## ——基于马克思主义视角的研究

刘长明　　周明珠[①]

（山东财经大学马克思主义学院，山东 济南，250014）

**摘　要:**既往海洋治理体系是资本逻辑推动的结果,对物质利益的疯狂攫取使资本驱动的海洋治理体系难以为继。习近平同志在出席中国人民解放军海军成立70周年纪念活动时,提出构建海洋命运共同体的倡议,这一理念对保护海洋生态环境、维护海洋安全稳定、开发利用海洋资源、推进当代海洋治理具有深刻的指导意义。以马克思主义的分析视角,构建海洋命运共同体既有必要,又具备现实基础。公有制内蕴的公共性原则使海洋命运共同体成为可能,发展中国家的觉醒使海洋命运共同体拥有广泛的民意基础,中国力量是海洋命运共同体的有力保障。

**关键词:**海洋命运共同体;马克思主义;逻辑架构;资本逻辑;公有制

既往海洋治理体系是资本逻辑推动的结果,对物质利益的疯狂攫取使资本驱动的海洋治理体系难以为继。习近平同志在出席中国人民解放军海军成立70周年纪念活动时,提出构建海洋命运共同体的倡议,这一理念对保护海洋生态环境、维护海洋安全稳定、开发利用海洋资源、推进当代海洋治理具有深刻的指导意义。以马克思主义的分析视角,构建事关人类整体和长远利益的海洋命运共同体,既具备厚实的哲学基础,又具备充足的现实动力。

---

① 作者简介:刘长明(1963— ),男,山东昌乐人,山东财经大学马克思主义学院教授,主要从事和谐文化研究;周明珠(1995— ),女,山东泰安人,山东财经大学马克思主义学院2018级研究生。

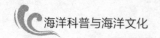

## 一、构建海洋命运共同体的逻辑架构

海洋命运共同体有自身的逻辑架构:理论逻辑指习近平同志的海洋治理观,即把马克思主义海洋观同现实海洋问题相结合形成的海洋治理观;实践逻辑是相对于理论逻辑而言,立足于对海洋的现实性改造;文化逻辑是将中国优秀传统文化中的和谐思想融入海洋文化中,以实现利益相关方的和谐发展。

### (一)理论逻辑——马克思主义海洋观同海洋发展实际问题的结合

马克思主义海洋思想随着认识的深入逐步深化,是一个逐渐形成的过程。马克思主义对海洋的初步认识体现在《德意志意识形态》《共产党宣言》中,在《时评》《政治经济学批判》《海军》等论著中则有了更为成熟的认识。初期,马克思、恩格斯注意到城市工商业的发展与海上贸易、航海业与世界市场相互促进的关系。例如,在《共产党宣言》中指出了"大工业建立了由美洲的发现所准备好的世界市场。世界市场使商业、航海业和陆地交通得到了巨大的发展。这种发展反过来促进了工业的扩展"。① 马克思主义海洋思想成熟的标志体现在他们认识到海洋事业对国家发展的重要作用,并预言各国会因争夺海洋利益而发生频繁的海战。例如,在《时评》中马克思注意到海洋事业的发展促进了美国这样新兴资本主义国家政治、经济的发展,并预言了美国会依靠海洋贸易兴起以及欧洲老牌资本主义国家会依赖美国的发展。在《海军》中恩格斯采用辩证唯物主义和历史唯物主义的方法研究海上战争的问题,得出海战会更加频繁地发生、海军武器将在海战中发挥重要作用的结论。

海洋命运共同体是习近平同志在继承马克思主义海洋理论基础上,深度思考当代海洋的现实问题,结合海洋发展新态势提出的海洋治理的新措施、新理念。习近平同志的海洋观经历了一般海洋认识到海洋强国再到海洋命运共同体的认知过程。习近平同志海洋观萌芽于20世纪80年代末,在宁德地区工作期间,提出要唱好"新山海经",即在发展传统的海洋捕捞的同时,通过滩涂养殖增加收益,打造海洋经济的"半壁江山"。在浙江工作期间,习近平同志提出"山海协作"的发展策略。浙江大部分是山区,海域面积广大,拥有丰富的海洋资源。根据这一实际情况,习近平同志提出了山海协作的发展理念,以实现浙江山海优势

---

① 《马克思恩格斯选集》第1卷,人民出版社2012年版,第401-402页。

互补。2003年,浙江陆域发展遇到瓶颈,为寻找经济新的发展空间,习近平同志提出海洋强省的发展理念,这些发展观念的提出标志着习近平同志海洋观的初步形成。十八大期间,习近平同志提出"海洋强国"战略、"一带一路"倡议,标志着习近平同志海洋观的成熟。2019年4月23日,习近平同志在青岛会见应邀出席中国人民解放军海军成立70周年多国海军活动的外方代表团团长时,提出构建海洋命运共同体的倡议,标志着习近平同志海洋观的最终形成。海洋命运共同体的倡议,顺应全球化发展的潮流,试图打破零和博弈的怪圈和利用霸权控制海洋的局面,为构建全球海洋治理体系提供了可资借鉴的中国智慧和中国方案。

(二)实践逻辑——应对全球海洋发展的现实需要

马克思主义是坚持实践基础上的唯物主义,其根本标志是实践的转向,致力于对客观世界的改造。"哲学家们只是用不同的方式解释世界,而问题在于改变世界。"[1]针对各国海洋发展的现状、海洋治理存在的诸多问题而提出的海洋命运共同体,其目的在于吸引更多的国家和人民重视海洋事业的发展,参与到海洋建设中来。

我国海洋探索起步虽早,但发展曲折,尤其是进入封建社会之后,统治者忽视海洋发展,甚至闭关锁国拒绝对外交流合作,致使我国海洋发展远远落后于西方。近代,西方帝国主义从海上强行打开了中国大门。以史为鉴,海洋事业的发展关系着国家的繁荣、稳定与可持续发展。纵观世界历史,任何一个涉海国家的强大都离不开借助海洋的力量,海洋既是保证国土安全的天然屏障,又是促进经济发展的重要支撑。十八大以来,以习近平同志为核心的党中央高度重视海洋在国家发展中的作用,提出建设海洋强国的重大战略决议。"坚持走依海富国、以海强国、人海和谐、合作共赢的发展道路,通过和平、发展、合作、共赢方式,扎实推进海洋强国建设。"[2]大力发展海洋事业发展不仅造福本国,更有益于世界各国人民。已经在海洋经济、海洋文化、海洋生态保护等方面取得丰硕的成果的中国不吝分享有益的建设经验,走向强大的中国愿意帮助其他发展中国家进行海洋建设,为海洋命运共同体贡献中国智慧、中国方案。中国在海洋建设中取得成

---

① 《马克思恩格斯选集》第1卷,人民出版社2012年版,第140页。
② 《进一步关心海洋认识海洋经略海洋　推动海洋强国建设不断取得新成就》,《人民日报》2013年8月1日,第1版。

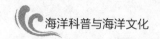

果可以惠及更多的国家和地区,给那些希望加快发展的国家提供新选择,让睦邻友好的国家搭乘中国高速发展的列车,这是中国作为负责任大国的担当。

开发海洋资源、保护海洋物种、治理海洋生态体系、预防海洋灾害,不是一个国家的事情,是人类的共同责任,需要海洋利益相关方共同应对海洋利益分配与海洋安全的复杂局面。海洋是生命的摇篮,联通了世界,对人类社会的发展进步具有重要意义。如今,海洋发展正面临着百年未有之大变局,陆地资源形势日益严峻,人类需要从海洋获取发展资源。面对海洋资源开发的技术难题,任何国家和国际组织都不可能独立完成挑战。同样,面对海洋污染、海洋灾害,也没有国家可以置身事外,一国的海洋垃圾可以搭乘着洋流的便车,到达几千千米之外的异国他乡,海洋灾害牵连甚广。海洋问题无国界,各国人民安危与共,只有突破利益的藩篱,精诚合作,才能将灾害损失降到最低,实现利益最大化。海洋命运共同体以马克思主义"联合体"思想为理论基础,马克思的"联合体"思想重点关切"现实的人"的存在、探索社会的发展等问题,是人类基于共同的利益和价值诉求而结成的休戚与共的团体。海洋命运共同体的使命是凝结个体的力量,在"共商、共建、共享"的新理念下,本着互利共赢的原则,共享海洋资源、共同发展海洋经济、共同应对海洋风险。

### (三)文化逻辑——和谐思想与海洋文化的有机融合

马克思曾经指出:"人们自己创造自己的历史,但是他们并不是随心所欲地创造,并不是在他们自己选定的条件下创造,而是在直接碰到的、既定的、从过去继承下来的条件下创造。"①世界的发展是站在过往历史的肩膀上的,和谐文化是中国优秀传统文化重要组成部分,经过数千年的发展、沉淀,形成的和谐精神已成为中华民族潜移默化的价值追求。实践证明,和谐文化不仅是中国人民的智慧宝库,更是世界人民的宝贵财富。将和谐精神融入海洋文化的培育中,推动建设人人和谐、国国和谐、人海和谐的海洋命运共同体。

海洋命运共同体是现实人的联合体,建设人与人和谐的海洋命运共同体,就是尊重共同体内各民族的历史文化、风俗习惯。以美国为首的西方强国以各种形式灌输资本主义的价值观,不仅使文明多样之花面临凋零的危险,也引发了各

---

① 《马克思恩格斯选集》第1卷,人民出版社2012版,第669页。

地区文明的冲突,甚至上升为武力与战争。"君子和而不同,小人同而不和",与资本主义的"同文化"相对的"和文化"更符合世界发展的趋势。"各美其美,美人之美;美美与共,天下大同。"海纳百川是海洋的品格,也是海洋文化的精髓。马克思在批判资本主义文明的基础上,多次提出营造不同文明、不同国度之间的和谐关系。在构建海洋命运共同体过程中,中国不实行"穷兵黩武"的文化政策,坚定维护世界文明多样化,与世界其他民族一道推进海洋文化的大发展、大繁荣。

通过海洋命运共同体改善国际关系是中华民族热爱和平、和睦友善精神的集中体现。不论是唐朝的文化影响日本,还是郑和下西洋传播中华文明,都促进了东亚文学、艺术、宗教的繁荣发展,这与中华传统文化追求协和万邦、和合共生的理念密不可分。中华民族历来主张"化干戈为玉帛""以和为贵",反对霸权、强权,信奉和平发展、互帮互助的共赢之道。当前海洋利益纠纷不断,海洋竞争日益激烈,以海洋命运共同体为依托,各国以海纳百川的方式处理海洋问题,坚决抵制资本逻辑弱肉强食的丛林法则,奉行和平共处五项原则,建立平等相待、合作共赢的新型海洋伙伴关系,这是从中华传统文化中汲取的智慧。

人类追求经济效益对海洋环境造成了极大的破坏:海平面上升、海洋污染、海洋物种濒临灭绝、海洋资源过度开发等问题已经影响到海洋的可持续发展。面对海洋发展的现实困境,我们试图从中国优秀传统文化中发现解决问题的办法,中华民族传统价值观倡导人与自然的和谐相处,儒家有天人合一的学说、道家有道法自然的和谐思想,中华民族传统文化中无不体现敬畏自然、保护自然的伦理思想。将"天人合一"的思想融入海洋的命运共同体建设理念中,实现人与海洋和谐共生。马克思也从"自在自然"转化为"人化自然"的角度,肯定人的主观能动性,提出人可以利用自然、改造自然,但是要注意自然的可承受能力。"竭泽而渔,岂不获得?而明年无鱼"(《吕氏春秋·义赏》)。对海洋资源要取之有道,用之有度,呵护海洋、保护海洋,不能凌驾海洋之上。

"和实生物,同则不继",海洋命运共同体尊重差异、理解不同。正如习近平总书记所指出的:"只有在多样中相互尊重、彼此借鉴、和谐共存,这个世界才能

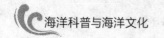

丰富多样、欣欣向荣。"①

## 二、资本逻辑下构建海洋命运共同体的悖论

资本逻辑以能否实现利益最大化为取舍标准,若建立海洋治理体系能带来巨大的经济利益,资本家们会趋之若鹜,积极伪装成海洋治理体系的倡导者、推动者、建设者;若海洋治理体系影响资本家获取利益,他们会毫不犹疑地撕下虚伪的面具,将海洋治理体系踩在脚下。以追求利益最大化为本性的资本逻辑建立的基础是剥削与掠夺,即一个阶级对另一个阶级的剥削,一个国家对另一国家的掠夺。不难看出,资本逻辑必然导致人的自我身心、人与人之间关系、国家与国家关系的失衡。因此,资本逻辑与海洋命运共同体从根本上具有悖论。

### (一)私有制与建设海洋命运共同体之间的矛盾

"私有财产神圣不可侵犯"的资本主义基本原则,是为维护少数人的统治而确立的。旧有海洋治理体系依旧是少数人对多数人的剥削,必然导致人民的反抗。这样,从资本主义内部和外部就产生了对抗不公平、不合理海洋治理体系的力量。资本主义制度不可克服的矛盾使曾经主导海洋治理体系成为海洋继续向前发展的桎梏,逐渐走向崩溃的边缘,世界人民对理想社会的追求是重构海洋治理体系的动力源泉。

在资本逻辑下,资本家为了实现利益最大化,致使劳动、人的本质发生异化。"工人变成了机器的单纯的附属品,要求他做的只是极其简单、极其单调和极容易学会的操作。"② 以追求最大利润为目标的资本主义,把工人变成了机器,每天重复简单的工作,没有丝毫创造性可言,"自由自觉的活动"的劳动成为强制性、被迫性的活动,变成维持生存的手段,剥削者与劳动人民的根本对立关系是人异化的集中体现。马克思在《〈黑格尔法哲学批判〉导言》中提出了政治解放、社会解放、人类解放的问题。政治解放是资本逻辑基于发展需要通过鼓吹革命精神拉近与人民群众的关系,以此与人民结成共同对抗封建制度的联盟;社会解放是以巨大生产力为前提的;而人的解放是在联合体内实现的。海洋命运共同体

---

① 《携手构建合作共赢新伙伴　同心打造人类命运共同体——在第七十届联合国大会一般性辩论时的讲话》,《人民日报》2015年9月29日,第2版。
② 《马克思恩格斯选集》第1卷,人民出版社2012版,第407页。

作为人类命运共同体的有机组成部分,是实现人类解放的初步尝试。马克思围绕人的解放进行探析,论证了劳动人民由于所受的沉重苦难而寻求解放的需要与能力,劳动人民追求幸福生活的美好愿景是新时代构建海洋命运共同体的动力源泉。恩格斯在肯定马克思的经济因素在影响社会历史进程的诸多因素中起决定作用理论的同时,提出了人民群众对历史发展进程所起到的创造性作用。单个人的意志虽不能决定历史的进程,但是无数个相互交织的个人意愿,就有无数个力的平行四边形,由此就会产生出一个合力来,从而推动历史历程。"虽然都达不到自己的愿望,而是融合为一个总的平均数,一个总的合力,然而从这一事实中决不应作出结论说,这些意志等于零。相反,每个意志都对合力有所贡献,因而是包括在这个合力里面的。"[①]人民群众是社会历史的创造者,是社会变革的决定性力量,是构建海洋命运共同体的坚实力量。构建海洋命运共同体坚持"共商、共建、共享"的原则,结束异化劳动给人民带来的噩梦,"以百姓心为心",做到发展为了人民,发展依靠人民,发展成果由人民共享。"批判的武器当然不能代替武器的批判,物质力量只能用物质力量来摧毁;但是理论一经掌握群众,也会变成物质力量。理论只要说服人,就能掌握群众;而理论只要彻底,就能说服人。所谓彻底,就是抓住事物的根本。"[②]各国人民只要理解到构建海洋命运共同体的真谛是造福全人类,就会自觉地凝聚在一起,成为构建海洋命运共同体的中坚力量。

### (二)资本逻辑的国家利益与建设海洋命运共同体之间的冲突

公元 1500 前后的地理大发现,是人类历史上的一个重要分水岭,拉开了西方国家竞争的帷幕。西方国家通过武力征服、暴力掠夺的方式进行原始积累,使资本主义得到初步发展。葡萄牙首先从海上崛起,通过海上探险、海洋贸易等方式获得的巨额利润;西班牙通过海洋贸易以及殖民掠夺的手段在不到百年的时间从美洲大陆获得的白银,占据世界金银总产量的83%;荷兰建立了称霸全球的商业的东印度公司,疯狂地从世界各地抢夺资源;英国依靠海盗团伙抢劫船只、海外侵略等方式牟取暴利。马克思对资本原始积累进行了辩证批判,他承认资本主义创造了比以往任何时代的总和还要多的财富,但是由于资本贪婪的本性

---

① 《马克思恩格斯选集》第 4 卷,人民出版社 2012 版,第 605-606 页。
② 《马克思恩格斯选集》第 1 卷,人民出版社 2012 版,第 9-10 页。

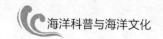

会把人类从天堂拖回地狱。资本逻辑以生灵涂炭、资源枯竭、道德沦丧为代价换取海洋利益的"金苹果"。

早期西方强国通过零和博弈的方式,以海洋作为媒介进行资本原始积累和海外殖民扩张,迅速积聚财富。在资本逻辑下,国与国之间为了利益可以随时开战,人民的生命轻如鸿毛,国王可以与海盗合作,海盗被奉为社会的榜样,道德在金钱面前输得体无完肤。"在发财致富的喧嚣声中,道德英雄影响式微,而财富英雄凌驾于社会之上,俨然成了全社会争相效仿的榜样。"[①]与西方国家发财致富相伴随的是美洲两大文明灭顶式的灾难,战争的屠杀以及欧洲人带到新大陆的流行病,使墨西哥地区、秘鲁、美洲大陆的土著居民印第安人的数量急剧降低到险些灭亡的境地。马克思评价:"资本来到世间,从头到脚,每个毛孔都滴着血和肮脏的东西。"[②]但随着发展,资本逻辑固有的弊端也开始暴露出来,马克思主义揭示了资本主义制度的内部矛盾是导致经济危机的根源,资本主义通过以邻为壑或对外侵略以转嫁危机。资本逻辑下,为了本国经济的发展,不惜牺牲他国利益,这种理念与海洋命运共同体的构建理念背道而驰,试图基于资本逻辑建立海洋命运共同体,无异于缘木求鱼。

进入 21 世纪以来,金融资本内部逆全球化思潮兴起,典型表现:英国为不被移民潮、欧债危机拖累而选择脱欧,美国为了自身利益退"群"、为限制中国发展挑起贸易战、一味奉行单边主义等,资本逻辑自私、狭隘的一面被展现得淋漓尽致。资本逻辑的自私、狭隘使其丧失担负构建海洋命运共同体的历史使命。就今日金融资本对抗全球化的做法,在可预见的未来,金融资本必将成为构建海洋命运共同体的阻碍。各国人民不能接受以弱肉强食、零和博弈为基本原则建立起的海洋治理体系。正确处理各国关系,形成海洋治理的良性秩序,对于推动构建海洋命运共同体具有重要意义。正如,习近平同志指出:"弱肉强食、丛林法则不是人类共存之道。穷兵黩武、强权独霸不是人类和平之策。赢者通吃、零和博弈不是人类发展之路。和平而不是战争,合作而不是对抗,共赢而不是零和,才是人类社会和平、进步、发展的永恒主题。"[③]新时代的海洋命运共同体以资本逻

---

① 刘长明,杨国勇:《生态文明何以可能——一种基于所有制维度的研究》,《学术界》2018第 8 期。

② 《马克思恩格斯选集》第 2 卷,人民出版社 2012 版,第 297 页。

③ 《铭记历史,开创未来》,《人民日报》2015 年 5 月 8 日,第 1 版。

辑下的海洋治理体系为鉴,摒弃资本主义弱肉强食的丛林法则,重构国家间的和谐关系。

### (三)资本逻辑下的海洋规则与建设海洋命运共同体之间的矛盾

资本逻辑的一切出发点和落脚点是为了谋取利益,这便决定了有其主导的一系列国际规则是有利自身发展的。资本逻辑的为己性与海洋命运共同体的为公性存在根本性矛盾,因此,妄图通过操纵规则制定以权谋私,与担负引领全球海洋治理体系的重任,两者不可兼顾。

二战后的政治、经济全球治理体系大多是西方发达国家主导下建立的,所谓的全球治理体系不过是资本逻辑向外扩展,获得最大利益的手段。《联合国海洋法公约》(以下简称《公约》)等法规体现了资本国家在海洋方面享受的不平等权利。现行的全球海洋治理体系是以1982年《公约》的签署为标志建立的,1994年的《执行协定》,1995年的《鱼类种群协定》等文件起到了完善的作用。《公约》在很多方面存在着缺陷:部分规则模糊,有的条款过于笼统甚至存在争议。相对于发展中国家,资本主义依靠雄厚的经济基础和强大的海军实力,更容易获得条款的解释权和海洋发展方面的主动权。例如,《公约》中对"岛礁制度"做了专门的规定,但既没有对"岛屿""岩礁"等概念做出清晰的界定,也没有明确规定"维持人类居住或本身的经济生活"的具体标准;当代海洋治理机制呈现出碎片化的现象,缺乏完整的治理体系,职权交叉明显存在。海洋治理体系的国际组织众多,但各部门之间缺乏协调、未形成有效的组织架构。例如,在海洋环境保护方面,《公约》缔约方提交了海洋环境保护相关方面的争端,国际海事组织也制定了海洋环境的规则;《公约》中还存在着海洋治理领域的真空地带,例如,《公约》规定,必须发生在公海之上才算海盗行为,这样就把发生在某一国领海区域的非法暴力活动排除在海盗行为之外,此规定就既不能维护受侵害国家的海权,也不能有效地打击海盗行为。

## 三、美好愿景:夯实海洋命运共同体的公有制基础

单纯以实现利益最大化的资本逻辑绝不会为了人类的幸福而推动海洋命运共同体建设。资本逻辑与建立良好海洋治理体系的悖论促使我们从它的对立面思考构建海洋命运共同体的可能性,即公有制角度。公有制内蕴的公共性原则

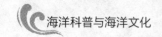

使构建海洋命运共同体成为可能,发展中国家的兴起使构建海洋命运共同体拥有广泛的民意基础,中国推进 21 世纪海上丝绸之路等努力是构建海洋命运共同体的现实力量。

### (一)公有制内蕴的公共性使海洋命运共同体成为可能

"天下熙熙,皆为利来;天下攘攘,皆为利往"(《史记·货殖列传序》)。在资本逻辑下,"'经济人'及其联合体,为生产而生产"[①],他们的活动纯粹为了实现利润最大化。这样的联合体是因利而聚,无利则散,因而具有不稳定性、暂时性,甚至联合体内的"经济人"还会"手足相残"。以资本逻辑构建的联合体注定不会给人民带来幸福,而公有制内蕴的公共性原则使海洋命运共同体成为可能。

联合体不是先天存在的,它的发展也经历了漫长的历程。早在人类社会告别野蛮状态向文明时代进军的过程中,人们为了对抗猛兽、获得维持生存的物质资料,就产生了以血缘、地缘为纽带的联合体。人们组成的氏族、胞族和部落等联合体是早期社会的基本组织结构,联合体内的经济运行机制是早期"共产制",成员获得的财物皆属联合体所有,他们"共有、共享",不存在剥削与强迫劳动的行为。这种早期美好的生活状态被建立起来的奴隶制度所摧毁,接下的封建社会、资本主义社会再没有出现这种和谐的联合体。资本逻辑通过殖民、霸权、强权试图建立联合体,但所建立的不过是虚幻的联合体,只代表资产阶级的利益,不是全体人民的共同利益,因此不可能解决个人利益与社会利益的矛盾。"代替那存在着阶级和阶级对立的资产阶级旧社会的,将是这样一个联合体,在那里,每个人的自由发展是一切人的自由发展的条件"。[②] 这是马克思对未来社会联合体的基本构想。"联合体"内自由人的发展是自由全面的发展,不仅体力、智力、工作才能得到发展,人的社会联系与社会交往也获得发展。自由时间的延长,为人们从事科学、艺术、自己感兴趣的活动提供了可能。构建海洋命运共同体在一定程度上体现了自由人联合体的思想,是超越民族、国家、文化的阻隔而结成的休戚与共的有机联合体,其原则是"共商、共建、共享",旨在为联合体内的人们谋求福利。海洋命运共同体将继承联合体的精神,倡导共同体内的人民共担风险,

---

① 刘长明,杨国勇:《生态文明何以可能——一种基于所有制维度的研究》,《学术界》2018 第 8 期。
② 《马克思恩格斯选集》第 1 卷,人民出版社 2012 版,第 422 页。

共享发展成果。共同体内的人们不是靠冷漠的利益关系,他们是风雨同舟的伙伴关系。正如习近平同志在党的十九大报告中所说:"没有哪个国家能够独自应对人类面临的各种挑战,也没有哪个国家能够退回到自我封闭的孤岛。"① "联合体"的公共性原则为新时代构建海洋命运共同体提供理论支撑和实践的可能。海洋命运共同体是最终走向自由人联合体的路径探索,是"摸着石头过河"的经验总结。

### (二)发展中国家的觉醒使海洋命运共同体拥有广泛的民意基础

以西方国家的价值观建立的全球海洋治理体系到处充斥着资本逻辑,广大发展中国家的利益不能有效维护,只能采取事后博弈的方式来获得权益。发展中国家在海洋权利、海洋法制定方面以不断抗争的精神,迫使发达国家的让步。发展中国家海洋权力、全球意识的萌生,为构建公正合理的海洋秩序贡献了重要力量。

发展中国家自 20 世纪海洋权利意识觉醒以来,便开始反对西方强国的海洋霸权,维护自身海洋权益。国际社会分别在 1930 年、1958 年、1960 年召开了三次会议以解决海洋的相关问题,但是没有取得实质性成果。直到第三次海洋法会议,以中国为代表的广大发展中国家团结多数,注意斗争的策略,为公正合理的海洋公约的制定做出重大贡献。在领海宽度问题上,英美国家主张 3 海里的领海宽度,因为他们拥有强大的海洋实力,领海宽度较窄,便于他们接近他国海岸获取近海资源,而发展中国家主张较长海里领海宽度,以便保证国家安全,抵制海洋霸权。在这次会议上,经过发展中国家的联合斗争,英美等海洋大国不得不接受 12 海里的领海宽度;在国际海峡的通行问题上,西方强国处于全球海洋战略的需要,主张船舶有权通过所有领海海峡,出于维护国家主权、安全、利益考虑,发展中国家主张国外民用船只可以无害通过他国领海海峡,但外国军舰必须经沿岸国家的批准,通过发展中国家的不懈努力,最终基本采用了发展中国家的建议;关于国际海底资源问题,发达国家由于拥有先进的开采技术,主张各国在平等的基础上开发、利用国际海底资源,而发展中国家认为国际海底是人类共同继承的财产,任何国家不得私自开发,应该通过设立相关的国际机构管理国际海

---

① 《决胜全面建成小康社会 夺取新时代中国特色社会主义伟大胜利——在中国共产党第十九次全国代表大会上的报告》,《人民日报》2017 年 10 月 28 日,第 1 版。

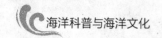

底,会议经过进过反复磋商采纳了发展中国家的主张。除以上主张外,在这次会议上还采纳了发展中国家的其他一些建议,改变了发展中国家在海洋问题上只是被动接受的局面。[①] 相对于之前制定的海洋规则而言,《公约》已经有了很大的进步,尤其是对传统国际海洋治理中片面维护资本主义国家利益的规则进行了大刀阔斧式的改革,《公约》是广大发展中国家在反对海洋霸权方面取得的最重要的成果。有了海洋法公约的规定,发达国家的行为就会受到一定约束,在一定程度上有效地维护了弱势国家的主权。在第三次联合国海洋法会议谈判中出现有利于发展中国家的变化,得益于作为联合国安理会常任理事国中国的努力,使得发展中国家话语权增强。值得一提的是,中国在联合国恢复合法地位同样也离不开广大发展中国家的共同努力。当代,为推进国际海洋合作,推进"21世纪海上丝绸之路"的进程,我国与亚非拉发展中国家建立了6个双边联合海洋研究中心。研究中心自成立以来,在保护海洋生物多样性、防灾减灾,海洋科技交流等方面取得一系列成果。[②]

发展中国家综合实力的增强尤其是海洋实力的增强使建立公正、合理的海洋治理体系成为可能。资本逻辑对海洋治理体系的驱动已经力不从心,其依靠强权、霸权所管辖的领域一缩再缩,新的海洋治理体系呼之欲出。

### (三)中国力量是构建海洋命运共同体的有力保障

为了抵制以美国为首的逆全球化对世界发展进程的消极影响,中国一方面应对美国发起的贸易战,另一方面积极维护国际性组织的权威。中国深度参与全球治理体系的变革,有效地抑制了"逆全球化"。而构建海洋命运共同体是重塑公正、合理的国际海洋新秩序的必经之路,中国一直是世界和平的维护者、国际新秩序的倡导者、全球发展的贡献者。中国积极参与全球海洋治理,推动海洋命运共同体的建设与发展。

引领国际海洋治理新秩序。资本逻辑的海洋治理体系是建立在欧美"重博弈、轻合作"的基础上,其弊病已暴露无遗。新时代构建海洋命运共同体要革除弊病,以求真务实的精神推进建立"重建设,重合作"海洋命运共同体。进入新

---

① 冯学智:《发展中国家对现代海洋法发展的贡献》,《甘肃理论学刊》,2003年第5期。

② 洪丽莎,毛洋洋,曾江宁:《我国与发展中国家的双边联合海洋研究中心共建》,《海洋开发与管理》,2019年第6期。

世纪,全球化是不可遏制的发展趋势,引发了政治、经济等多方面的变革,也引起了海洋秩序的重大变革,急需新的国际海洋秩序。在以往海洋体系的变革中,中国一直是国际规则的被动接受者,而中国倡议的规则寥寥无几。新时代是我国日益走近世界舞台中央,为构建公正、合理的国际海洋秩序做出更大的贡献的时代,中国不仅要为自己发声,还要为广大发展中国家争取海洋权益,维护世界人民的利益。中国在落实《公约》的基础上,积极推进国际海洋法律制度的完善,以期改变海洋领域存在的法律真空地带和规则模糊的状况。作为负责任大国,中国以开放、包容的姿态参与到海洋治理体系的重构,推动国际海洋规则、海洋法的完善,切实加强国际合作。

构建多层次的海洋治理体系。目前海洋领域的合作仅仅局限于国家与国家之间,而非政府间的合作交流几乎没有。2017 年,中国首次主办了《南极条约》缔约国年会,这使得中国在当代海洋治理体系中的影响力、号召力大大增强,中国应以此为契机,推动建立多层次的海洋治理体系。一方面,利用国际海洋管理体系的平台的作用,促进政府间的合作,提升中国在海洋治理体系重构中的影响力,积极承办海洋治理体系变革会议,为国际性的海洋治理机构的完善尽一份力;另一方面,中国应重视非政府间在海洋治理体系的规则制定、海洋合作的作用。非政府间海洋合作的作用在《公约》已经得到确认,在第 169 条中对"同国际组织和非政府组织的协商合作"相关问题做了专门的规定。非政府间的跨国交流在国际海洋规则的制定、海洋资源的开发、海洋生态的保护、海洋文化的丰富等方面都发挥着不可替代的作用。

陆海统筹,推进 21 世纪海上丝绸之路建设。"一带一路"是我国陆海统筹的重要手段,旨在为沿线国家打造开放包容、互利共赢的发展平台,使沿线国家搭乘中国经济发展的高速列车。陆海统筹作为战略手段,在亚欧大陆方向,通过高铁为纽带,扩展路上丝绸之路;在海上,利用海上贸易通道,拓展海上丝绸之路。海洋命运共同体以 21 世纪海上丝绸之路建设为载体,坚持共商、共建、共享的发展原则,秉承亲、诚、惠、容的外交理念,打破了局限于贸易领域的合作,超越了地缘政治的限制,主张在海洋资源的开发利用、海洋生物多样性保护、海洋灾害预防等方面与世界各国加强交流与合作。自 2013 年习近平同志在访问东盟国家时提出建设"21 世纪海上丝绸之路"的倡议以来,得到了多个国家和国际组织的积极响应。一带一路相辅相成,已成为各国新的经济增长点,为世界经济的发展、文化的交流做出重要贡献,截止到 2019 年 11 月份,我国已经同 137 个国家和 30 个国际组织签署 197 份共建"一带一路"合作文件。[①]事实证明,21 世纪海上丝绸之路建设已成为推进海洋命运共同体建设强有力的抓手。

　　总之,鉴于公有制内蕴的公共性原则、发展中国家海洋实力的增强、实践中我国为之付出的努力等积极因素的存在,我们所说的海洋命运共同体成为可能,"决不是如有些人所谓'有到来之可能'那样完全没有行动意义的、可望而不可即的一种空的东西。它是站在海岸遥望海中已经看得见桅杆尖头了的一只航船,它是立于高山之巅远看东方已见光芒四射喷薄欲出的一轮朝日,它是躁动于母腹中的快要成熟了的一个婴儿"[②]。

---

[①]《开放合作　命运与共》,《人民日报》,2019 年 11 月 6 日,第 3 版。
[②]《毛泽东选集》第 1 卷,人民出版社 2008 年版,第 106 页。

# 国家治理现代化视野下的海洋强国制度体系研究

许忠明　李政一 ①

（齐鲁工业大学(山东省科学院)马克思主义学院,山东 济南,250353）

**摘　要:** 海洋强国是中国特色社会主义事业的重要组成部分,是推进国家治理体系和治理能力现代化的重要支撑。建设海洋强国是以习近平为核心的党中央面对国内外形势,分析世界主要国家强国历程,吸收中国历史上的经验教训,着眼未来世界发展趋势做出的战略抉择。只有从经济维度、政治维度、文化维度和制度维度才能更加深刻地认识海洋强国的完整意义。加速推进海洋强国制度体系建设,应从坚持党对海洋强国事业的领导、构建海洋命运共同体、建设国民海洋文化等方面展开。

**关键词:** 海洋强国;海洋文化;制度体系;路径选择

党的十八大报告从推进生态文明建设的视角提出"建设海洋强国"的崭新构想,指出了海洋强国中包含的海洋资源、海洋经济、海洋生态环境和海洋权益等要素。党的十九大报告从建设现代化经济体系的视角强调"加快建设海洋强国"的任务,明确了海洋强国的战略目标。短短5年,海洋强国的定位有了重大提升,海洋强国的发展方向更加明确。党的十九届四中全会从国家治理的视角提出了制度体系建设的重大任务,这就为构建海洋强国制度体系提供了新的空间。建设海洋强国的制度体系,必须着眼于历史、现实和未来的互动,着眼于建设社会主义现代化强国的目标,着眼于建设海洋强国的路径选择。

---

① 作者简介:许忠明(1968— ),男,山东潍坊人,法学博士,齐鲁工业大学(山东省科学院)马克思主义学院教授,研究方向为科学社会主义;李政一(1995— ),男,齐鲁工业大学(山东省科学院)马克思主义学院硕士研究生。

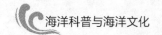
## 一、海洋在世界强国中的地位和作用

任何制度都隐藏着深刻的政治理念,政治理念是政治制度的灵魂。在海洋强国的制度路径中,从海洋走向强国的思想理念一直深深铭刻在海上民族的历史中。早在 2 000 多年前,罗马著名政治家马库斯·图留斯·西塞罗就阐述了"得海权者得天下"的强权理论:"谁控制了海洋,谁就控制了世界。"① 这一理论后来又受到英国、法国、德国、美国的重视。从地缘政治上看,海洋是自由的道路,海洋国家能够提供完全不同于陆地国家的资源动员能力。埃及文明和希腊文明都属于典型的海洋文明。近代以来,资本贸易依靠海洋延伸到地球的各个角落,葡萄牙、西班牙、荷兰、英国都通过海洋走向世界。陆地国家多把海洋视为畏途或者屏障,但海洋国家依靠造船和航海技术把海洋变成条条大道。水上运输的快捷、平稳、效率、安全、方便,是路上运输所不能比拟的。近几个世纪以来,资本正是依靠着海洋的自由和力量到处冲撞世界。第二次世界大战以后形成的世界体系本质上仍然是一种海洋体系而不是陆地体系。② 当今世界,对海洋的控制和使用能力决定着一个国家在与其他国家交往中的地位和前途。

### (一)西方世界的海洋强国历程

人类乘船走向海洋的冲动有力地塑造了世界文明。古埃及文明直接建立在港口贸易的基础之上,他们最早开辟了黎凡特和东地中海的海上交通线,奠定了埃及文明的基础。古埃及人把王国比喻为小船,并且坚信自己的地位"经由神之土地的大海而来"。③ 海上民族是那时候北非和西欧最为有力的政治势力。腓尼基人和希腊人随后创造了最早的海上殖民帝国。罗马的成长和繁荣同样建立在对海洋航线的控制上。地中海成为罗马人"我们的海",他们留下了"航行是必须的,但生活不是"的人生信念。④ 海洋航行的重要性无与伦比。

海洋不仅深入生活之中,而且成为推动历史的力量。随着 15 世纪航海探险的兴起,哥伦布发现美洲,达·伽马绕过好望角到达亚洲,欧洲进入史无前例的大

---

① 〔美〕阿尔弗雷德·塞耶·马汉:《大国海权》,熊显华编译,江西人民出版社 2011 年版,第 3 页。

② 郑永年:《中国通往海洋文明之路》,东方出版社 2018 年版,第 52 页。

③ 〔美〕林肯·佩恩:《海洋与文明》,陈建军,罗燚英译,四川人民出版社 2019 年版,第 52 页。

④ 〔美〕林肯·佩恩:《海洋与文明》,陈建军,罗燚英译,四川人民出版社 2019 年版,第 142 页。

航海时代。欧洲开始从一个地理概念变成了一种文明概念,欧洲发现了世界,走到了世界文明的前列。自此之后的四五个世纪里,欧洲各国通过海洋进行全球贸易与殖民扩张,自由与繁荣不断发展。尽管海上霸权在欧洲各个国家之间不断交替,但直到19世纪末期,欧洲始终处于海上霸主的地位。

1143年,葡萄牙脱离西班牙统治,建立独立王国,1415年,又凭借其领先的航海技术,建立葡萄牙帝国,开始了近一个世纪的海上扩张。葡萄牙尤其重视海洋,兴办海洋学校,大力促进海洋教育的发展,对地图学尤为重视。随着15世纪末16世纪初的海洋扩张,葡萄牙牢牢确立其海上的主宰地位,相比欧洲其他国家,葡萄牙在政治经济文化上都远远领先,海洋力量使其成为文明世界的一颗新星。

西班牙王朝的强国之路同样是一种海洋之路。西班牙人口不多,面积也不大,但抓住了海洋这一利器。西班牙通过海洋的发展,获取了无数利益。凭借着其对制海权的掌控,西班牙殖民美洲,开启了财富掠夺之路。16世纪40年代中期到60年代末,西班牙每年从海外获取白银24.6万千克,黄金5 500千克。到16世纪末期,流向西班牙的贵金属占世界总开采量的83%。①

17世纪的荷兰被称为"海上马车夫",而荷兰正是从海洋探索中走出自己的崛起之路。15至16世纪时期,荷兰的造船业极为发达,拥有世界上最先进的造船技术;荷兰拥有当时最强大的海军,在世界各地的海洋中保护荷兰的商船。在最繁荣的时期,荷兰几乎垄断了世界的海洋贸易。荷兰的海上霸权对于英国造成了严重的威胁,英国的海洋权益也受到了严重损害。16世纪中叶,英国兴建舰船,大力建设海军,企图打破荷兰对于海洋的控制。在经历4次英荷战争之后,英国战胜了荷兰。英国最终于18世纪确立了"海上霸主"的地位。

美国是欧洲海洋力量的跨海延伸。欧洲的国家体系是由海洋力量一手促成,同样,这种海洋力量率先开发了北美洲。美国凭借北美洲丰富的大陆资源和欧洲海洋文明的力量迅速崛起。美国著名军事家马汉认为,对海洋的控制权决定了一个国家的兴衰与否,海权更是一个国家历史发展的决定性因素。时至今日,我们仍可以在华府的政策(诸如"岛链"战略)中看到马汉的影子。

---

① 樊亢,宋则行:《外国近现代经济史》,人民出版社1980年版,第258页。

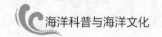

### （二）中国历史上的海洋国家追求

事实是叙事的素材，不同的叙事方式会导致事实的不同利用。在传统叙事中，中国一直是一个陆地国家。尽管中国拥有漫长的海岸线，但海洋地缘政治长期不敌大陆地缘政治，中国主流叙事方式中的外来威胁一直来源于北方陆地。这种叙事方式深入人心，遮蔽了中国历史上对海洋的认识和探索，也阻碍着中国现代海洋意识的形成。

事实上，作为世界四大古文明的中华文明虽然崛起于东亚大陆，但依然有深刻的海洋意识，其大国之梦中一直有四海升平的愿景。公元前 221 年，秦朝作为中国历史上第一个中央集权国家建立后，社会生产力有了长足进步，造船与航海技术也有了很大提高，中国古代的航海业进入了蓬勃发展时期。秦之后的西汉时期，中国更是开辟了海上丝绸之路，通过中国与东南亚、朝鲜半岛、日本进行贸易。到汉代，海上的军事力量与国家的政治经济利益紧密联系在了一起，汉武帝凭借强大的海上力量统一了中国东南沿海地区，自此中国打通了南方沿海的航路。

公元 5 世纪，中国的水手们自南海马六甲海峡到达越南，开辟了当时世界上最长的海洋贸易路线，极大促进了贸易的发展。618 年，唐朝建立，这也是中国文明史上的黄金时代。唐朝国力强盛，科技文化全面发展，国际交流频繁，当时中国在船舶制造业与远洋航行方面均领先世界。海上丝绸之路更是无比繁荣，中国海上贸易的航迹遍及东南亚、南亚、阿拉伯湾与波斯湾沿岸。

唐朝以后，无论是五代十国，还是宋元明各朝代，中央政府都将航海业与整个国家的经济发展密切联合起来，极大促进了航海贸易的发展。1127 年，南宋建立，定都临安（今杭州），这是中国大一统历史上唯一的海港首都，可见南宋统治者对于海洋的重视。海洋贸易的兴起对国家和社会产生了深刻影响，到 1128 年，海外贸易占南宋朝廷岁入的 20%。到了元朝，海洋贸易依旧兴盛，据马可·波罗记载，"刺桐是世界上最大的港口之一，大批商人云集于此，货物堆积如山，买卖的盛况令人难以想象"。元朝的统治者不仅收获海洋带来的经济效益，对于海上版图的扩展也展现出雄心壮志，忽必烈大力发展海军，并多次起兵东侵日本。对海洋的重视使得造船业十分兴盛，由于古代船只多为木结构，船只建造耗费大量木材，以至于到 14 世纪末，国内造船业因木材短缺几乎难以维持。

1368 年,明朝建立,明朝选择将其精力放在其陆上的疆土上。1405 年,朝廷政令突变,先后派出 7 支规模庞大的舰队,由宦官郑和带领"七下西洋",展示了中国航海业最为辉煌的一刻。但自此,中国的航海业就进入由盛转衰的下坡路。航海需要消耗巨大的财务,正经历内忧外患的明王朝无力负担,不得不放弃海洋。1421 年迁都北京后,海洋对这个国家的影响越来越弱。满清入关之后,康熙帝曾下令开海通商,允许欧洲商人在各港口做生意,使清王朝一时在海外贸易上处于优势地位,但 1716 年,清王朝下令限制出海、禁止南洋贸易。此后一直到第一次鸦片战争的 200 多年里,清王朝以禁海政策为主,直至被海洋国家用炮火轰开国门。中国不得不重新审视海洋的作用。

### (三)新中国的海洋国家进程

晚清王朝深受世界海洋国家的重创,形成三千年未有之大变局,这就催化着中国近代海洋意识一步步生长。新生的中华人民共和国同样处于海洋国家体系的包围之中,因而必然具有前所未有的海洋意识,不过这种海洋意识主要表现为一种忧患意识。来自西方海洋国家的政治经济压力,凭借海洋天险隔海而立的台湾,美苏争霸的世界背景,都使新中国的海洋意识中具有强烈的警惕感。以毛泽东为核心的领导人把海洋当作一个屏障,沿海地区被当作"海洋防线"。海洋就成了保障广大内陆地区工农业发展的一道屏障。此时中国的海洋工业、海洋军事发展也多为了防御帝国主义国家的侵犯,此时中国的海洋意识尚显单薄,但这只能说是在特定历史条件下的权宜之计。当时的中国一切都在起步阶段,尚不具备经略海洋的能力。

改革开放以来,以邓小平为核心的第二代领导人以前所未有的魄力与决心从陆地走向海洋,从封闭走向开放,开启了海洋国家的进程。这一时期近海防御的海防思想突破了传统的近岸防御,将防御的范围从近岸扩大到近海。因为中国的政治经济文化中心多集中在沿海城市,在对外开放的过程中,尤其注重沿海城市,并进一步从沿海走向内陆,形成了"经济特区—沿海开放城市—沿海经济—内地"的格局。改革开放就是在利用海洋使中国走向富强,大力发展经济,发展海洋贸易,通过政策扶持沿海城市,以沿海带动内陆,最终带来了中国经济的崛起。

党的十八大之后,以习近平为核心的党中央明确提出海洋强国的战略目

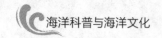

标。2013年中共中央政治局就建设海洋强国的第八次学习会议上,习近平指出:
"要进一步关心海洋,认识海洋,经略海洋,推动我国海洋强国建设不断取得新成
就。"①可见习近平在当时已经是站在整个世界的视角,以一种包含着海洋意识的
思维把脉中国的发展,为中国这艘正在驶向深蓝的巨轮掌舵护航。在这次会议
上,习近平还就建设海洋强国战略的基本要求做出强调,即我们海洋强国建设的
"四个转变","要提高海洋资源开发能力,着力推动海洋经济向质量效益型转变;
要保护海洋生态环境,着力推动海洋开发方式向循环利用型转变;要发展海洋科
学技术,着力推动海洋科技向创新引领型转变。要维护国家海洋权益,着力推动
海洋维权向统筹兼顾型转变。"②海洋资源、海洋生态环境、海洋科学技术、海洋权
益等等成为海洋强国中的高频词。

## 二、以建立和完善制度体系为突破口推进海洋强国

制度根基与国家治理现代化紧密相关。海洋强国作为国家战略要得到进一
步落实和运用,必须在内涵上得到进一步丰富和发展,这种内涵需要通过相应的
制度体系来体现和保障。海洋强国是一个多元要素并存的"数学矩阵",从制度
上对其中的经济要素、政治要素和文化要素进行规定和保障,对于推进国家治理
现代化至关重要。换句话说,海洋强国不仅仅是一个地理概念,也不是一个单纯
的经济概念,甚至也不是一个单纯的政治概念,它是一个以地理自然为基础,包
含经济维度、政治维度和文化维度在内的制度文明概念。

### (一)海洋强国中的经济维度

发展海洋经济是建设海洋强国的具体行动。经济发展是国家发展的基础,
海洋是高质量发展的战略要义,随着海洋经济在中国经济占比持续增高,海洋经
济成为国家发展的有力支撑。改革开放以来,中国实现了跨越式发展,海洋经济
成为推动中国经济发展的重要力量,作为一个海陆复合型大国,我国拥有300万
平方千米的海洋国土,18 000千米的海岸线及6 000多座岛屿,丰富的海洋资源

① 《进一步关心海洋,认识海洋,经略海洋,推动海洋强国建设不断取得新成就》,《人民日报》
2018年8月1日,第1版。
② 《进一步关心海洋,认识海洋,经略海洋,推动海洋强国建设不断取得新成就》,《人民日报》
2018年8月1日,第1版。

为我国的经济发展提供了巨大的推动力。根据《2018 年中国海洋经济统计公报》的数据,2018 年中国海洋经济总产值已经高达 8.34 万亿人民币,占到国内生产总值的 9.3%。尽管与发达国家海洋产业占比 15%～20% 仍有一定差距,但这说明了我国的海洋产业仍然具有巨大的发展前景。①

海洋中蕴涵着丰富的经济建设资源。美国学者林肯·佩恩认为,统治者可以通过税收、贸易保护等机制来开拓航海事业,有效地巩固和强化其权利。② 改革开放以来,我们将经济重心转向沿海,也正是这种外向型的经济使得中国经济突飞猛进,实现跨越式发展。西方海洋国家的发展之路,就是一条掌握制海权,继而开展全球海上贸易到傲视全球的道路。今天的中国要走贸易强国之路,必然需要海洋强国的制度支撑。海洋强国中蕴藏的崭新国土布局、丰富自然资源、区域协调方法、自由贸易渠道,都成为中国经济发展的重要支撑。

### (二)海洋强国中的政治维度

从政治上看待海洋强国乃是时势所必须。可以说,海洋强国是中国特色社会主义之中的一个重要元概念,它与文化强国、教育强国、网络强国、质量强国、贸易强国、人才强国、制造强国、科技强国、交通强国、航天强国、体育强国等概念互为关联,互为交叉,构成社会主义现代化强国的独特话语体系。建设海洋强国是中华民族伟大复兴的需要,是国家永续发展的需要。在未来的竞争中,海洋战略已经成为国家地缘政治的核心,中国选择海洋战略已经无可避免。郑永年认为,"中国成为海洋国家只是时间上的问题,而不是能不能的问题"。③ 海洋对于一个现代国家的发展起至关重要的作用,不从陆地地缘政治迈向海洋地缘政治,就无法成为当今世界上有前途的强国。当然,对中国来说,建设海洋强国的过程中一定要处理好海洋地缘与陆地地缘的平衡,发展海洋地缘政治的同时,稳固陆地地缘政治,为中国未来发展营造和平的国际环境和良好的外部条件。

政治维度中的海洋强国意味着更多的开放、更多的改革、更多的竞争。中国的海洋强国是站在历史和现实的基础上,面向未来的理性选择。然而任何发展都必须建立在秩序的基础上。美国学者柯克写道,"秩序是我们前行的路径","秩

---

① 自然资源部海洋战略规划与经济司:《2018 年中国海洋经济统计公报》,2019 年 4 月。
② 〔美〕林肯·佩恩:《海洋与文明》,陈建军,罗燚英译,四川人民出版社 2019 年版,第 4 页。
③ 郑永年:《中国通往海洋文明之路》,东方出版社 2018 年版,第 62 页。

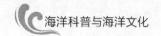

序是人类的第一需要"。① 秩序是人类文明之根基。在一个日趋开放的社会中，面对各种不确定因素，必须在尊重海洋规则的基础上谋求未来。虽然中西方对政治中的法律、规则、制度、秩序有着不同的理解，但依据规则维持秩序、达成一致仍是现实的最优选择。当前，应该主动融入以海洋规则为基础、维护海洋秩序的外部环境中。大力提高海洋治理的法治化水平，不失时机地调整中国在海洋治理中的角色和定位。中国不仅要做海洋规则的遵守者，而且要做海洋规则的制定者；不仅要做海洋规则的维护者，而且要做海洋规则的引导者；不仅要做海洋规则的实施者，而且要做海洋规则的监督者；不仅要做海洋规则的承受者，而且要做海洋规则的供给者。

### （三）海洋强国中的文化维度

文化是一个国家的软实力，是人们共同的精神家园。文化深入经济、政治、社会之内，成为国家治理的精神力量，也是国家软实力的重要表现。按照尤瓦尔·赫拉利的观点，人类的文化观念是一种合作的力量，文化观念的改变是一场认知的革命，是进行新的大规模人类合作的开端，相较于人类基因缓慢的自然进化，农业革命和工业革命都是伴随着人类文化观念的变革而实现的，共同的文化观念是"绕过基因组的快速道路"。② 这就从人类学的角度阐述了文化对于国家强大的重要作用。进一步说，通过文化建设强国是一个必然选择。没有文化也可以成为一个大国或者富国，但绝无可能成为强国。

文化是一个动态发展的、充满活力的事物，与经济状况、社会关系、政治制度等因素相辅相成，有着自身的动力机制和发展轨迹。党的十八大立足文化强国，提出文化自觉和文化竞争力问题，这给我们建设与海洋强国相适应的文化（以下简称为"海洋文化"）带来了启示。从文化自觉上看，海洋文化不同于传统文化。传统文化是一种世俗文化，主张中庸之道，不是一种使命性文化，而海洋文化涵盖了更多的包容特质、平等精神、自由理念、交往行为。从文化竞争力上看，海洋文化不同于传统文化的中庸之道和内敛气质，它不仅要求人们具有开拓进取、敢于冒险、不断超越的文化竞争力，而且具备追求人类命运共同体的伟大使命。

必须看到，海洋强国需要通过文化来建设，但这绝非意味着仅仅通过文化的

---

① 〔美〕拉塞尔·柯克：《美国秩序的根基》，张大军译，江苏凤凰文艺出版社 2018 年版，第 2 页。
② 〔以色列〕尤瓦尔·赫拉利：《人类简史》，林俊宏译，中信出版集团 2017 年版，第 31 页。

外部塑造就能建设一个海洋强国。英国著名学者阿兰·瑞安在总结人类发展进程的时候说,"武装的先知"是保证制度和律法有效的最终凭证,"如果不掌握武力的话,单凭信念将一事无成"。① 因为信念一旦被人们抛弃,任何从信念衍生的制度都会随之毁灭。海洋强国的文化终归是海洋强国能力的外在投射和影响。这说明,建设海洋文化必须从外部引导和内部投射两个维度进行。

### (四)海洋强国中的制度维度

海洋强国究其本质来说,是一套治理国家的模式。在这个意义上说,海洋强国事关国家海洋治理体系和国家海洋治理能力现代化,它具有复杂、多样的内容和表现。建设海洋强国,必然要求提供一套有效的制度体系,利用这种制度体系来实现国家海洋治理能力的现代化。制度体系的安排可以规定和解释海洋强国的具体内容,可以指导和提高海洋强国的前进方向和治理效果,可以设计海洋强国的具体路径和方法。

建设海洋强国,需要从制度上规定和保证海洋强国中的机构改革。从海洋强国的大历史观察,从最初的航运安全延伸到经济安全,从经济安全发展到国家安全,这一方向的变迁直接决定着一个国家涉海管理机构的设置。目前,中国有90%以上的对外贸易需要通过海上运输才能完成。随着我国经济社会的持续发展,海洋经济日趋发达,海洋事务日趋复杂,海洋功能划分逐步细化,渔业、矿产、能源、生态、军事、国家主权等要素直接进入海洋强国的范畴之中,这必然要求根据情况变化布局海洋治理的体制和机制。下一步要明确政府在海洋治理上职能的边界,整合涉海机构部门之间的不同利益。应该进一步协调整合自然资源部、生态环境部、农业农村部、海关总署、中国海警局之间的职责权限,制定综合规范海洋事务的基本法,明确国家涉海机构的职责权限。同时,要明确国家海洋管理机构与地方海洋管理机构职责的边界与权力的范围,充分发挥各种治理主体的积极性和创造性。

建设海洋强国,需要健全海洋科技事业的体制支撑。海洋强国的进程不可能仅仅依靠"说"来实现,更重要的是要通过"做"来实现,尤其是通过海洋科技来做。海洋科技是海洋强国的支撑,历史上的海洋强国都是在科技力量支撑下

---

① 〔英〕阿兰·瑞安:《论政治:上卷》,林华译,中信出版集团2016年版,第491页。

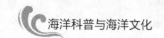

实现的。从木制帆船到蒸汽与钢铁时代,海洋的运输载体发生重大变化。今天的海洋科技将涉及气候、环境和资源的整合,需要把远海和近海统筹起来。"传统海洋科技研究由于部门、学科分割造成的科技资源碎片化、科研活动低水平重复以及无序竞争等问题,已成为制约我国海洋科技发展的瓶颈。实践表明,推动我国海洋科技向创新型引领型转变,需要进一步深化海洋科技研究体制机制创新,构建与我国国情和海洋科技发展规律相适应的创新体系。"①

### 三、建设海洋强国制度体系的路径选择

完善的制度体系是事物发展的内生动力。党的十九届四中全会要求从制度体系建设上推进国家治理现代化,与时俱进,守正创新,这给我们推进海洋强国制度体系建设和海洋强国治理能力现代化提出了要求和启迪。海洋强国的制度体系与海洋强国的治理能力相辅相成。前者的结构性变迁必然引起后者功能性转变。构建海洋强国的制度体系,可以从党的领导、海洋命运共同体和海洋文化三个方面进行。

#### (一)加强党对海洋强国制度体系建设的领导

国家治理是一门古老的学问。中国古代法家代表人物韩非子在探讨国家治理的时候要求将"法""术""势"三者结合起来。法与术都是治理国家的手段,而势则是"使众人服从的政治资本"。② 在建设海洋强国制度体系过程中,仍然需要从中国古代的治国经验中吸取有益成分。今天的法、术、势蕴藏在中国特色社会主义制度和党的领导之内,建设海洋强国,必须首先从依靠党的领导和中国特色社会制度体系中入手。

建立和发展海洋强国制度体系是巩固和发展中国特色社会主义制度的重要内容。党的领导是中国特色社会主义最本质的特征和中国特色社会主义制度的最大优势。可以说,中国特色社会主义制度是建设海洋强国制度体系的"法",民主集中制是建设海洋强国制度体系的"术",而党的领导则是建设海洋强国制度体系的"势"。建立和健全海洋强国制度体系必须把法、术、势三者有机统一在一起,保证在党中央统一领导下进行科学的谋划和精心组织。

---

① 《建设海洋强国离不开海洋科技》,《人民日报》2017年11月7日,第7版。

② 唐品:《韩非子》,天地出版社2017年版,第9页。

加快推进海洋强国制度体系建设,必须把党的领导嵌入其中,或者说,要把海洋治理体系纳入党的领导体系之中去思考和部署,发挥党总揽全局、协调各方的领导作用。只有在党的领导下,在中国特色社会主义制度框架内,由政府、市场、企业、社会等构成的海洋治理主体,通过一系列涉海相关法律法规及部分非强制性契约,才能构建强有力的海洋治理体系。

### (二)以构建海洋命运共同体为契机参与全球海洋治理

作为海陆复合型国家,中国在地理上有着得天独厚的优势。中国在传统上一直是陆地型国家,却拥有漫长的海岸线,这一客观现实决定了中国具备陆海统筹的自然优势。向海洋进发,发现新大陆,开发新大陆,一直是近代人类发展的一个重要轨迹。党的十八大和党的十九大都从区域发展和资源利用的视角观察海洋强国。海洋是中国未来发展的广阔区域,也是联系世界的广阔舞台。坚持陆海统筹,深化"一带一路"倡议,是立足我国现实对海洋强国做出的战略规划。[1] 推进海洋强国建设,必须处理好陆地与海洋的关系,必然要求加强海洋与陆地的联动性、互补性,统筹协调好各方面的力量,提高对陆地与海洋的综合管控能力。

海洋命运共同体是建设海洋强国的重要路径。海洋命运共同体是一种远见卓识。它不仅渗透着中国优秀传统文化的天下情怀,而且体现着人类社会自古以来的共同追求;不仅是人类对未来的深邃思考,而且是解决现实矛盾的正确路径。富有远见、内涵深刻的海洋命运共同体传达了中国走向海洋强国的新智慧,能够为人们提供新的思维方式和新的解决方案。构建海洋命运共同体,应高举和平、发展、合作、共赢的旗帜,恪守维护世界和平、促进共同发展的宗旨。推动建设新型大国关系和新型国际关系,须遵循和平共处五项原则,坚持互相尊重、公平正义、合作共赢。近年来,中美两国之间的贸易争端给双方经济发展都带来了负面影响。国际社会应该相信,中国没有追求霸权的行动基因,中美之间不能陷入"修昔底德陷阱"。习近平总书记指出:"宽广的太平洋足够大,容得下中美两国。"[2] 美国应该正视中国走向世界的真诚和决心,在海洋成为地缘政治关键因

---

[1]《决胜全面建成小康社会,夺取新时代中国特色社会主义伟大胜利》,人民出版社2017年版,第33页。

[2]《习近平同美国总统奥巴马举行会谈》,2014年11月13日,http://politics.people.com.cn/n/2014/1112/c1024-26010876.html。

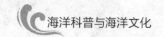

素的时代条件下,中国不仅有走向海洋的坚定决心,而且有搁置争议、合作共赢的智慧,中国是全球海洋治理中能够发挥负责任大国的积极力量。

### (三)把培养国民海洋文化纳入制度体系

构建海洋文化,必须逐步培养国民的海洋意识。据《国民海洋意识发展指数报告(2017)》显示,2017年我国各省(区、市)平均得分为63.71,尽管不同省份民众的海洋意识存在一定差异,但整体来看,我国国民海洋意识发展指数得分偏低,仅仅达到及格水平。[1] 国民海洋意识是海洋文化的重要组成部分,是海洋强国的软实力组成部分。人类内心的心理意识与外部的文化相比,是冰山下面的主体。古埃及人曾经把海视为神的王国,把船视为神的交通工具,把航海视为"模仿拉神在天空中的穿行"。[2] 航海是一项充满活力的神圣事业,海洋民族的内心深处铭刻着深刻的海洋意识。黑格尔批评亚洲国家被土地牢牢包围的困境,曾经带给我们深沉的思考。"超越土地限制,渡过大海的活动",不仅西方人有,我们中华民族也能有。海不是"陆地的中断",更不是"陆地的天限",我们一定能和海发生"积极的联系"。[3] 国民的海洋意识是一种潜藏的"暗力量",是最深的国家力量。海洋强国不仅是一种物质的存在,也是一种精神的存在。增进国民海洋意识,打造具有国际竞争力的海洋文化,以海洋文化的软实力运转海洋强国的硬实力,是坚定文化自信、建设海洋强国和社会主义现代化强国的需要。

建设海洋文化,应注重挖掘中国优秀传统文化中的海洋因素。只有找到了中国海洋文化的根,才能生长出中国海洋文化的参天大树。中国传统认知虽然受到农耕文明的局限,但依然有浓郁的"水文化"情节。孔子多次借助于海阐述治国之道、人生修行和生财之道。"道不行,乘桴游于海。"[4]"知者乐水。""今夫水,一勺之多,及其不测,鼋鼍、蛟龙、鱼鳖生焉,货财殖焉。"[5] 庄子借助于南海与北海阐明人生道理,"天下之水,莫大于海"[6]。大海中不仅蕴藏着力量,而且存

① 国民海洋意识发展指数课题组:《国民海洋意识发展指数报告》,海洋出版社2019年版,第8页。

② 〔美〕林肯·佩恩:《海洋与文明》,陈建军,罗燚英译,四川人民出版社2019年版,第44页。

③ 〔德〕黑格尔:《历史哲学》,王造时译,上海书店出版社2006年版,第84页。

④ 李浴华,马银华译注:《论语大学中庸》,山西古籍出版社2003年版,第31页。

⑤ 李浴华,马银华译注:《论语大学中庸》,山西古籍出版社2003年版,第237页。

⑥ 唐品主编:《庄子》,天地出版社2017年版,第233-234页。

在着人生自由。庄子主张借助四海将道深藏于内。鸦片战争后,海洋因素迅速进入中国传统的天下观内。《海国图志》和《瀛寰志略》作为介绍西方海洋文化的书籍受到朝野重视。"土之外皆海也"[①],"东西南三面皆大洋,北面两内海界隔"。[②] 从此,全球一体的概念进入中国文化,传统意义上的天下九州成为地球内的一小部分,洲、洋、海、球等概念变为中国文化中的革新因素,求富和求强的目标都要通过海洋途径才能实现。如果说,古代的海文化重点叙述道理和个人修身,那么民国时期的海文化则已经上升到国家富强的高度。

建设海洋文化,必须吸收全人类的文明成果。"以农业文明为特质的黄色文明"与"以海洋文明为底色的蓝色文明"构成人类文明的两颗璀璨明珠。人类的文化发展史说明,"纯粹单一的文化模式难以独存,它会适宜地选择与不同的文化模式结盟、解盟甚至再结盟"。[③] 中国作为人类文明的贡献者,不仅有辉煌的过去,而且有以海纳百川的胸襟和不断进取的精神对自身文明进行创造性转换和创新性发展的能力。我们要以高度的文化自觉认识文化转换和发展的必要性和艰巨性,在全球化浪潮的冲击下,传统文化要保持不变极为困难,文化的差异、流变和断裂乃是常态,多元文化的对话、交流和融合构成文化发展的内在动力机制。德不孤,必有邻。以宽容心态和包容精神进行跨文化交流,是中国建设海洋文化应该秉持的基本立场。

---

① 徐继畬:《瀛寰志略校注》,文物出版社 2007 年版,第 2 页。
② 徐继畬:《瀛寰志略校注》,文物出版社 2007 年版,第 5 页。
③ 杨绘荣:《文化模式的结盟、解盟与再结盟》,《教学与研究》2015 年第 1 期。

# 新时代海洋命运共同体理念:生成逻辑·核心要义·价值意蕴①

夏从亚　王月琴②

(中国石油大学(华东)马克思主义学院,山东 青岛,266580)

**摘　要:**新时代海洋命运共同体理念是党在把握世界格局变化大势基础上提出的海洋强国新思想新战略。海洋命运共同体理念的生成逻辑须从海洋与人类生命、与世界联通、与未来发展的三个维度着眼,以准确把握其生成的必然性、必要性和可能性。海洋命运共同体理念的核心要义包括人类共同发展是根本目标、海洋共同利益是主要内容、和谐合作是主要方式等。海洋命运共同体理念从理论上丰富了马克思主义共同体理论、发展了中国化马克思主义海洋战略理论、充实了习近平新时代中国特色社会主义思想,从实践上成为推进新时代中国特色社会主义国际海洋战略的行动指南,为实现中华民族伟大复兴提供了海洋强国战略保证,为全球海洋秩序建立提供了中国智慧。

**关键词:**新时代;海洋命运共同体理念;生成逻辑;核心要义;价值意蕴

2019 年 4 月 23 日,习近平在青岛集体会见应邀出席中国人民解放军海军

① 基金项目:中央高校基本科研业务费专项资金资助项目"马克思主义'人与自然双重解放'思想研究"(编号19CX04032B),2019 年度山东省社会科学规划研究项目"世界历史发展趋势视域下人类命运共同体思想的逻辑演进"(编号 19CDCJ20),2019 年度青岛市社会科学规划项目"论人类命运共同体思想的逻辑演进与实践探索"(编号 QDSKL1901044)。
② 作者简介:夏从亚(1961— ),男,汉,江苏省沭阳县,中国石油大学(华东)马克思主义学院教授,博士生导师;王月琴(1980— ),女,汉,山东省高密市,中国石油大学(华东)马克思主义学院博士研究生。通信地址:山东省青岛市黄岛区长江西路 66 号,邮编:266580。

成立 70 周年多国海军活动的外方代表团团长的讲话中指出，"海洋对于人类社会生存和发展具有重要意义。海洋孕育了生命、联通了世界、促进了发展。我们人类居住的这个蓝色星球，不是被海洋分割成了各个孤岛，而是被海洋联结成了命运共同体，各国人民安危与共。海洋的和平安宁关乎世界各国安危和利益，需要共同维护，倍加珍惜"。站在新的历史方位，习近平面向全世界首次提出了"海洋命运共同体"理念。那么，如何科学准确地把握习近平新时代海洋命运共同体理念，须从其生成逻辑、核心要义、价值意蕴等方面进行探索阐释，以形成对新时代海洋命运共同体理念的立体系统认知，这对于全面推进新时代海洋强国战略之道具有重大意义。

## 一、新时代海洋命运共同体理念的生成逻辑

世界是"人—社会—自然"的复杂系统，生态系统中的所有事物都相互联系、相互作用，没有任何事物能够单独存在发展，世界生态系统的整体性、统一性必然孕育着强调平等、合作、均衡的共同体价值观。[①] 海洋命运共同体是以海洋为载体将人类命运紧密联结在一起的共同体，从海洋"孕育了生命、联通了世界、促进了发展"看，海洋命运共同体理念具有其生成的必然性、必要性和可能性。

（1）新时代海洋命运共同体理念生成的必然性

海洋与人类生命同源一体的自然属性使海洋命运共同体理念提出具有天生必然性。地球表面积约为 5.1 亿平方千米，海洋总面积约为 3.61 亿平方千米，是陆地面积的 2.4 倍，占地球表面的 71%。[②] 海洋孕育了地球所有的生命，被人类称之为第六大洲。生态学理论认为，海洋是一个有生命力的生态系统，人类起源于海洋并随海洋进化而不断发展。作为地球最大的生态系统它影响着全球能量流动、物质循环与生态安全，大规模洋流运动对全球气候变化起着至关重要的作用。海洋作为人类交往的重要载体和生活生产资源的重要提供者，它本身也具有自我调节、自我维持、自我进化功能，是全人类的宝贵财富。海洋还是重要的生命保障系统，全球 60% 的人口居住在距海岸线 100 千米以内的海岸带地区，人类食用蛋白质的 20% 以上来自海洋。人类虽然习惯将海洋划分为印度洋、大

---

① 刘芳芳：《生态文明视阈下人的自我实现》，《江西社会科学》2013 年第 10 期。
② 杨金森：《海洋强国兴衰史略》，海洋出版社 2007 年版，第 394 页。

西洋、太平洋、北冰洋等海域,但无论国家意志将海洋进行怎样的分割,海洋在客观上都是一个不可分割的整体,海洋天然的连通性和开放性将人类完整地连接在一起。人类与海洋是一个命运共同体,而且人类越发展,与海洋的关系就越密切,尤其随着科学技术的进一步发展,人类对海洋的认识和利用将进一步深化。科学技术作为人的本质力量的展现,它在客观物质层面引动着历史趋势的前进,它的发展使曾被视为天然屏障和人类障碍的海洋地理空间最大限度地融合起来,它使人与海洋的和谐统一成为人的本质的必然的一种存在方式。同时,科学技术本身的发展使人类对海洋的勘探和开发能力提升,人类对海洋资源的需求提高,同时带来世界人们在海洋领域发展的相互依存与合作等,以科学技术为载体将建立起人与海洋间更深层的共生共存关系。因此,人海共生共存的海洋命运共同体理念具有其生成的必然性逻辑。

（2）新时代海洋命运共同体理念生成的必要性

海洋与世界永恒联通的关系属性使海洋命运共同体理念生成具有其必要性。中华民族五千年历史都是以海洋为载体与世界密切联系的历史。浙江河姆渡文化遗址发掘的雕花木桨及许多新石器时代的舟形陶器的出土表明,早在8 000年甚至更早之前,中国人就已走向了海洋探索。我国历史上出现的第一条海上贸易通道——印度洋航线,后以此为基础开辟的经南海,过马六甲海峡,入印度洋,至波斯湾、阿拉伯半岛以及非洲东海岸,联系亚欧非的国际商道,人们称之为"海上丝绸之路"更是海洋联结世界的明证。11～15世纪宋朝和明朝便通过海外贸易和内陆商业的联合成为当时世界上最大和最富有的商业帝国,吸引着全世界的人。[①]15世纪末到16世纪初大航海时代到来,欧洲新航路陆续开辟,达伽马开辟了通往印度的新航道、麦哲伦的全球航行找到通往太平洋的海上航线等,人类海洋探索变得越来越频繁,东西方文明终汇合于海洋之上,这成为世界发展大势,人类在海洋相遇并联结为一个整体。当今世界,以海洋为载体和纽带的市场、技术、信息、文化等合作联结日益紧密,尤其目前海上贸易占了整个世界贸易的90%,[②]世界各国在海洋贸易的互通有无中给人民的发展带去了实实

---

① 〔英〕杰弗里·蒂尔:《21世纪海权指南(第2版)》,师小芹译,人民出版社2013年版,第32页。

② 肖辉忠,韩冬涛:《俄罗斯海洋战略研究》,时事出版社,2016年版,第1页。

在在的好处。从最初的"刳木为舟、剡木为楫"，到推动东西方文明交流演进，再到大航海时代的商品流通、国际贸易，及至当前各国间寻求合作、建构秩序，海洋一直是大陆间、国家间互联互通的纽带和平台。海洋自古至今为人类交流合作与资源共治共享等提供了"最大公约数"，促进了人类世界的永恒联通，寻找共同命运下的海洋发展理念成为人类的共同情怀。故从历史实践一脉相承的发展看，海洋命运共同体理念的提出具有恒久必要性。

（3）新时代海洋命运共同体理念生成的可能性

海洋未来发展指向的可持续性使海洋命运共同体理念提出成为可能。从未来可持续发展角度看，全球海洋环境问题日趋严重，陆源污染、非法捕捞等传统问题层出不穷，微塑料、海水酸化等新问题影响深远。"蓝色经济，绿色发展"虽已逐步成为各国共识，但缺乏监督和协调不畅等矛盾困境尚待解决，亟须新的合作理念与设立新的机制模式。构建海洋命运共同体将为世界各国共同应对海洋危机与挑战、和平利用海洋等提供新的思考方向。海洋命运共同体理念提出将有利于加强海上安全合作，推动涉海分歧妥善解决，维护海洋和平与稳定，实现海域和谐共处、合作共赢，促进海洋未来有序发展，对于实现全球海洋治理可持续性发展具有重要意义。从未来和平发展角度看，海洋的和平安宁关乎世界各国的安危和利益，海洋命运共同体理念旨在谋求各国携手共建持久和平、共同繁荣的海洋治理世界，海洋命运共同体将为不同国家提供一个国际合作、互利共赢的平台，有利于未来世界各国加强海洋合作，共同保护海洋生态环境，有力保障全球海洋安全，促进全球海洋发展与繁荣，实现人与海洋和谐共处。海洋是实现人类可持续和平发展的重要空间和长远支撑，关系全人类福祉和世界各国的未来，同时因海洋而联结的全球文化也会越来越密切，将进一步拉近人与人之间、国与国之间的距离，即海洋文明的开放包容性将实现人类生活方式的融合趋同。因此，从未来可持续性和平发展来看，海洋命运共同体理念将是人类共同的理想追求和美好愿望，是实现人—海共同面向世界、面向未来、面向发展的重要理念[1]，因此其具有生成的可能性。

---

[1] 张文木：《论中国海权》，海洋出版社 2019 年版，第 355 页。

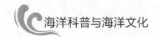 

## 二、新时代海洋命运共同体理念的核心要义

### (一)人类的共同发展是海洋命运共同体理念的根本目标

第一,要实现人类在海洋领域的共同发展需要倡导建立和平的海洋战略理念。海洋命运共同体理念是习近平总书记基于当今时代的独特方位、所处的新时代条件和面临的国际国内环境等主客观境况,提出的通过经济、科技、外交及军事等综合手段实现人类在海洋领域共同发展的重要战略思想,实质是主张和平、合作、共赢的海洋战略发展模式,而非霸权模式。这一理念是具有全球视野的理念,是以世界海洋空间为平台,在加强自有海洋空间开发利用的同时,积极拓展国际公共海洋空间和与其他沿海国家的合作空间,是关于海洋空间的人类整体战略布局。世界各国要建设海洋强国,就要坚持构建海洋命运共同体的战略理念,共同发展海洋经济,保护海洋生态环境,提高海洋科技水平,加强海洋综合管理,坚决维护世界各国共同的海洋权益,妥善处理各类海上纠纷,积极拓展多边海洋合作,从而最终实现全人类在海洋领域共同发展的根本目标。

第二,要实现人类在海洋领域的共同发展就需要维护好世界各国彼此相关的海外利益。新时代世界各国争夺海洋的力量已由单纯的武装力量发展到政治外交力量、经济开发能力和海洋科技力量与军事力量相结合的综合海上力量。美国前总统约翰·肯尼迪强调说:"控制海洋意味着安全。控制海洋意味着和平。控制海洋就能意味着胜利。"因此,如何从战略全局上关注海洋,实现全人类在海洋领域的共同发展?海洋命运共同体理念正是习近平总书记从人类共同发展的战略全局出发做出的重大思考。世界各国在全球海洋上都有广泛的战略利益,包括国家管辖海域的海洋权益,利用全球海洋通道的利益,开发公海生物资源的利益,分享国际海底区域财富的利益,海洋安全利益和海洋科学研究利益等。随着经济全球化的发展,海外国家利益的范围越来越广,国家海外政治利益、海外经济利益、文化利益和公民权益等并已逐步全球化。因此,海洋命运共同体理念对于实现全人类在海洋领域的共同利益具有极为重要的战略指导意义。

第三,要实现人类在海洋领域的共同发展就必须要克服当前各类海上力量冲突。在世界各国经济、社会、文化高频率互动的过程中,各类矛盾和冲突在所难免。在一些局势动荡的国家或地区,各国海外利益经常受到政权更迭、冲突与战争等传统安全问题的影响以及恐怖主义和集团犯罪等非传统安全的威胁。在这种情况下,世界各国都迫切需要维护海外经济利益和公民权益。海洋是联系这些利益的重要纽带,因此如何利用海上权力更好地保护世界各国各类组织的利益就成为各国决策者不得不考虑的重要问题。各国海上交通线还饱受海盗和武装犯罪活动的威胁和困扰,从红海、波斯湾到东非、印度海域、孟加拉湾,再到东南亚海域的广大区域都是世界上海盗活动最为猖獗的地区,虽然国际社会采取了强有力的措施,如护航、巡查、监控等,但印度洋及其周边地区的海盗及武装犯罪活动并没有得到有力遏制。这些海盗及武装劫船活动的地区都集中在世界各国最重要的海上交通线上,面对海上力量冲突问题严峻形势,任何国家和国际组织都不可能独立完成其治理重任,而海洋命运共同体理念的提出将有助于国际社会形成克服海上力量冲突以达成共担、共责的良好局面,为实现全人类的共同发展创造和谐海上环境。

### (二)共同的海洋利益是海洋命运共同体理念的主要内容

第一,共同的海洋资源利益。共同的不可分割的海洋资源利益必然要求形成海洋命运共同体理念。海洋资源或海洋资产大多具有流动性和不可分割性特点,任何国家都不可能将哪怕是一小块的海洋空间完全圈占起来,由于海洋资源的动态性特征,各国在海洋资源开发利用等方面拥有天然的共同利益。海洋连接着世界各国,包括内陆国家,因为海域——大洋、海、海湾、入海口、岛屿、海岸、沿海地带以及其上的天空维系着90%以上的世界贸易,是联系各国的生命线。全球化趋势的加快使海洋对人类生存与发展的重要性进一步凸显,使所有国家都参与到全球大市场中,超过80%的世界贸易通过海上进行,并形成了全球性的海上连接。同时,海洋向人类提供食物、矿产及其他资源,其蕴藏的资源比陆地丰富,其中海洋生物目前已知并被命名的大约有23万种。世界海洋渔业资源总可捕量约2亿～3亿吨,目前实际捕捞量不足1亿吨。世界海洋石油蕴藏量约1 100多亿吨,目前探明储量约200亿吨;海洋天然气储量约140万亿立方米,目前探明储量约80万亿立方米。海洋也蕴藏着巨大的能量,可供开发利用的总量约在1 500亿千瓦以上等。① 随着陆地资源的大量消耗以及人口的增加,海洋将成为人类未来共同的重要战略资源来源地。因此,共同的海洋资源利益成为海

---

① 胡思远:《中国大海洋战略论》,时代华文书局2014年版,第3-4页。

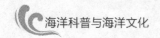 

洋命运共同体理念的重要指向。

第二,共同的海洋安全利益。作为世界第一大货物出口国,中国的对外贸易依存度已超过80%,中国贸易货物运输总量的85%以上是通过海上运输完成的。世界航运市场19%的大宗货物运往中国,22%的出口集装箱来自中国。中国商船队的航迹遍布世界1 200多个港口,中国已经成为依赖海洋通道的外向型经济大国,外贸拉动依然是中国经济发展的最大动力。[1] 海上通道畅通与否,直接关系到中国及世界各国的进出口贸易和整个国民经济的发展。海上交通线的阻碍会立刻影响国内的经济发展,经济安全已经超越了国家主权的边界。以石油为例,中国90%以上的进口石油需要从海上船运,而海上船运的90%由外轮承担,约80%的运油船需要经过马六甲海峡,占每天通过马六甲海峡船只的近6成。[2] 中国进口的原油绝大部分通过油轮经由西行航线运输。从地理上看,马六甲海峡等航道狭窄,容易被武装力量控制,东南亚的海盗、恐怖活动和小武器扩散也十分活跃。这条航线集中了世界五大海盗多发带,一旦海盗或恐怖分子发动攻击,有可能造成整条航线受阻,影响各国的经济安全,需要世界各国海洋通道运输权益的合作与共管,营造安全的海上航运。实际上,马六甲海峡运输安全问题只是世界各国海上通道安全的冰山一角,波斯湾、印度洋、南海海上运输线的各点都有可能遭到潜在对手的威胁,连接世界各国经济与外界的海上动脉几乎时刻处于其他海上力量的威慑之下。[3] 在全球经济相互依存度如此之高的今天,海上航行自由已成为世界各大国家的共同利益,因为贸易的获利通常是双赢的、相互促进的。为更好保证各国海洋运输线、能源和资源安全等必须加快构建海洋命运共同体理念。

第三,共同的海洋开发利益。大海洋发展方向必然要求积极利用世界海洋资源,通过独立自主的勘探开发或参与国际合作,积极利用国际海底资源和公海资源,通过各种合作的方式利用其他国家的海洋资源。《联合国海洋法公约》规定:“区域”及其资源是人类共同继承财产。“国家管辖范围以外的海床和洋底区域及其底土的资源为人类的共同继承财产,其勘探与开发应为全人类的利益而

---

① 胡波:《2049年的中国海上权力:海洋强国崛起之路》,中国发展出版社2016年版,第13页。

② 宋德星:《印度海洋战略研究》,时事出版社2016年版,第339页。

③ 胡波:《2049年的中国海上权力:海洋强国崛起之路》,中国发展出版社2016年版,第14-15页。

进行,不论各国的地理位置如何。"国际海底区域的科学研究和技术发展,也要为全人类的利益服务。《联合国海洋法公约》规定:"区域"内的海洋科学研究,应专为和平目的并为谋求全人类的利益进行。"促进和鼓励向发展中国家转让这种技术和科学知识,使所有缔约国都从其中得到利益。""在区域内发现的一切考古和历史文物,应为全人类的利益予以保存或处置,但应特别顾及来源国,或文化上的发源国,或历史和考古上的来源国的优先权。"国际海底管理局要求世界各国在无歧视的基础上公平分配从区域内活动取得的财政及其他经济利益。当然,海洋依然还具有太多未知的海洋开发资源,尤其是深海矿产资源勘探、深海生物资源开发等风险巨大,对资金、技术、人力等生产要素的要求极高,世界大多数国家都无法独立而系统地进行深海资源开发,即使是美、英、日等传统海洋强国,在该问题上也无法独立完成。因此,合作开发海洋资源成为大势所趋,合作可以实现各国间的共赢,海洋命运共同体理念实质是从海洋资源开发利益全局上关注海洋、经略海洋的大海洋战略理念。

### (三)和谐合作是海洋命运共同体理念的主要方式

第一,和谐共处的方式。和谐的海洋秩序是确保世界各国正当海洋权益的重要保证。自 2008 年年底以来,中国政府应索马里政府和联合国邀请派出舰队到亚丁湾执行护航任务,就是主张和谐海洋秩序的有力证明。经济全球化和相互依存的发展,世界海上通道、公海航行自由等日益依赖于世界各国的共同努力,任何国家均不可能单枪匹马地维持整个世界的海洋秩序。海洋秩序不是一个静态的概念,而是一个发展的观念,不仅体现在主要海上强国力量分布变化和海上贸易发展上,更重要的是体现在海洋资源开发利用上。现代海洋资源利益的争夺已从历史上通过海洋争夺陆地变为争夺海洋本身,各国海洋观念发生了重大变化,对海洋权益更加重视,人类开始进入全面和大规模地开发利用海洋的新阶段。随着海洋意识和海洋开发探索的进一步发展,海洋秩序还会根据有关各方的利益和要求做出更完善、更合理的调整。在确认各国对领海拥有绝对主权的同时,国际海洋法还就毗连区、专属经济区、大陆架、公海、国际海底区域等做了区分和界定。海洋命运共同体理念正体现了在维护和拓展合法的海洋权益的同时,不排斥其他国家合理地追求各自的国家海洋利益的和谐共处的理念,而和谐的实现还要求国际社会切实履行并不断完善《联合国海洋法公约》和其他

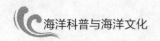
相关的海洋制度。

第二,合作共赢的方式。海洋作为人类共同利益之所在,也是国际合作的重要舞台之一。海洋资源的丰富性和广袤性以及海上通道的重要性等,必然要求包括中国在内的世界上所有国家合理正确地认识、开发、利用和保护海洋及其资源,为全人类造福。因此各国在发展自己的海洋事业的同时,要特别注重强调国际合作的必要性,致力于与海洋沿岸国家发展长期稳定的友好合作关系,在合作中实现共同发展,这是海洋命运共同体理念其中应有之义。同时,世界各国还要积极参加海洋治理,参与各种海洋管理的合作机制,除了追求本国的海洋利益外,还要兼顾包括海洋资源保护和海洋环境保护等在内的其他更广泛的人类共同利益。在海上安全方面,该理念倡导将"新安全观"作为指导海洋安全合作的理念,强调在"互信、互利、平等、协作"的基础上,通过对话增进相互信任,通过合作促进海上安全等。如中国已加强与有关国家的海上安全磋商与对话,进一步制定完善了有关海上安全的具体规则和操作程序,[1]加强与海上通道所经海域国家的战略合作等,努力促成海洋国家就保护海上通道达成总体框架。同时海洋命运共同体理念对于世界各海洋治理主体在处理海洋事务过程中,超越对本国狭隘国家利益的追求,兼顾他国甚至是全球性的海洋利益以实现忧患共担等具有重要价值。

第三,和平和善的方式。自从党的十五大将"共同利益"写入政治报告以来,在全球变局下全方位构建"利益汇合点"和"利益共同体"已经成为我国进行国际合作的重大方针。海洋命运共同体理念实质是强调了涉海大国间为着共同的利益进行相互协调合作的重要理念,其强调避免非核心战略利益上的冲突,积极寻求海洋共同利益交汇点。同时,也蕴含着要有正当的坚持与强硬,排除有悖于合作趋势的不良因素,确保国家间互利共赢的总体旨向。[2]李克强曾在中国与希腊的海洋合作论坛上发表题为《努力建设和平合作和谐之海》的演讲,其中提出"中华文明的发展历程中也没有离开过海洋,正是以大海为主要纽带,我们同其他国家互通有无。中国愿同世界各国一道,通过发展海洋事业带动经济发展、

---

① 胡思远:《中国大海洋战略论》,时代华文书局 2014 年版,第 10-11 页。

② 刘笑阳:《海洋强国战略研究》,人民出版社 2019 年版,第 189-199 页。

深化国际合作、促进世界和平,努力建设一个和平、合作、和谐的海洋"。① 这与海洋命运共同体理念具有内在精神的一致性,即强调世界各国在海洋领域要积极参与多边合作,注重同周边其他涉海国家有效协商,在促进信息交互的基础上增进战略互信,进而缔造各种非对称性的合作模式。可以说,在求同存异,不畏冲突的观念下,秉持和平发展、促进合作共赢、打造和谐海洋已成为世界海洋战略发展之大势。海洋命运共同体理念强调坚持富而不骄、强而好礼,强不胁弱、强不称霸、强而行德,重视国家之间的相互扶持、守望互助的思想,体现了国家之间"和善互助"才能更好生存、人类才能更好发展的根本理念。

## 三、新时代海洋命运共同体理念的价值意蕴

### (一)新时代海洋命运共同体理念的理论价值

第一,丰富了马克思主义共同体理论。马克思在《德意志意识形态》中指出,"各个相互影响的活动范围在这个发展进程中越是扩大,各民族的原始封闭状态由于日益完善的生产方式、交往以及因交往而自然形成的不同民族之间的分工消灭得越是彻底,历史也就越是成为世界历史"。② 历史向世界历史的转变,是生产力发展和生产关系扩展的结果,是人们的各种活动和行为超越单一民族和国家界限,在国际市场范围内普遍交往而使生产和消费趋同一体的结果。③ 在世界市场普遍形成、网络信息四通八达的时代,世界各国已成为共依共存的共同整体。"你中有我,我中有你",国家发展、时代发展和人类发展迫切需要各国之间紧密交流、联结合作、共赢发展。当今国际社会依然成为一个共生整体,中国的发展离不开世界各国,世界各国的发展也离不开中国。习近平曾指出"今天,人类生活在同一个地球村,各国相互联系、相互依存、相互合作、相互促进的程度空前加深"。④ 因此,"要树立世界眼光,更好把国内发展与对外开放统一起来,把中

---

① 国家海洋局海洋发展战略研究所课题组:《中国海洋发展报告(2015)》,海洋出版社2015年版,第361-362页。
② 〔德〕马克思,恩格斯:《马克思恩格斯选集(第1卷)》,人民出版社2012年版,第168页。
③ 〔德〕马克思,恩格斯:《马克思恩格斯文集(第2卷)》,人民出版社2009年版,第35页。
④ 《让工程科技造福人类、创造未来——在2014年国际工程科技大会上的主旨演讲》,《人民日报》2014年06月04日。

国发展与世界发展联系起来,把中国人民利益同各国人民共同利益结合起来"。[1]随着世界历史全球化的推进,一方面促成了人类共同利益、价值的生成,另一方面也带来了全球性问题与挑战。因此,推动构建公正、平等、自由、合理的国际新秩序成为人类发展的时代需要。海洋命运共同体理念正是牢牢把握了这一历史发展大势,顺应了时代发展潮流,注重将人类生命与海洋发展紧密结合、将国家海洋利益与全球海洋利益有机融合、将海洋未来命运同人类未来命运有机贯通起来的共同体理念。这一理念的提出既顺应了时代发展的需要,又是对马克思主义共同体理论的新时代发展。

第二,发展了中国化马克思主义海洋战略理论。海洋命运共同体理念是对中国化马克思主义海洋战略思想的发展,凝聚着新时代中国共产党人国际海洋战略的新智慧。中国共产党第一代领导人毛泽东曾提出"三个世界"互相依存发展并筑成"海上长城"维护海洋安全的战略思想,[2]海洋命运共同体理念发展了其"共同价值"取向;中国共产党第二代领导集体总设计师邓小平提出了"和平与发展是当今世界的两大发展主题"、我们的海军"不称霸"[3]、对国际海洋资源"先共同开发"等[4]思想,海洋命运共同体理念注重国际合作、强调战略共赢的思想与其一脉相承;江泽民提出要以"海军现代化建设维护国际海洋权益"[5]、重申"搁置争议、共同开发"等主张与海洋命运共同体理念价值追求内在一致,海洋命运共同体理念实质就是倡导和平路径解决海洋权益争端的新的全球海洋治理新秩序理念;胡锦涛提出了和平解决海洋权益[6]、维护海外利益、建设"和谐海洋"等[7]海洋强国主张,成为新时代海洋命运共同体理念提出的思想前奏。习近

① 《更好统筹国内国际两个大局 夯实走和平发展道路的基础》,《人民日报》2013 年 1 月 30 日。

② 毛泽东:《毛泽东文集(第 7 卷)》,人民出版社 1999 年版,第 27 页。

③ 中央文献研究室:《邓小平关于建设有中国特色社会主义论述专题摘编》,中央文献出版社 1992 年版,第 281 页。

④ 邓小平:《邓小平文选(第 3 卷)》,人民出版社 1993 年版,第 49 页。

⑤ 江泽民:《加快改革开放和现代化建设步伐 夺取有中国特色社会主义事业的更大胜利——在中国共产党第十四次全国代表大会上的报告》,人民出版社 1992 年版,第 41 页。

⑥ 胡锦涛:《推动共同发展 共建和谐亚洲——在博鳌亚洲论坛 2011 年年会开幕式上的演讲》,《人民日报》2011 年 4 月 16 日。

⑦ 胡锦涛:《会见参加中国人民解放军海军成立 60 周年庆典活动的 29 国海军代表团团长上的讲话》,《人民日报》2009 年 4 月 24 日。

平在 2013 年中共中央政治局第八次集体学习时强调"我国既是陆地大国,也是海洋大国,拥有广泛的海洋战略利益。经过多年发展,我国海洋事业总体上进入了历史上最好的发展时期。这些成就为我们建设海洋强国打下了坚实基础。我们要着眼于中国特色社会主义事业发展全局,统筹国内国际两个大局,坚持陆海统筹,坚持走依海富国、以海强国、人海和谐、合作共赢的发展道路,通过和平、发展、合作、共赢方式,扎实推进海洋强国建设"。① 这一论述已充分蕴含了海洋命运共同体理念的基本思想。2013 年 10 月他在访问东盟时又提出构建"21 世纪海上丝绸之路"倡议和"中国—东盟海上合作基金"等,强调了海洋共同利益的互联互通、全面合作,② 这是实现海上和平崛起的积极尝试,是海洋命运共同体理念提出的直接思想来源。一切划时代思想体系的真正内容,都是由于产生这些思想的那个时期的需要而形成起来的。因此,海洋命运共同体理念是对中国化马克思主义海洋战略理论的新时代发展。

第三,充实了习近平新时代中国特色社会主义思想。新时代海洋命运共同体理念是中国坚持全人类平等发展权、建立国际海洋平等、合作、共赢新秩序的体现,是注重合作共赢的海洋发展模式,以全人类的共同发展为出发点和落脚点。海洋命运共同体理念是对人类共生意识的新时代体认,是对弱肉强食的"社会达尔文主义"的抛弃,是对冷战、对抗、武力及零和思维的严厉批判,是对新时代国际海洋领域交往范式的新探索,从人的"类本质"的思考高度指明了人类的未来发展方向。海洋命运共同体理念是新时代习近平海洋强国和平崛起的重要理念,习近平曾多次强调"为开发海洋而进行的合作,给各国带来发展,但是为争夺海洋发生的战争,则给人类带来灾难。中国坚定维护国家主权和领土完整,致力于维护地区的和平与秩序。"海洋命运共同体理念正是中国和平发展战略的重要组成部分,是以习近平为核心的党中央立足于世界发展大势、国家发展需要,深入思考人类与海洋未来前途命运的智慧结晶,是中国解决全球海洋治理各种难题乱象的重大理念与实践探索。海洋命运共同体理念是超越了民族局域范围的关注人类与海洋共生共存共发展的思想理念,是习近平新时代中国特色社会

---

① 《在中共中央政治局第八次集体学习时强调:进一步关心海洋认识海洋经略海洋 推动海洋强国建设不断取得新成就》,《人民日报》2013 年 8 月 1 日。

② 《共同谱写中国印尼关系新篇章 携手开创中国—东盟命运共同体美好未来》,《人民日报》2013 年 10 月 4 日。

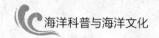

主义海洋发展思想的国际化,以实现全人类在海洋领域的平等发展、共同发展为最终目标,体现了社会主义的本质要求。海洋命运共同体理念是我国和平发展外交政策的新时代展示,由此把我国对外开放提高到一个新的认识高度和实践境界,是习近平新时代中国梦到世界梦的理想延伸。

**(二)新时代海洋命运共同体理念的实践价值**

第一,是全面推进中国特色社会主义国际海洋战略的行动指南。新时代海洋命运共同体理念是不称霸的海洋强国理念,和平共处原则是海洋命运共同体理念的根本遵循。我国提出的海洋命运共同体理念反对海上霸权,与霸权主义国家实行的海洋侵略扩张理念不同。西方海洋强国大体是依据马汉海权论建立起来的,鼓吹建设强大海军,实施对外侵略扩张等,[1]而我国在新时代建设海洋强国的基本理念是海洋命运共同体理念,是主张和平崛起而非侵略扩张的战略理念。西方海洋强国的目的包括发展商业、航海事业、建立海外殖民地、利用公海和国际海底的战略性资源等,而我国提出的海洋命运共同体理念不主张霸占殖民地、垄断世界市场,而是更加注重发展对外经济贸易、发展海洋航运事业、开发利用海洋资源等;西方海洋强国强调海军至上,以海军为主要的甚至是唯一的手段,争夺制海权、海上称霸、海外扩张、控制别的国家、干涉别国内政等,具有强烈的进攻性,而我国提出的海洋命运共同体理念则认为海军不是唯一的海洋强国手段,还要依靠政治、外交、经济、科技等多种手段增进与世界各国交往,不搞海上霸权、不允许别人侵略自己、也不侵略别人、不干涉别国内政,具有防御性强国特点。因此,海洋命运共同体理念是与众不同的中国海洋强国所选择的和平发展新理念,是中国国家战略力量向海洋视域推进的新思想,是新时代中国特色社会主义国际海洋战略的根本行动指南。

第二,为实现中华民族伟大复兴提供了海洋强国战略保证。新时代海洋命运共同体理念是从世界安全和国家安全双重向度考虑海洋发展战略的根本理念。当今社会全球性海洋事务错综复杂,国际社会牵一发而动全身,面对挑战各海洋治理主体需要对海洋问题进行忧患共担的审视与思考。海洋命运共同体理念正是基于此而提出的一种主张通过对国际海洋秩序的共同构建和国际海洋环

---

① 〔美〕马汉:《海权对历史的影响》,安常容,成忠勤译,解放军出版社 2006 年版,第 289 页。

境的共同治理以达到互助互爱、和谐友善、美美与共的海洋美好发展状态的理念。海洋命运共同体理念又是注重共同安全、合作共赢的新型海洋战略观，它强调海洋战略力量对国家海洋权力和利益的保障。对我国而言，海洋权益联结着我国的领土主权、资源开发、经济发展、科学研究等重要领域，是解决我国经济、能源、环境、生态等问题的关键，是我国发展的不竭动力来源，更将是我国实现民族伟大复兴的重要基础。实现海洋强国的根本目标与实现中华民族伟大复兴的目标高度一致，因而单从国内发展视角来看，海洋命运共同体理念是注重以海图强的重要战略理念，是实现海洋强国的重要战略理念，是实现中华民族伟大复兴的重要战略保证。我国拥有一定的海洋空间和较为丰富的海洋资源，在此理念指导下我国可以通过与世界各大海洋国家友好合作，整合利用世界海洋资源，借鉴他国成功经验，大力发展海洋科技，培养海洋科研人才，进而累积海洋开发经验、拓展世界海洋空间，提升海洋经济实力，以海图强，以海洋经济强国为基实现中华民族伟大复兴。因此，我们提出的海洋命运共同体理念强调了从战略高度认识海洋，以国际海洋发展战略机遇期为依托捕捉我国海洋强国的机遇，探寻以海洋面向的富民强国之路，并最终实现中华民族的伟大复兴。

第三，为全球海洋秩序建立提供了中国智慧。习近平曾指出"回顾历史，支撑我们这个古老民族走到今天的，支撑 5 000 多年中华文明延绵至今的，是植根于中华民族血脉深处的文化基因"。[①] 中国优秀传统文化中蕴藏着丰富的解决当代人类面临难题的重要启示，如"以和为贵""天人合一""与人为善""协和万邦""不战而屈人之兵""义利合一""天下为公""天下大同""和为贵""达则兼济天下"等中华传统文化体现出"天下一家""家天下"的中华智慧。海洋命运共同体理念正是对以往"零和对抗""冲突不可兼容"等文化霸权的超越，是对文化"多样性""共同性""包容性""合作性"的认同，体现了一种海洋文化理念的理性与成熟。习近平曾讲"中华民族历来讲求'天下一家'，主张民胞物与、协和万邦、天下大同，憧憬'大道之行，天下为公'的美好世界"。[②] 中华文化中"万物并育而不相害，道并行而不相悖"的思想为海洋命运困境提供了新的思考路径，体现了在尊重差异、尊重多样性基础上的"和合"思想。而海洋命运共同体理念正是

---

① 《携手建设更加美好的世界》，《人民日报》2017 年 12 月 2 日。

② 《携手建设更加美好的世界》，《人民日报》，2017 年 12 月 2 日。

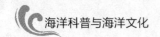

以"和合"文化理念处理国际海洋秩序关系的理念,其中蕴含着共商共建共享的"和合"哲学思维、"内和乃求外顺,内和必致外和"的中华文化逻辑等,这都是构建海洋命运共同体理念的思想和灵魂。海洋命运共同体理念承接着中华民族以天下为己任的理想追求、中华民族"大道之行,天下为公"的价值信念,彰显了中国作为自信而拥有活力的大国为全球海洋治理贡献出的中国智慧,显示了中国的承诺与担当、情怀与气度。

# 习近平海洋强国建设构想论要[①]

李国选[②]

（山东财经大学马克思主义学院国际政治与经济研究所，山东 济南，250014）

**摘　要**：习近平海洋强国建设构想极大地丰富和发展了马克思主义关于海洋的主要论述，扎实推动了中国海洋强国建设。习近平海洋强国建设构想看得深、把得准发展大势，闪耀着真理光芒，彰显着深邃力量，科学回答了中国建设一个什么样的海洋强国、为什么要建设海洋强国、怎样建设海洋强国等核心问题，形成了"一纲四目二核心"结构。习近平海洋强国建设构想具有强烈的问题意识、真挚的人民情怀和科学的理论思维等鲜明特征，是中国建设海洋强国的科学指南，是处理海洋问题的根本遵循，为全球海洋治理贡献了中国方案和中国智慧。习近平是海洋强国建设的总设计师。

**关键词**：习近平；海洋强国；治国理政；中国梦

2012 年 11 月 8 日，党的十八大报告第一次提出"建设海洋强国"重大命题。这标志着海洋强国首次上升到国家战略高度。2013 年 7 月 30 日，在中共中央政治局第八次集体学习时，习近平从海洋强国的战略定位、伟大意义、建设方向、具体路径等方面深刻阐述了海洋强国建设构想，这标志着习近平海洋强国建设构想的系统化和理论化。2017 年 10 月 18 日，党的十九大报告提出"坚持陆海统筹，加快建设海洋强国"，并提出在 21 世纪中叶建成海洋强国。所以，中国建设海洋强国就有了科学理论指导和明确的时间表。

① 基金项目：2016 年度教育部高校示范马克思主义学院和优秀教学科研团队建设项目"习近平总书记系列重要讲话精神教学体系研究"（16JDSZK062）的阶段性成果。
② 作者简介：李国选（1976—　），男，河南濮阳人，法学博士，山东财经大学马克思主义学院副教授，主要研究方向为中国海洋政治。

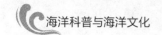

## 一、习近平海洋强国建设构想的形成理论与实践基础

在建设海洋强国的关键时刻,习近平适时地将他在福建、浙江成功的海洋实践上升为理论,展现了中国共产党海洋强国建设的新思路,形成了一系列关于海洋强国建设的新理念、新论断。习近平的海洋强国建设构想的形成有深厚的理论和实践基础。马克思主义的海洋论述是习近平海洋强国建设构想形成的重要理论来源;在沿海长期领导海洋工作是习近平海洋强国建设构想形成的实践基础。

### (一)马克思主义及其中国化成果的海洋论述是重要理论基础

马克思主义海洋论述是从经济和军事两个维度来研究海洋对国家强盛的基本作用。从经济维度来看,海洋为资本主义国家发展提供了物质基础。作为"各国共有大道"① 和"第二类自然富源"② 的海洋成为资本主义国家原始积累、海外殖民、海上贸易、海上运输的重要舞台。哪个国家能够准确判断世界发展趋势,依靠沿海的区位优势,制定和实施适合国家发展政策,它就能成为海洋强国。在《共产党宣言》中,马克思和恩格斯有力地论述了新航线的开辟、海上运输业的发展对资本主义原始积累、世界市场和生产力发展的促进作用。③ 从军事维度来看,恩格斯在《海军》中论述了海军对国家兴衰的作用。他指出新航线的开辟、航海技术及航海业的迅速发展导致西方国家加紧掠夺殖民地,海洋国家一手造就的殖民主义时代已经来临。这些国家建立庞大的海军来保护其殖民利益,海战发生的规模和频率都比过去都大很多,海军武器的发展也更为有效。④ 海上战争的胜负深刻影响着国家盛衰。

毛泽东倾力奠基海洋强国建设。1953 年 2 月,毛泽东在"长江"舰上提出:

---

① 《马克思恩格斯全集》第 15 卷,人民出版社 1974 年版,第 452 页。

② 马克思主义认为:自然经济条件可以分为生活资料的自然富源和劳动资料的自然富源两大类,前者如土壤的肥力、渔产丰富的水域等;后者如瀑布、河流、森林、金属、煤炭等。在较低发展阶段,第一类自然富源具有决定性的意义;在较高的发展阶段,第二类自然富源具有决定性的意义。马克思还认为:过于富饶的第一类自然富源"使人离不开自然的手,就像小孩子离不开引带一样",而海洋在殖民主义时代对西方资本主义国家的发展日益重要。参见《马克思恩格斯文集》第 5 卷,人民出版社 2009 年版,第 586-588 页。

③ 《马克思恩格斯文集》第 2 卷,人民出版社 2009 年版,第 31-33 页。

④ 《马克思恩格斯全集》第 14 卷,人民出版社 1965 年版,第 383-384 页。

一定要建设强大的海军,把 10 000 多千米的海岸线建成"海上长城"。毛泽东亲自确定中国的领海宽度为 12 海里,为"海上长城"建造宅基墙院。1958 年 6 月 21 日,毛泽东在军委扩大会议上指出:"除了继续加强陆军和海军的建设外,必须大搞造船工业,大量造船,建立'海上铁路',以便在今后若干年内建设一支强大的海上战斗力量。"①建设"海上长城"是为了维护中国领土主权完整和海洋权益不受侵犯;建立"海上铁路"是为了走向世界,参与国际海洋合作,发展航运,疏通发展瓶颈。这为中国建设海洋强国奠定了重要理论基础。

邓小平运筹帷幄海洋强国建设。邓小平抓住和平与发展的时代主题,结合国内外的发展形势,把工作重心由阶级斗争转移到经济建设上来。在建设"海上长城"方面,他提出建立"精干、顶用、具有现代战斗能力"②的海军。这突出了邓小平以质量建设为核心、以提高现代化综合作战能力为主要任务、以维护国家领海主权和国家利益为原则的海军建设思路。他把海军战略由"近岸防御"改为"近海防御"。在建设"海上铁路"方面,他积极开放沿海地区,积极推动海洋产业发展,利用海洋走向世界,积极开展海洋外交。中国首次在南极科考,首航南太平洋。

江泽民积极推进海洋强国建设。在世界范围内海洋竞争更为激烈的时代,江泽民从战略的高度认识海洋,增强中华民族的海洋观念。在建设"海上长城"方面,江泽民提出:"我们必须把海军建设放在首位,加快海军现代化建设步伐,以适应未来战争的需要。"③江泽民明确提出"高技术条件下的海上局部战争"的概念,指出军队要担负起保卫"领海主权和海洋权益"的神圣使命。④要"建设具有强大综合作战能力的现代化海军",在坚持"近海防御"的方针的前提下,提出"积极防御的方针"。在建设"海上铁路"方面,江泽民着眼于中国国家发展战略,曾先后多次做出开发海洋,发展海洋经济等重要指示。江泽民在党的十六大报告明确提出"海洋开发战略",这在中国的海洋强国建设史上占有重要地位。江泽民重视海军建设和实施海洋开发战略已经聚焦到海洋强国建设中的"保护海洋"和"开发海洋"两个基本方面。

---

① 《毛泽东军事文集》第 6 卷,人民出版社 1999 年版,第 374 页。

② 《邓小平军事文集》第 3 卷,军事科学出版社、中央文献出版社 2004 年版,第 161 页。

③ 《论国防和军队建设》,解放军出版社 2002 年版,第 182 页。

④ 《江泽民文选》第 1 卷,人民出版社 2006 年版,第 240 页。

胡锦涛快速推进海洋强国建设。海洋在国家发展中的地位更加重要,日益成为海洋大国提高综合国力和改善地缘环境的制高点。中国与周边国家的海洋权益争端吸引了域外大国的目光,它们纷纷参与其中,海洋政治空前复杂。在"海上长城"建设方面,胡锦涛准确定位海军建设,指出海军是战略性、综合性、国际性军种,实际上指明了海军有军事和非军事两种基本用途。胡锦涛继续调整中国海军作战方针,在贯彻"积极防御"方针的基础上,实行"近海纵深防御"方针。中国首艘航空母舰首次出海实验成功,并于 2012 年正式交付海军使用。[①]中国海军积极参与亚丁湾护航,打击索马里海盗。在"海上铁路"建设方面,胡锦涛指出海洋是转变经济增长方式和发展高新技术的支柱产业,[②]并把海洋开发战略具体化为"发展海洋战略高新技术,提高我国海洋经济水平,保护海洋航运安全,开发深海资源"。[③] 胡锦涛积极推动海洋事业的发展,首次出台《国家海洋事业发展规划纲要》,把海洋经济作为东部地区率先建构开放型经济体系的重要内容。胡锦涛在党的十八大第一次提出"提高海洋资源开发能力,发展海洋经济,保护海洋生态环境,坚决维护海洋权益,建设海洋强国"[④] 的基本命题。

### (二)习近平长期在沿海地区工作是重要实践基础

"实践是理论之源。"[⑤] 习近平一直有建设海洋强国的情缘。习近平海洋强国建设构想是长期在福建和浙江发展海洋经济、经略海洋的实践中逐渐形成的,最终在中共中央政治局第八次集体学习中条件提出成熟而系统的海洋强国建设构想。

1. 发端阶段:初步经略海洋的福建实践

1988 年 5 月,习近平到福建省宁德市工作。宁德地区因背靠海洋而有发展开放型经济的优势,但又因农村山区多而相对贫困。习近平仔细分析了宁德贫

---

① 《胡锦涛文选》第 3 卷,人民出版社 2016 年版,第 555 页。

② 《胡锦涛文选》第 3 卷,人民出版社 2016 年版,第 630 页。

③ 《在中国科学院第十六次院士大会、中国工程院第十一次院士大会上的讲话》,《人民日报》2012 年 6 月 12 日第 2 版。

④ 《坚定不移沿着中国特色社会主义道路前进,为全面建成小康社会而奋斗》,《人民日报》2012 年 11 月 18 日第 1 版。

⑤ 《在庆祝中国共产党成立 95 周年大会上的讲话》,《光明日报》2016 年 7 月 2 日第 2 版。

困的根源及摆脱贫困的策略,把脱贫致富和实施沿海开发战略当作宁德地区的双重工作任务。① 在这一阶段,习近平的海洋经济理政思想主要体现在以下三个方面:首先,"念海经"摆脱贫困。1988年7月,习近平在调研中指出,宁德地区应该考虑在全国沿海开发战略中的地位。发展海洋经济是宁德脱贫致富的必然和可行选择,要"靠海吃海念海经",打造宁德地区海洋经济的"半壁江山"。② 其次,充分运用宁德的区位优势,扩大对外开放,打造具有海洋特色的工业经济。在宁德沿海地区选点布局工业建设,大力引进外资,积极实施沿海发展战略。最后,科学规划天然良港三都澳发展战略,构建蓝色"闽东梦"。习近平提出宁德地区要想富,必先建港。结合宁德地区的实际情况,他提出三都澳的开发不是一朝一夕就能完成的,"既要避免把近期难以实现的目标超前化,又要防止把近期目标规划简单化"。③ 习近平把开发三都澳港口作为发展宁德海洋经济的核心无疑是高瞻远瞩、深谋远虑的。习近平发扬"滴水穿石"④ 的精神,亲力亲为,念好"山海经",实行"耕海牧渔"政策,积极发展海洋经济。

1993年,习近平任福州市委书记。他深刻洞察世界经济的发展趋势,提出福州的优势、出路、希望、发展在江海。⑤《关于建设"海上福州"的意见》的出台标志着福州开始大规模"向海上进军",该文件提出了建设"海上福州"的伟大战略构想,勾画了闽江口金三角经济圈的战略布局。⑥ 由此,福州是中国最早"向海上进军"的城市。

习近平主政福建省时,开始思考如何经略海洋。2002年4月,习近平指出福建要大念"山海经",用9年时间使福建成为海洋经济强省。结合福州的发展条件,习近平拟分两个阶段来安排:第一步,到2005年,海洋生产总值占福建省总值的比例达到15%,海洋经济开发初见成效;第二步到2010年,海洋产业生产总值的比重达到20%,海洋生态环境良好,海洋基本经济指标在全国沿海省份名

---

① 《摆脱贫困》,福建人民出版社2014年版,第90页。
② 《摆脱贫困》,福建人民出版社2014年版,第6页。
③ 《摆脱贫困》,福建人民出版社2014年版,第92页。
④ 《摆脱贫困》,福建人民出版社2014年版,第57页。
⑤ 本报采访组:《始终与人们心心相印:习近平同志在福建践行群众路线纪事》,《福建日报》2014年10月30日第1版。
⑥ 朱毓松,刘复培:《诞生于20年前的宏伟构想》,《福州日报》2012年10月16日第1版。

列前茅,把福建沿海地区建成陆海一体的、"山海协作、陆海并进"的经济发达地带。

2. 形成阶段:开发海洋的浙江实践

一到浙江,习近平就提出"建立海洋经济强省"的战略目标。2002 年 12 月 18 日,习近平在参加省委十一届二次全会舟山组讨论会上,指出"舟山要把海洋经济这篇文章做深做大","舟山应该充分利用自身的优势,充分发挥渔、港、景优势和区位优势,发展成为海洋经济发达的地区"。[①] 习近平认为,浙江要成为海洋经济强省,必须大念"山海经",实施"山海协作工程","走海洋经济和陆域经济联动发展的路子",大力发展海洋经济。"海洋经济是陆海一体化的经济。……因此,发展海洋经济就不能就海洋论海洋,就渔业论海洋。"[②]

习近平认为,浙江要建立海洋经济强省,必须遵循"发挥优势、强化规划、突出创新、协调发展的指导原则",从调整渔业结构、建设港口、发展临港工业、建设海盗基础设施、开发海洋旅游资源、科技兴海、围垦滩涂、保护和治理海洋环境等八个方面加快浙江省海洋经济发展。[③] 这就有了明确的陆海统筹,加快建设海洋强省的思想。

3. 成熟阶段:海洋强国建设的全国实践

习近平海洋强国建设构想的主要内容有:首先,把海洋强国定位为中国特色社会主义事业的重要组成部分;其次,海洋强国的作用主要有对推动经济持续健康发展、维护国家核心利益、全面建成小康社会、实现中国梦至关重要;再次,海洋强国建设道路是依海富国、以海强国、人海和谐、合作共赢;最后,海洋强国建设的具体路径:发展海洋经济、保护海洋生态环境、发展海洋科技、维护国家海洋权益。[④]

---

[①] 习近平:《干在实处 走在前列:推进浙江新发展的思考与实践》,中共中央党校出版社 2013 年版,第 511-513 页。

[②] 习近平:《干在实处 走在前列:推进浙江新发展的思考与实践》,中共中央党校出版社 2013 年版,第 209-216 页。

[③] 习近平:《干在实处 走在前列:推进浙江新发展的思考与实践》,中共中央党校出版社 2013 年版,第 217-222 页。

[④] 《进一步关心海洋认识海洋经略海洋,推动海洋强国建设不断取得新成就》,《人民日报》2013 年 8 月 1 日第 1 版。

习近平海洋强国建设构想在党的十九大报告中得到充分体现。"蛟龙"与"南海岛礁建设积极推进"彰显了中国海洋强国建设能力的提高;"坚持陆海统筹,加快建设海洋强国"则说明了中国的海洋强国建设是系统性和紧迫性的工程;在建设现代经济体系中,强调要以"一带一路"建设为重点,逐渐形成"陆海内外联动、东西双向互济的开放格局",这充分体现了海洋的通道作用和陆海统筹的海洋强国建设之道;在建设美丽中国部分中,提到综合治理近岸海域,则强调保护海洋环境在建设海洋强国的作用;在军队现代化部分,把建设现代化的海军作为海洋强国建设的根本保障。① 党的十九大报告充分展示了海洋强国建设的基本手段有创新海洋科技、加快发展海洋经济、海上丝路合作、保护海洋环境、维护海洋权益等。②

习近平海洋强国建设构想成熟主要体现为蕴含着大战略思想和前瞻性。前者主要表现为:中国海洋强国建设构想设定的目标合理、明确、集中;建设手段灵活、多样、可获性强,并且各种手段之间能够相互配合;海洋强国建设目标与建设手段之间匹配度高,并做到动态的平衡,能够围绕建设目标配置各种资源,最终实现目标。后者主要表现为顺应世界海洋经济发展潮流,把中国建成海洋强国做了"两步走"安排。第一步从 2020 到 2035 年,建成基本现代化的中等海洋强国;第二步从 2035 到 2050 年,建成一流的社会主义现代化海洋强国。

综上,从历史上来看,中国共产党的海洋强国建设构想主要集中在维护国家海洋权益和发展海洋经济两个方面。这是习近平海洋强国建设构想的重要支柱,并因在沿海地区充分实践而日益完善。习近平充分因应国内外海洋形势的深刻变化,在继承和发展马克思主义海洋重要论述的基础上,加以时代创新,在实践中日益升华为习近平海洋强国建设构想。

## 二、习近平海洋强国建设构想的基本观点

习近平海洋强国建设的基本观点是通过回答"建设一个什么样的海洋强国、为什么建设海洋强国、怎样建设海洋强国"来展现出来的。

---

① 《决胜全面建成小康社会,夺取新时代中国特色社会主义伟大胜利》,《人民日报》2017 年 10 月 28 日第 1 版。
② 沈满洪,余璇:《习近平建设海洋强国重要论述研究》,《浙江大学学报(人文社科版)》2018 年第 6 期。

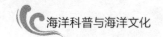

### （一）"建设一个什么样的海洋强国"

思想进程的开始于历史的开始,深化于现实的检验。习近平从国内外海洋强国的演变史及海洋的战略价值的提升两个方面,深刻阐述了中国建设海洋强国的历史与实现背景。中国建设海洋强国势在必行。中共中央审时度势、高瞻远瞩、多方调研、反复论证,在党的十八大做出建设海洋强国的重大决策。从习近平在中共中央政治局第八次集体学习时的讲话中可以看出,中国要建设一个海洋经济发达、海洋生态美丽、海洋科技先进、海洋管控有力的社会主义现代化海洋强国。这标志着中国建设海洋强国的目标得以确立和完善,充分体现了海洋在中国国家发展战略中地位空前重要。一旦建成海洋强国,中国特色社会主义事业就能揭开新篇章。

### （二）"为什么要建设海洋强国"

海洋与中国的发展前途和命运紧紧联系到一起,中华民族的伟大复兴需要中国走向海洋。建设海洋强国是 21 世纪中国的历史使命。

#### 1. 海洋战略价值提升

习近平高度概括了海洋的战略价值,他认为,"海洋在国家经济发展格局和对外开放中的作用更加重要,在维护国家主权、安全、发展利益中的地位更加突出,在国家生态文明建设中的角色更加显著,在国际政治、经济、军事、科技竞争中的战略地位也明显上升"。[①] 所以,海洋对中国和平发展的作用日益增大,是中国高质量发展的战略要地,为中国和平发展提供重要资源、战略通道及安全保障。中国若建成海洋强国,则能够充分利用海洋的战略价值;反之,中国经济可持续发展则受到阻碍,国家核心利益则会受损,也会影响全面建成小康社会目标和中国梦的实现。

#### 2. 历史的经验教训

从历史上看,世界强国必须首先是海洋强国,古今中外,概莫能外。正如习近平所说,"纵观历史,大国发展莫不与海洋息息相关……一些西方国家依靠先进航海技术开辟海上航线、拓展海外殖民地、控制世界贸易、掠夺世界资源,为其

---

① 《进一步关心海洋认识海洋经略海洋,推动海洋强国建设不断取得新成就》,《人民日报》2013 年 8 月 1 日第 1 版。

成为世界强国营造了重要条件"。[①]

中国曾是世界上的海洋强国,"海上丝绸之路"沟通了东西方,与世界各国通过海上贸易和文化交流互通有无,中华文明在世界影响颇大。但到了明代中期以后,世界进入大航海时代,中国却闭关锁国,错失了良好的海洋发展机遇,经济技术迟滞,综合国力日衰。1840年,鸦片战争爆发,清政府屈辱地战败,自此,西方列强大多从海上侵略中国,中国一步一步地坠入半殖民地半封建社会的深渊。中国人民痛苦不堪,贫困化及不自由程度举世罕见。"历史经验告诉我们,面向海洋则兴、放弃海洋则衰。"[②]中国只有建成海洋强国,才能分享海洋利益,实现中华民族伟大复兴。

### 3. 强烈的内在需求

十八大的召开标志着中国进入新时代。新时代中国的主要矛盾已经转化为"人民日益增长的美好生活需要和不平衡不充分的发展之间的矛盾。"[③]当下,我国海洋形势不容乐观。我国与周边国家存在的海洋争端还没有解决,海洋权益流失颇多,近岸局部海域生态环境污染严重。这些都会影响我国人民美好生活需要的满足,我国人民建设海洋强国的需求日趋强烈。我国要主动适应主要矛盾的变化,积极发展中国海洋事业,坚持陆海统筹,开创强而不霸的新型海洋强国建设模式,为人民过上美好生活保驾护航。

### (三)"怎样建设海洋强国"

海洋强国重在建设,但不是敲锣打鼓轻轻松松地能够建成的,需要调动国内外一切积极因素,综合施策,多管齐下,充分发挥这些建设手段的合力作用。假以时日,中国一定能够建成社会主义现代化海洋强国。

### 1. 积极发展海洋经济

"发达的海洋经济是建设海洋强国的重要支撑。"[④]海洋经济成为世界海洋

---

① 《进一步关心海洋认识海洋经略海洋,推动海洋强国建设不断取得新成就》,《人民日报》 2013年8月1日第1版。

② 《进一步关心海洋认识海洋经略海洋,推动海洋强国建设不断取得新成就》,《人民日报》 2013年8月1日第1版。

③ 《决胜全面建成小康社会,夺取新时代中国特色社会主义伟大胜利》,《人民日报》2017年 10月28日第1版。

④ 《进一步关心海洋认识海洋经略海洋,推动海洋强国建设不断取得新成就》,《人民日报》 2013年8月1日第1版。

国家的重大发展战略,以抢占海洋时代新优势。① 资源制约发展的瓶颈期已经到来,陆地资源告罄的预期强烈,继续开发成本巨大,生态环境也难以承受。而海洋是尚未充分开发的资源异常丰富的宝库。国际资源竞争的舞台正从陆地转移到海洋。虽然中国的海洋经济发展已取得很大成就,但与海洋强国相比,中国海洋经济同质同构现象严重,产业结构与布局不太合理,保障海洋经济发展的管理机制不完善等。所以,海洋开发能力是建设海洋强国的制胜因素。中国要提高海洋开发能力,特别是大洋和深海的探测与开发能力,通过拓展海洋开发空间、统筹利用时序和开发强度、优化结构、调整布局来发展高质量和高效益的海洋经济,"开展海洋合作,做'蓝色经济'的先锋",② 夯实中国建设海洋强国的物质基础。"海洋经济发展前途无量",③ 中国必须做好海洋经济这篇文章。

2. 严格保护海洋生态环境

优良的海洋生态环境是建设海洋强国的必然要求。中国多年快速发展积累的生态环境问题日益突出,不仅影响经济社会的可持续发展,而且影响社会稳定。保护生态环境必须成为中国建设海洋强国的题中应有之义。④ 中国近海生态环境污染和海洋灾害颇为严重,需下大力气加以解决。中国要把海洋生态文明建设纳入海洋开发总布局之中,建立入海污染总量控制制度,完善海洋工程环境影响评价制度,尽快制定海岸线保护利用规划,加快建立海洋生态补偿和生态损害赔偿制度,推动形成绿色发展方式和生活方式。⑤ 中国的海洋生态保护已有单纯的环境保护转变到可持续发展,做到发展海洋经济与保护海洋环境有机统一。"要严格保护海洋生态环境,建立健全陆海统筹的生态系统保护修复和污染防治区域联动机制。"⑥ 中国必须念好海洋环境保护经。

---

① 习近平:《干在实处 走在前列:推进浙江新发展的思考与实践》,第216页。
② 习近平:《跨越时空的友谊 面向未来的伙伴》,《人民日报》2018年12月4日第1版。
③ 习近平2018年6月12日至14日在山东考察时的讲话,https://www.xuexi.cn/fcc3aef8692fcc2f42ed710019fc7fdd/e43e220633a65f9b6d8b53712cba9caa.html
④《习近平谈治国理政》第2卷,外文出版社2017年版,第392页。
⑤《习近平谈治国理政》第2卷,外文出版社2017年版,第394页。
⑥ 习近平2018年4月13日在庆祝海南建省办经济特区30周年大会上的讲话,https://www.xuexi.cn/fcc3aef8692fcc2f42ed710019fc7fdd/e43e220633a65f9b6d8b53712cba9caa.html

### 3. 大力发展海洋科技

海洋科技是建设海洋强国的核心动力。在海洋和平竞争的时代,海洋科技实力和人才优势尤为重要。"科技是国之利器,国家赖之以强,企业赖之以赢,人民生活赖之以好。"[1]中国要建设海洋强国,中国人民要过上美好生活,必须有强大的科技。虽然中国在海洋科技领域取得了一些突破,但海洋科技对海洋经济发展的贡献率不高,仍是中国建设海洋强国的短板。中国要重点突破深水、绿色、安全的海洋高技术领域,"深入开展大洋和极地科学考察工作,开展深海远洋调查研究,拓展海洋科技国际合作,为利用大洋和极地资源做好前期准备"。[2]中国要解决好与远洋深海密切相关的战略资源、生命过程及环境效应等问题。

### 4. 坚决维护国家海洋权益

维护国家海洋权益是中国建设海洋强国的根本保障。中国维护海洋权益关系到国家根本利益,是一项长期的政治任务,也是对中国海洋强国成色的验证。中国管控海洋的能力越强,谋取合法的海洋利益越大,海洋强国建成的可能性就越大。由于复杂的历史因素、法律因素、资源因素,中国周边海域争议颇为复杂,中国主张的300多万平方千米可管辖海域一半以上与邻国有争议,中国维护海洋权益面临的国内外形势十分复杂。解决之道在于,建设一支强大的人民海军。[3]"要统筹维稳和维权两个大局,坚持维护国家主权、安全、发展利益相统一,维护海洋权益和提升综合国力相匹配,实现稳中求进。"[4]打造国家军民融合创新示范区,统筹海洋开发和海上维权,搞好南海资源开发服务保障基地和海上救援基地建设。[5]中国维护国家海洋的决心坚如磐石。

综上,习近平建设海洋强国思想结构可以概括为"一纲四目二核心",其中建设海洋强国是"纲",发展海洋经济、保护生态环境、发展海洋科技、维护海洋权

---

① 《习近平谈治国理政》第 2 卷,外文出版社 2017 年版,第 267 页。

② 《进一步关心海洋认识海洋经略海洋,推动海洋强国建设不断取得新成就》,《人民日报》2013 年 8 月 1 日第 1 版。

③ 习近平 2018 年 4 月 12 日出席南海海域海上阅兵时的讲话,https://www.xuexi.cn/fcc3aef8692fcc2f42ed710019fc7fdd/e43e220633a65f9b6d8b53712cba9caa.html

④ 习近平:《进一步关心海洋认识海洋经略海洋,推动海洋强国建设不断取得新成就》,《人民日报》2013 年 8 月 1 日第 1 版。

⑤ 习近平 2018 年 4 月 11 日至 13 日在海南考察时的讲话,https://www.xuexi.cn/fcc3aef8692fcc2f42ed710019fc7fdd/e43e220633a65f9b6d8b53712cba9caa.html

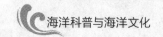

益是"四目",发展海洋经济和维护海洋权益是"二核心"。纲举目张,互相配合,定能实现建设海洋强的战略目标。习近平的海洋强国建设构想继承和发展了毛泽东等老一辈领导人的海洋战略思想。建设"海上铁路"的实质是发展海洋经济;建设"海上长城"实质是维护国家海洋权益。这绝非偶然巧合,而是中国历史教训和时代精神的发展需求,也表明不同时期中国共产党的海洋强国建设构想是一脉相承、与时俱进的。

## 三、习近平海洋强国建设构想的鲜明特色

### (一)强烈的问题意识

问题是时代的口号,是时代的声音。[①] 强烈的问题意识使习近平海洋强国建设构想具有"发现问题、筛选问题、研究问题和解决问题"[②] 的逻辑路径。

#### 1. 立足时代发现问题

21 世纪是海洋世纪。和平、发展、合作、共赢成为时代潮流。海洋对国家政治、经济、军事和社会进步作用极大。中国为何及如何建设海洋强国就成为重大的时代问题。习近平把握时代脉搏,睿智地发现海洋强国建设问题。

#### 2. 着眼中国聚焦问题

21 世纪的中国面临着人口、资源、环境三大基本难题,中国仅凭陆地开发很难解决这些难题。海洋是最大的水体地理单元和政治地理单元,是生命的源泉、资源的宝库、人类第二生存空间。习近平深刻洞察了海洋对中国的战略价值,聚焦中国如何开发、利用和保护海洋,建设海洋强国。

#### 3. 集思广益研究问题

习近平坚持马克思主义的立场、观点与方法,运用中国优秀传统海洋文化,吸取世界上优秀的海洋思想,来研究中国海洋强国建设问题。首先,习近平继承和发展了马克思主义及其中国化成果的海洋战略思想,结合国际形势和中国国情,立足时代,创造性地提出中国海洋强国建设构想;其次,习近平把中国传统的经世济民的海洋思想融进海洋强国建设构想之中;最后,习近平批判地借鉴了西

---

① 习近平:《之江新语》,浙江人民出版社 2014 年版,第 235 页。
② 《在哲学社会科学工作座谈会上的讲话》,《人民日报》2016 年 5 月 19 日第 2 版。

方海权理论,提出通过和平发展来建设海洋强国,并把其放到中国特色社会主义事业的大框架中来思考。

4. 多管齐下解决问题

建设海洋强国不仅需要硬实力的支撑,而且需要软实力的助推。从硬实力而言,习近平提出从经济、生态、科技和海洋权益等方面来建设海洋强国;从软实力而言,习近平阐明了中国建设海洋强国的理念、模式及方法。只有硬实力和软实力相互配合,中国才能建成真正的海洋强国。

### (二)真挚的人民情怀

"中国梦的本质是国家富强、民族振兴、人民幸福。"① 海洋强国梦是中国梦的重要组成部分,是实现中国梦的基本保障。海洋强国梦是人民的梦,必须同中国人民对美好生活的向往结合起来才能取得成功。中国建设海洋强国的根本目的就是国家富强、中华民族屹立于世界民族之林、人民过上美好生活。习近平海洋强国建设构想显示出真挚的人民情怀。

### (三)科学的理论思维

科学的理论思维是中国战胜各种风险和困难,不断前进的基本武器。② 习近平海洋强国建设构想体现了战略、历史、辩证、创新和底线五种科学思维方式。③

1. 运用战略思维谋划中国海洋强国建设

海洋强国建设是一项系统复杂的综合工程,需要在中国特色社会主义事业总体布局中,在中华民族伟大复兴的历史进程中,在国际关系大发展大变革大调整的背景下进行战略谋划。习近平用战略思维去观察当今时代,洞悉当代中国,阐述了海洋的战略价值,阐述了海洋与国家的关系及其在国家发展中的战略地位,阐述了中国建设海洋强国的战略领域、战略措施和战略任务。习近平倡导的陆海统筹理念从根上改变了陆主海从、以陆定海的传统观念,从"五位一体"的总布局来统筹推进中国的海洋强国建设。

---

① 《习近平谈治国理政》,外文出版社 2014 年版,第 56 页。

② 中共中央宣传部:《习近平总书记系列重要讲话读本》,学习出版社、人民出版社 2016 年版第 286 页。

③ 何建华:《习近平总书记治国理政的思想方法》,《马克思主义与现实》2017 年第 5 期。

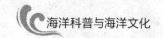

**2.运用历史思维阐明中国建设海洋强国的必要性**

习近平指出纵观历史,大国发展与海洋息息相关。向海而兴,背海而衰。又指出中国古代齐国是通过开发海洋与陆地资源而成为富强之国。古代中国通过"海上丝绸之路"而把中华文明传播到世界各地。明代中后期,中国封建政府因闭关锁国而落后。鸦片战争后,海洋成为资本—帝国主义入侵中国的通道。为避免历史悲剧重演,习近平提出海洋强国建设构想,发展中国海洋事业,解决海洋问题,这关系到中华民族的生存发展和中国的兴衰安危。①

**3.运用辩证思维把脉中国海洋强国建设**

习近平指出中国"要顺应国际海洋事务发展潮流,着眼于中国特色社会主义事业发展全局,统筹国内国际两个大局,坚持陆海统筹,扎实推进海洋强国建设"。② 首先,既抓住重点,又不能单打一,还要兼顾全局;其次,既看到中国建设海洋强国取得的成就,又看到存在的诸多问题;最后,中国建设海洋强国不是一蹴而就的,需要几代人艰苦卓绝的奋斗。前途是光明的,道路是曲折的。

**4.运用创新思维开创海洋强国建设模式**

习近平开创了强而不霸的海洋强国建设新模式。首先,习近平依据和平发展理论在中国建设海洋强国,从根本上否定了马汉的海上侵略扩张理论;其次,习近平创新海洋强国建设模式,根本目的在于维护中国海洋权益、确保领土主权完整、实现中华民族伟大复兴,建立世界海洋命运共同体,从根本上否定西方国家争夺海上霸权的旧式海洋强国建设模式。

**5.运用底线思维指导中国如何维护海洋权益**

习近平指出中国与周边国家存在着复杂的海洋争端。中国一方面坚持和平方式 解决海洋争端,另一方面,决不能"放弃正当权益,更不能牺牲国家核心利益",③ 决不能放弃武力。中国海洋核心利益主要包括岛礁主权完整、海上安全与发展,海洋核心利益不受侵犯是中国在处理海洋问题上坚守的底线。

① 《进一步关心海洋认识海洋经略海洋,推动海洋强国建设不断取得新成就》,《人民日报》2013 年 8 月 1 日第 1 版。

② 《进一步关心海洋认识海洋经略海洋,推动海洋强国建设不断取得新成就》,《人民日报》2013 年 8 月 1 日第 1 版。

③ 《进一步关心海洋认识海洋经略海洋,推动海洋强国建设不断取得新成就》,《人民日报》2013 年 8 月 1 日第 1 版。

## 四、习近平海洋强国建设构想的时代价值

思想是行动的先导,思想到位才能方向准确,行动自觉。习近平海洋强国建设构想是中国共产党海洋强国思想的集体智慧的结晶,具有重大的时代价值。

### (一)中国建设海洋强国的科学指南

习近平海洋强国建设构想回应了国际社会对中国发展海洋事业诸多重要关切,解决了中国海洋强国建设的方向、原则、路径等重大问题,是中国建设海洋强国的根本指南。

习近平海洋强国建设构想的核心内容是中国必须坚定地走向海洋,经略海洋,建设中国特色社会主义现代化海洋强国,实现中国梦。建设海洋强国是中国圆梦的必由之路,这要求中国建设海洋强国与提升综合国力相互促进,与中华民族伟大复兴进程相一致;中国建设海洋强国要实现以海富民强国的战略目标,这要求中国采用经济、科技、生态和海洋权益等组合拳,坚持和平合作的海洋发展观,实现以海富民强国的基本目标;中国要以务实合作、互利共赢的方式建设海洋强国,体现大国担当,这要求中国坚持共建共商共赢的海洋安全观,走一条新型的海洋强国建设之路。

### (二)中国处理海洋问题的根本遵循

海洋问题对中国的资源供给、海上通道、海上安全有了较大的干扰,是中国和平发展必须迈过去的一道坎。但处理海洋问题不能局限于海洋问题,而要把它放到海洋强国建设的战略框架下来进行。习近平海洋强国建设构想蕴含的科学思维方法要求中国统筹维权与维稳两个大局,不能为维权而维权,为维稳而维稳,而是做好"做好应对各种复杂局面的准备"[①]。建设一支强大的现代化海上力量,在维护自身海洋权益的同时,成为维护地区与世界和平与发展的重要力量。在东海与南海等重大敏感的海洋问题上,坚持和平方针,推动务实合作,不能因海洋问题而影响中国与周边国家正常国家关系的发展,把握好维稳与维权动态的平衡,海洋维权能够稳中求进。

---

① 《进一步关心海洋认识海洋经略海洋,推动海洋强国建设不断取得新成就》,《人民日报》2013 年 8 月 1 日第 1 版。

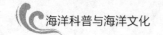

### （三）全球海洋治理中的中国智慧

全球海洋因争端频发、环境污染、海盗、海上恐怖主义等传统或非传统因素而需要治理。传统的海洋治理体系已经不能满足全球海洋治理的需求,旧的治理机制失灵、治理错位、治理缺位问题严重。全球海洋治理已处在十字路口。[①] 习近平指出,"积极参与制定海洋……等新兴领域治理规则,推动改革全球治理体系中不公正不合理的安排"。[②] 习近平海洋强国建设构想能够为全球海洋治理贡献中国智慧,主要体现在通过建立蓝色伙伴关系构建海洋命运共同体。在这一理念指导下,中国通过"21世纪海上丝绸之路"和中国南海岛礁建设为全球海洋治理提供中国方案。"21世纪海上丝绸之路"秉承"和平合作、开放包容、互学互鉴、互利共赢的丝路精神",坚持共商、共建、共享原则,[③] 做好政策沟通、设施联通、贸易畅通、资金融通、民心相通等建设,把全球海洋建设成为"和平、合作、和谐"之海。南海是世界上"岛屿主权争端最多、海域划界问题最尖锐、资源争夺最激烈、地缘政治形势最复杂的地区之一"。[④] 但中国并没有武力夺岛,而是通过岛礁建设的方式显示力量存在,为南海提供优质公共产品,促进南海合作,释放了中国的善意。

## 五、结语

习近平海洋强国建设构想紧紧抓住时代特征和历史走势,对世界海洋发展趋势做出了中国的理论应答,是中国建设海洋强国的科学指南。习近平海洋强国思想全面阐述和深度发展了中国共产党的海洋战略思想,形成了一系列海洋强国建设的新思想、新理念、新论断。

中国未来的希望在海洋。中国是陆海复合型大国,海洋与中国生存与发展紧密相关。中国曾因闭关锁国而失去了以海强国的历史机遇,改革开放后,中国开始全面走向海洋,已经形成依赖海洋的外向型经济大国。在习近平海洋强国

---

① 庞中英:《在全球层次治理海洋问题:关于全球海洋治理的理论与实践》,《社会科学》2018年第9期。

② 《习近平谈治国理政》第2卷,外文出版社2014年版,第448页。

③ 《习近平谈治国理政》第2卷,外文出版社2014年版,第316页。

④ 《进一步关心海洋认识海洋经略海洋,推动海洋强国建设不断取得新成就》,《人民日报》2013年8月1日第1版。

建设构想的指引下,中国通过海洋强国实现中国梦的历史机遇已经到来。

　　本文择其要者从形成基础、基本内容、理论特征和时代价值等方面阐述了习近平海洋强国建设构想,难免挂一漏万,敬请方家指正。习近平海洋强国建设构想博大精深、内涵深刻、体系完整,富有大局观念、时代视野和世界眼光,是学术界需要长期研究一个重大热点课题。

# 论习近平海洋强国战略思想中蕴含的科学方法论

葛洪刚　　秦建中 [①]

（济宁医学院马克思主义学院，山东 济宁，272067）

**摘　要**：党的十八大以来，以习近平为核心的党中央在全面把握我国海洋事业面临的问题和阶段性特征的基础上，形成了海洋强国战略思想，包括政治、经济、文化、科技等各个方面，贯穿着马克思主义的立场、观点、方法，是对马克思主义海洋思想的继承和发展，蕴含着指导我国发展海洋事业、建设海洋强国的科学方法论。而辩证思维、战略思维是蕴含其中的丰富科学方法论的集中体现。

**关键词**：习近平海洋强国战略思想；辩证思维；战略思维

习近平总书记在党的十九大报告中明确指出，要"坚持陆海统筹，加快建设海洋强国"。[②] 习近平同志立足我国所处历史方位，着眼实现中华民族伟大复兴中国梦的奋斗目标，就新形势下我国海洋事业发展的指导思想、主要任务、根本目标等做出重要论断和重大部署，科学回答了建设海洋强国面临的一系列重大理论和实践问题，形成了海洋强国战略思想。习近平总书记的海洋强国战略思想是中国特色社会主义事业的重要组成部分，内涵丰富，其核心内容主要体现在提高海洋资源开发能力、保护海洋生态环境、发展海洋科学技术和维护国家领土主权和领海权益等方面，是指导我们建设海洋强国的重要指导思想，蕴含着丰富的科学方法论。

---

[①] 作者简介：葛洪刚(1965— )男，山东莱州市人，济宁医学院马克思主义学院教授，主要研究方向为医学与哲学；秦建中(1962— )男，山东济宁市人，济宁医学院马克思主义学院院长，主要研究方向为大学生思想政治教育。

[②] 《决胜全面建成小康社会　夺取新时代中国特色社会主义伟大胜利——在中国共产党第十九次全国代表大会上的报告》，《人民日报》2017 年 10 月 28 日。

## 一、用联系、全面、发展的辩证思维分析和解决海洋强国建设中出现的矛盾

习近平总书记海洋强国战略思想中坚持辩证思维,用全面、联系、发展的观点看问题,承认矛盾、分析矛盾和解决矛盾,在对立中把握统一、在同一中把握对立,坚持唯物辩证法两点论和重点论相统一的原理,正确处理发展海洋经济与保护海洋环境的关系、海洋科学开发与海洋生态环境保护的关系、发展海洋科技与建设海洋强国的关系、发展海洋经济与维护海洋权益的关系等。

### (一)坚持发展海洋经济与保护海洋生态环境相统一

在习近平海洋强国战略思想中,发展海洋经济和保护海洋生态环境是对立统一、相辅相成的两个方面,海洋经济的健康发展会促进海洋生态环境的保护,海洋经济的竭泽而渔就会破坏海洋生态系统。海洋生态系统的平衡健康有利于海洋经济的可持续发展,海洋环境污染的恶化加剧有可能毁灭海洋经济。发展海洋经济是核心内容,是建设海洋强国的重要支撑。在发展海洋经济的同时,还要切实保护好海洋生态环境,这是海洋经济获得全面协调可持续发展的根本保障。习近平总书记是这样阐述的,"发展海洋经济,绝不能以牺牲海洋生态环境为代价,要做好海洋资源开发和保护规划",①坚持对海洋资源的循环利用、集约和生态利用。

### (二)坚持海洋科学开发与海洋生态环境保护两条腿走路

习近平海洋强国战略思想强调将科学开发与海洋生态环境保护紧密结合。习近平指出:"要把海洋生态文明建设纳入海洋开发总布局之中,坚持开发与保护并重、污染防治与生态修复并重,科学合理开发利用海洋资源,维护海洋自然再生能力。"②科学的开发方式就是减少污染、保护生态环境的关键举措,在源头上实现海洋资源的永续利用。通过提高技术创新水平,从而提升海洋资源的利用效率,不断提高海洋开发的科学技术手段,有效地转化为生产力。尊重海洋的自然生态规律,坚决避免先开发后治理的粗放发展模式。习近平总书记提出的

①《在中共中央政治局第八次集体学习时强调进一步关心海洋认识海洋经略海洋推动海洋强国建设不断取得新成就》,《人民日报》2013 年 08 月 01 日。

②《在中共中央政治局第八次集体学习时的讲话》,《人民日报》2013 年 8 月 1 日。

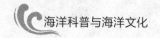

保护海洋生态环境,并不是放弃开发海洋资源,而是强调海洋资源开发不能超出海洋生态环境的容量限制。

### (三)坚持发展海洋科技与建设海洋强国相统一

习近平总书记认为科学技术在海洋强国建设中有非常重要的作用,海洋科学技术的发展是建设海洋强国的基础和前提,要加大海洋科学技术投入,创设海洋科学技术发展平台,积极促进海洋科技进步和科技创新,重点解决海洋经济和海洋生态保护的科技瓶颈,全面提升海洋科学技术。[①]他提出,发展海洋科学技术的重点领域,主要是深水、绿色、安全和海洋经济转型过程中急需的核心技术和关键共性技术等方面,明确提出海洋高技术发展的基本原则是创新引领。

### (四)坚持发展海洋经济与维护海洋权益相统一

发展海洋经济是核心内容,是建设海洋强国的基础。坚持科学开发利用海洋、发展海洋经济,可以为维护海洋权益提供现实动力和经济基础。维护海洋权益是发展海洋经济,特别是海外贸易与海外投资的基本保障,现阶段维护国家海洋权益的基本目标是坚持维护海洋权益和提升综合国力相统一,维护国家海洋权益要有利于中国特色社会主义事业的发展。[②]

## 二、用整体性、全局性、长期性的战略思维推进海洋强国建设

唯物辩证法关于事物联系和发展的观点要求我们在普遍联系和永恒发展中把握事物发展的总体趋势和方向,不断提高战略思维能力。习近平总书记以开阔的视野,紧跟时代前进的步伐,站在中国特色社会主义事业的战略和全局观察和处理问题,既立足当前又放眼未来,既熟悉国情又把握世情,在党和国家事业发展全局中、在实现中华民族伟大复兴历史进程中、在国际格局深刻演变的大背景中谋篇布局、统筹规划海洋强国建设。

---

① 《进一步关心海洋认识海洋经略海洋　推动海洋强国建设不断取得新成就》,http://jhsjk. people. cn/article/22402107.

② 毛振鹏:《习近平海洋强国战略思想研究》,《中共青岛市委党校、青岛行政学院学院学报》,2017 年第 2 期,第 16—17 页。

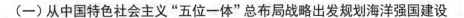

### （一）从中国特色社会主义"五位一体"总布局战略出发规划海洋强国建设

习近平海洋强国战略思想与中国特色社会主义"五位一体"总布局之间相互联系："五位一体"总布局指导海洋强国建设，海洋强国战略思想丰富了中国特色社会主义理论体系的内容，习近平海洋强国战略思想的主要内容正是对"五位一体"战略布局的最好诠释。发展海洋经济、优化海洋产业结构、鼓励新兴海洋产业发展、支持海洋科学技术进步、走海洋可持续发展之路是中国特色社会主义经济发展的新的增长点；通过提高海上军事力量、提倡依法治海、实现我国海上维权能力的综合提高是中国特色社会主义政治建设的重要保障；培养公民的海洋意识，大力宣传中国海洋文化，鼓励海洋文化产业的发展是繁荣中国特色社会主义文化的重要内容；推动海洋社会管理的完善和发展，提升治理的能力与水平是中国特色社会主义社会建设的要求；尊重海洋自然规律，关注海洋生态文明建设，实现开发与保护并存，实现人海和谐共存，是中国特色社会主义生态文明建设的必然要求。

### （二）在海洋强国建设目的性上做到了为国富强与为民谋利的统筹

"海洋强国"从字面上理解有两层意思：一是做好"海"字文章，把我国建设成为海洋经济、海洋科技、海洋国防等方面的强国；二是通过做好"海"字文章，促进社会主义现代化强国的建设。

习近平担任总书记以来，始终不忘初心、牢记使命，把中华民族伟大复兴的中国梦的责任扛在肩上。在党的十八大闭幕后的政治局常委记者见面会上，习近平庄严宣告：人民对美好生活的向往就是我们的奋斗目标。努力满足人民群众对美好生活的向往，是坚持"以人民为中心"发展观的忠实体现。没有国家的富强，就不可能有人民的富裕。建成海洋强国，就可以满足人民日益增长的美好生活的需要。要建设海洋强国，除了发展海洋经济、发展海洋科技、建设海洋强国外，保护海洋生态环境是建设海洋强国的根本要求。在谈到海洋生态环境保护时，习近平指出，要保护海洋生态环境，着力推动海洋开发方式向循环利用型转变，要下决心采取有效措施，全力遏制海洋生态环境不断恶化的趋势，让我国海洋生态环境有明显改观，让人民群众吃上绿色、安全、放心的海产品，享受到碧海蓝天、洁净沙滩。

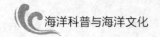

### （三）在海洋强国建设的范围上实行国内国际统筹、陆地海洋统筹

1. 坚持国内国际统筹

处理好国内国际之间的关系,有利于推动海洋强国建设,平衡好二者的关系,也是国家完善自身发展与服务国际海洋社会的必要条件之一。重国内而轻国际,那么海洋强国的建设就缺少了一个大国应有的负责任的态度。轻国内而重国际,也会导致海洋自身实力发展水平不足而制约了对外协同合作的能力。在中共中央政治局第八次集体学习会上,习近平明确要求"统筹国内国际两个大局"。就国内而言,需要统筹处理好境内地区与境外地区、沿海地区与内陆地区、沿海地区与沿海地区等各个方面的关系;就国际而言,需要统筹处理好国家领海权益的维护、国际公共海洋资源的开发、海洋科技的合作研发等各个方面的工作。习近平总书记以全球性视野,顺应时代发展的需要,符合全世界人民的利益诉求,对未来世界海洋格局做出精确的判断而制订了科学合理的战略规划。中国的海洋事业发展不可能脱离国际海洋体系,只有将海洋的战略规划置于多边协同发展的体系中,才能使得中国的海洋事业在国际海洋建设的浪潮中,踏浪前行。在共建"21世纪海上丝绸之路"的倡议中,就明确体现了国家在加强区域经济紧密合作的基础上,积极实施"走出去"的战略,把远洋发展放在重要的对外交流与合作行动中,主动参与国际海洋事务和国际海洋组织活动,承担能力范围内的海洋义务与责任,争取国际海域权益,拓展国家的海外利益。

2. 坚持陆地海洋统筹

坚持陆海统筹,它是在涉及海洋发展的重要问题上做出的国家顶层设计、周密规划、有效治理,是在统一思想指导下制定执行国家海洋发展战略规划。党的十九大报告明确指出,"坚持陆海统筹,加快海洋强国建设"。陆地和海洋是相互补充、相互联系的两个系统。陆地的生存发展离不开海洋的支持,海洋的开发利用离不开陆地的保护,海洋看成是国家发展的新空间,而不是传统意义上服务于陆地战略的从属区域。在国家层面上树立了全新的海洋国土观,把海洋开发与国内发展、对外开放与"走出去"战略相结合。把海洋发展与海权建设相结合,体现了统筹强调海洋并不是11个沿海省市的海洋,而是全面发展、整体崛起的依靠。海洋不仅要为东部率先发展提供资源支持和空间保障,更要为中西部地区的发展提供充足的动力,预留足够的海洋空间,充分发挥沿海港口和航线对中西部地区经济助推力,积极调动海洋空间辐射作用,提高经济效益的覆盖面,促进中西部地区的经济增长和社会发展。

### (四)在海洋强国建设治理观上实现了国际治理与国家治理的统筹

海洋强国建设既涉及国际治理,又涉及国家治理,两者是相辅相成的。习近平建设海洋强国战略的重要论述十分注重国际治理与国家治理的统筹。

1. 习近平关于国际海洋治理问题提出的观点

一是绝不牺牲国家核心利益。习近平告诫大家:"我们爱好和平,坚持走和平发展道路,但决不能放弃正当权益,更不能牺牲国家核心利益。"二是坚持用和平谈判方式解决争端。"要坚持用和平方式、谈判方式解决争端,努力维护和平稳定"。三是提高海洋维权能力。"要做好应对各种复杂局面的准备,提高海洋维权能力,坚决维护我国海洋权益。"[1] 四是要坚持"主权属我、搁置争议、共同开发"的方针,推进互利友好合作,寻求和扩大共同利益的汇合点。

2. 在国家海洋治理问题上,习近平建设海洋强国重要论述的亮点

一是治理主体问题突破了"管理"的局限,致力于构建由政府主导、以企业为主体、公众参与的海洋治理结构;二是治理机构上突破了"九龙治海"的困境,整合多个部门成立了自然资源部;三是治理手段上强调了科技兴海,强调海洋科技领域的自主创新;四是在治理制度上,强调依法治海、重典治海,以解决海洋事业发展中的乱象。[2]

---

[1]《在中共中央政治局第八次集体学习时的讲话》,《人民日报》2013 年 08 月 01 日。

[2] 沈满洪,余璇:《习近平建设海洋强国重要论述研究》,《浙江大学学报(人文社会科学版)》2018 年第 11 期,第 11-12 页。

# 科学技术哲学视域下的海洋强国战略

张 孟①

（山东师范大学公共管理学院，山东 济南，250014）

摘　要：建设海洋强国是 21 世纪以来国家发展战略的一个重要目标，更是 2020 年全面建成小康社会的重要一步。对于我国来说，既是机遇又是挑战。如何能够在新时代背景下，积极实施海洋强国战略，应对各种危机和挑战，抓住发展机遇，是我们应当着重关注的要点。本文主要在科学技术哲学的宏观视域下对如何建立海洋强国以及海洋科技的开发与环境保护、外交主权问题等问题进行探讨与反思。

关键词：海洋强国；科学技术哲学；科技创新

古往今来，海洋资源是人类最宝贵的资源之一。海洋孕育了地球生命，也孕育着整个人类文明。纵观历史，国际政治、经济、军事和科技活动离不开海洋，人类的可持续发展也必然将越来越多地依赖于海洋。在 21 世纪，走向海洋是世界所有强国共同的国家战略。为了顺应时代发展潮流，把握时代发展机遇，我们国家提出了海洋强国战略。

## 一、关于海洋强国的内容与意义

建设海洋强国是 21 世纪以来国家发展战略的一个重要目标，更是 2020 年全面建成小康社会的重要一步。在中共十八大报告中，我国首次正式提出了建设"海洋强国"的国家战略目标。我国提出了"提高海洋资源开发能力，发展海

---

① 作者简介：张孟（1996— ），女，山东济南人，山东师范大学硕士生，研究方向为科学技术哲学。

洋经济,保护海洋生态环境,坚决维护国家海洋权益,建设海洋强国。"由此可知,海洋强国的内涵就是指在开发海洋、利用海洋、保护海洋、管控海洋方面拥有强大综合实力的国家。

国家实施海洋强国战略,建设海洋科技创新型国家,是我国在 21 世纪按照五位一体总布局,建设社会主义现代化国家的重要一步。习近平同志在党的十九大报告中指出:"坚持陆海统筹,加快建设海洋强国。"十八大代表国家海洋局局长刘赐贵在接受新华社记者专访,解读报告首提"海洋强国"的意义,阐述国家海洋局在"建设海洋强国"战略上的具体部署。[①] 由此可见,建立海洋强国对我国各方面的发展有深远的影响。

## (一)促进国民经济的发展

近几年,海洋生产总值占国内生产总值比重不断上升。自从 21 世纪以来,经济全球化速度加快,为了适应全球发展方向以及改革开放以来的国家发展需求,对外经济成为我国不可或缺的一部分。自改革开放以来,我国经济增长势态良好,超越日本成为世界第二大经济体,已发展成为外向型经济,对海洋的依赖度较高。海洋油气资源是海洋经济中一项重要的宝贵资源。20 世纪 60 年代以来,海洋工程异军突起,海洋产业迅速发展,成为当代最活跃的新技术新产业领域之一。海洋油气开发是海洋工程的关键项目。据初步估测,海底石油储量约 250 Gt,相当于陆地储量的 3 倍。海底天然气储量约 5.4 $Gm^3$,也相当可观。自从石油危机以来,开发海底油气成了世界能源工业的发展热点。海洋石油热开始出现,究其原因是石油需求量激增,陆地石油资源减少,出现了石油危机。因此,发展海洋科技促进对海洋资源的探索,从而推动海洋经济的发展,能够为我国经济发展增添新的推动力量。

## (二)缓解陆地资源紧缺

海洋中有丰富的矿物质资源、海洋能资源,是人类丰富的能源宝库。海洋矿产资源总储量大约有 60 Et,其中原子能资源铀约为 4.0 Gt~5.0 Gt,此外还有煤矿。锰结核开发是海洋矿产开发的第二大项目,是海洋矿产材料资源开发的重点,全世界大洋锰结核总储量约达 3 Tt,其中的锰、铜、镍等藏量为陆地藏量的

---

① 崔瑶:《习近平海洋强国战略思想研究》,《浙江大学学报》2017 年第 7 期。

几十倍至几百倍。锰结核开发工程是海洋开发工程的一个领域。除此之外，还有重金属泥矿，它包含金、银、铜等稀贵金属。早在 20 世纪八九十年代，仅在地中海一处，在海底表层 10 m 厚的沉积物中，就存储锌约 2.9 Mt，金约 45 t，比已知陆地大型矿床大许多倍。重金属泥矿床因其品位高、储量大，具有极高的开发价值。海水资源开发也是在海洋经济中重要的组成部分，海水是一种巨量资源，含有 80 多种元素，在每立方千米海水中约含有 37.5 Mt 固体物质，其中氯化钠 30 Mt，镁 4.5 Mt 等，其价值高达数十亿美元。[①]随着陆地淡水资源的日趋紧缺，淡化海水也是重要的。大力发展海水淡化技术，将是人们未来解决水荒的重要途径。不仅海洋资源开发在海洋经济中占有重要比例，海洋能开发也是十分重要的。随着科学技术日新月异的发展变化，人类开始系统探寻利用海洋能的方法：潮汐能开发，波浪能开发和海洋流利用还有海水温差发电。随着我国科学技术的发展，海洋能发电技术将会取得越来越多的成果。海洋中的宝贵资源对于国家的发展建设有着重要的作用。我国拥有广阔的海岸线和岛礁，这是相比与内陆国家所独具的天然优势。我们应当充分发掘海洋科技，以便充分探索和利用海洋资源造福人类。

### （三）海洋关乎着国家主权问题

我国是拥有 300 多万平方千米海域、1.8 万千米海岸线，还有大小岛屿，海域辽阔，是资源丰富的海洋大国。南海问题、钓鱼岛事件一直关乎着我国的领土完整和领土安全。进入 21 世纪，各个国家对于海洋资源的争夺集中于以下几个方面：资源争夺、领土主权、海域的划界和航海通道安全问题。

地球上陆地跟海洋的面积比例是 3∶7，海洋面积广大，其蕴含的海洋资源丰富，是我们进行可持续发展的重要资源。在近几年来我国与周边临海国家经常引起纠纷就是由于海洋资源的争夺。南海问题就是因为从 20 世纪六七十年代起在南海发现了储藏量可观的资源。这对于一个国家的海洋经济的发展有着重要的作用。中国的海洋矿产资源十分丰富，以海底石油和海滨金属矿藏较为突出。自从 1966 年渤海打出第一口油气井以来，陆续在渤海，北部湾发现 11 个油

---

① 隋宁：《海洋资源介绍》，吉林出版集团股份有限责任公司 2018 年版，第 23 页。

气构造,①在海南岛莺歌海域发现大量天然气矿藏,渤海、南海有很好的油气开发前景。1968 年和 1974 年开始的黄海和东海勘探均获得可喜成果,早在 20 世纪 80 年代时期南海油田开始出油。

岛屿主权之争是各个邻近海域国家竞争的核心,它直接关系到沿海国家的领海、专属经济区、大陆架与海域划界,关系到国家的核心利益。自从 2012 年中日钓鱼岛争端及 2012 年 4 月中菲黄岩岛对峙等事件的爆发,②向我们说明了岛礁主权的争端是如此的激烈,这都关系到我们国家的主权问题,然而主权问题是不能谈判的。

## 二、建设海洋强国的重要因素

随着我国科学技术的不断发展与进步,在许多科技领域我国都取得瞩目成就。因此在发展海洋强国战略的同时,我们需要科学技术的支撑与科技人才的支持。回顾近 200 多年的历史我国的衰败开始于海上,鸦片战争后我国从"天朝上国"的美梦中惊醒,洋务运动北洋舰队全军覆灭;然而在新中国成立以后,改革开放以来,我国的经济形势转变成外向型经济,海洋运输也是海洋经济发展的重要环节,因此我国现代的发展要从海上立足。建设海洋强国,关键在于科学技术的发展与进步。没有高科技促进海洋经济的发展,将很难实现我国对于海洋资源的进一步探索。在海洋科技方面要加大投入,还要谨防效果和投入不相称。实现海洋强国的目标,不仅要提高科学技术,还要在体制上进行改革。为了能够促进海洋强国的建立,我们应当建立一个积极有效的协调全国海洋事务的体制。充分发挥各个沿海城市的海洋探索积极性和自主性,大力提升我国海洋科技的创新能力。

科技创新关键之处在于科技人才的培养,当前,加强创新人才的培养已成为全社会的共识。培养海洋科技人才的关键在于通过创新体制来充分调动知识分子的积极性与主动性。这就要从宏观和微观上做出努力。

---

① 汪葭:《蓝色国土海洋开发:中国海洋资源》,吉林出版集团股份有限责任公司 2012 年版,第 57 页。

② https://baike. baidu. com/item/2012 % E5 % B9 % B4 % E4 % B8 % AD % E8 % 8F % B2 % E9 % BB % 84 % E5 % B2 % A9 % E5 % B2 % 9B % E5 % AF % B9 % E5 % B3 % 99/1233088 ? fr=aladdin

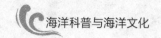

宏观上,我国需要建立起真实有效的创新体系,充分调动并且发展我国的优势领域。国家机构要优化财政支出,对于海洋科技的发展加大投入力度,完善人才发展机制,调整国家财政支出在海洋科技方面的比重,不仅国家可以对其进行财力支持,其余的社会、产业基金等都可以对其进行投入,通过政府的引导,建立多元投入机制。国家要加大监督培养力度,通过竞争手段提高人才质量水平,避免滥竽充数,减少不必要的花费以及投入。目前通过种种制度进行比较考察,采用国家科学基金制度①是保证这种科学创新较好的形式。不仅如此,为了能够更好地促进海洋科技对经济发展的贡献,我们也应当在科研过程中,将产学研一体化,也要注意科学出产率。为了促进海洋科技的发展,需要国家设立专项基金以此来调动科研人员积极性。

微观上,政府、高校或者科研机构要营造一种鼓励科技创新,调动人才积极投身科技创新的良好氛围。因此要建立行之有效的用人机制。如今,我国在世界上的政治地位、经济地位显著提升,我们要充分利用现在的优势广招贤士,吸引海外优秀人才。②与此同时,也应当建立海洋科技内部与外部共同监督机制。在内部要加强各个海洋科学技术共同体的交流,建立内部外部相结合的测评制度。不仅如此,还要有相应的奖励制度来激发科技创新动力。只有获得优秀的人才并放于合理职位,让其在恰当合适的地方进行科技创新,才会更进一步的促进我国海洋经济的发展。科教兴国战略吹响了全面民族振兴的号角,我们必须脚踏实地努力探索技术创新,充分发挥我国的海洋环境优势。实现中华民族伟大复兴,实现我国几代人的蓝色海洋梦想。

## 三、海洋强国在实行中出现问题的反思与探讨

### (一)海洋资源开发与海洋环境保护的冲突

为了能够更好地实现海洋强国战略,促进海洋经济的发展,这就要求我们对于海洋资源的探索开发能力不断加强。由于对海洋的探索开发不像陆地那样直观,海洋开发面临更大的技术难题,所以海洋开发能力的增强依赖于海洋科技的

---

① 孙玉荣:《科技法学》,《北京工业大学学报》2006 年第 8 期。
② 史晓琪:《中国海洋强国战略视域下的海洋科技立法思考》,《山东大学学报》2012 年第 3 期。

创新和进步。因此海洋科技是促进海洋经济发展的不竭动力。但是,由于我国存在海洋管理机制尚未完全建立,相关海洋资源保护法律法规尚未完善,海洋资源开发技术落后,人们对于海洋保护的观念淡薄等问题,就会导致海洋资源的浪费以及海洋环境的污染。

在2011年,日本福岛核电站由于地震,发生泄漏事故,这对海洋造成了放射性污染。核泄漏不仅会对人体造成危害,而且会对海洋生态环境造成危害。海水被辐射物污染后,首先会对低等海洋生物造成损伤,然后会以食物链的方式对海洋其他生物造成影响,最终会危害到我们人体自身。因此,我们应当如何做到不仅能有效开发利用海洋资源,同时还要做到减少海洋环境污染,这是一个我们值得思考的问题。笔者认为关键在于法律法规的完善,海洋科技的不断发展,人们保护海洋环境的意识不断提高这三方面。

第一,我们应当建立完善的海洋环境保护管理制度。[1]首先,应当明确污染海洋的具体行为与污染程度标准,使得国家、集体、个人明确海洋资源与海洋保护的红线。做到不触犯红线,不越法律法规。其次,对于造成的海洋资源污染问题,要明确追究到具体个人。根据污染的程度及范围大小,进行相应的惩罚,更为关键的是要采取行之有效的补救措施,争取将海洋污染的程度降到最低。最后,由于海洋具有流动性,海洋污染造成的危害是全球性的,因此应当需要联合国际的力量,来共同预防和治理海洋污染。建立国际海洋环境保护法以及相关监管机构,来保护海洋环境。

第二,提高人们海洋环境保护意识。[2]公众的环境意识高低离不开政府的宣传、社会的引导、学校的教育。首先,政府应当支持公众参与海洋环境管理事务,在我国宪法中也明确规定了公民有参与国家各项事务的权力,这为公民参与海洋环境管理提供了最基本的法律依据。公民在参与海洋环境管理的事物中,也会不自觉提高海洋环境保护意识。其次,社会各个组织的引导对于公众提高海洋环境保护意识有着十分重要的影响。可以通过以地域为基础的社区活动或者是以共同利益、爱好为基础的社团活动。参与或组建海洋环保社团,是公众提高海洋环境保护意识的一个行之有效的途径。

---

[1] 崔楠:《海洋科技与管理》,《浙江大学学报》2012年第4期。
[2] 董丽丽:《国内海洋意识研究综述》,《中国海洋大学学报》2011年第2期。

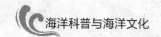 

第三,通过在学校教育中普及相应的海洋文化与海洋知识,培养海洋科技的储蓄力量。由于参与海洋环境保护需要具备相应的海洋知识,这就需要教育机构为海洋科技的发展培养人才。应当从小树立海洋环境保护意识,分阶段、分年龄、分专业、分层次,对不同年龄段不同文化层次的人,进行不同的海洋资源海洋科技文化等方面的教育与培养,为我国海洋科技事业增添新的活力源泉。

## (二)海洋经济发展与国际对外交往的冲突

正如前文所说,海洋资源丰富,近几十年来更成为临海国家相互争夺的原因。不仅如此,岛屿主权之争直接关系到沿海国家的领海、专属经济区、大陆架与海域划界,关系到国家的核心利益。海岛主权是国家领土主权的象征之一,我们应当提高海上国防安保力量为我国国家主权的完整提供有效保障。

除此之外,我们也应当利用海洋实现各个国家在经济发展方面的互利共赢。海洋命运共同体理念[①]的提出体现了中国智慧与责任担当,是中国在解决海洋资源矛盾纠纷的创造性举措。当今科技交流发展离不开各个国家相互之间的合作与帮助。依靠一个国家单打独斗是不行的,应当彼此联合起来发挥各自的优势。"海洋命运共同体"是习近平于 2019 年 4 月 23 日在青岛集体会见应邀出席中国人民解放军海军成立 70 周年多国海军活动的外方代表团团长时提出的重要理念。在汉朝时期,我国就有著名的海上丝绸贸易之路。如今,我国拥有良好的地理环境与先进的技术,对于海上经济的发展更是大有裨益。

海洋命运共同体概念的提出,符合当今时代的潮流,具有重要的时代背景意义。海洋的意义和价值早已超越了早期海洋所具有的"舟楫之便"和"渔盐之利"的价值。海洋是各个国家进行贸易、文化交流的重要平台,海洋也是当今各个国家的发展动力之一。正如习近平主席所说,"海洋孕育了生命,联通了世界,促进了发展"。在当今社会飞速发展的情况下,各个国际依靠科技的力量不再是分离的个体,而是通过各种媒介彼此联系在一起,是一个通信交通高度便捷的时代,海洋也不再像过去那样是隔绝了不同大洲的隔离带,而是成为各大陆彼此相连结交流的纽带和媒介,是人类社会共同发展与繁荣的源头。在 21 世纪,习近平主席适时提出构建海洋命运共同体的理念,将进一步推动国际社会对于海洋的

---

① 董新丽:《海洋事业发展的三个维度》,《江苏商论》2018 年第 8 期。

重新认识:人类与海洋之间的关系以及认识我们对于海洋以及人类未来。海洋命运共同体理念,[1]是习近平主席提出的人类命运共同体重要思想在海洋领域中的具体实践,体现了中国对于全球海洋治理的独到见解,不是凭借国家强大科学技术做一方霸主,而是主张全球人类互惠互利共同发展。海洋命运共同体所体现的中国智慧,体现了中国古代天人合一的思想,寻求人与自然的和谐关系,也体现了实现生态文明的现代意识。

海洋强国战略对于我国来说具有重要的战略意义,我们应当紧跟时代发展趋势,把握当下发展时机,积极开发并且提高我国的海洋科技创造力,建设新型海洋强国,实现我国数代人以来的蓝色海洋梦想。

---

[1] 张根福:《试分析习近平新时代海陆统筹思想》,《浙江师范大学学报》2008 年第 7 期。

# 习近平海洋强国战略研究

马 红 张庆伟①

（山东农业大学马克思主义学院，山东 泰安，271018；

山东农业大学马克思主义学院，山东 泰安，271018）

**摘 要**：近代以来，经略海洋一直是中国人强国梦想的重要组成部分。习近平同志海洋强国的论述是进入新时代之后的最新展现形式，它汲取了先辈中国共产党人的海洋智慧，概括提炼了其主政东部沿海地区时期的实践经验。与19世纪以来欧美资本主义国家对海洋的掠夺式异化发展理念不同，习近平的海洋强国论述提供了一种人海和谐的新思路，并为探索一条具有中国特色的、融合东西方优秀海洋思想基因的经略海洋之路奠定了基础。

**关键词**：海洋强国；习近平；异化；和谐；意义；价值

早在2 000多年前，古罗马哲学家西塞罗（Marcus Tullius Cicero）即已明确指出："谁控制了海洋，谁就控制了世界。"当然，西塞罗心目中的"海洋"与"世界"，是指地中海以及环地中海的狭窄文明圈。15世纪末新航路开辟以来的世界史，更加印证了西塞罗的这一先见之明。"资本的近代生活史"，正是肇端于此后发展起来的世界贸易和世界市场。19世纪初以后，欧美资本主义国家为了解决日益严峻的土地衰竭难题，"搜索了所有的海洋，没有任何一个小岛或者海岸能够逃脱它们对鸟粪的搜寻"，掠夺式瓜分海洋。第二次世界大战以后欧美资本主义经济的复兴、第三世界国家的独立与发展导致的人与资源环境关系的恶化，推

① 作者简介：马红（1994— ），女，山东泰安人，山东农业大学马克思主义学院硕士研究生，研究方向为马克思主义基本原理与当代中国社会发展。张庆伟（1983— ），男，哲学博士，山东农业大学副教授，山东省自然辩证法研究会副秘书长，中国科学史学会会员。主要研究方向为中国近现代科技思想史、生态农学与马克思主义。

动着各国政府将视野重新指向海洋,进而提出"向海洋进军"的口号(1960 年法国提出)。相比较而言,尽管党和国家在向海而兴的政策转向上并不是最早的,但在理论与实践的层面上都可以说是效率极高的。进入新时代以来,习近平同志科学地提出建设海洋强国的发展战略。故而,概括、提炼习近平同志海洋相关论述的基本观点,探讨其意义与价值,进而为人类经略海洋提供一条更好地中国式人海和谐发展进路,日渐成为一个亟待研究的关键问题。

## 一、习近平海洋强国论述的生成

### (一)习近平海洋强国论述的历史背景

习近平海洋强国论述是对传统中国海洋实践、思想在新时代的顺承与拓展,是近代中国人特别是历届中国共产党人经略海洋的继承与发展。民国初创时期,曾长期流亡海外的国父孙中山先生即敏锐地发现"国家之盛衰强弱,常在海而不在陆,其海上权力优胜者,其国力常占优胜"[1],将海洋与民族、国家命运之隆昌紧密联系在一起。1921 年建党以来,我党即一直将海洋置于国家战略的重要位置,进而稳健地迈开走向海洋、经略海洋的步伐。在民族独立、民主革命战争时期,毛泽东同志对海洋关注最多的是海防、海军建设的问题,他指出:"旱鸭子也得下海",力主建设海军,构建中华民族"蓝色的海上长城"。1978 年之后,邓小平同志转向经济角度深化了对海洋的认知,并且做出改革开放的伟大决策。嗣后,江泽民总书记进一步要求"我们一定要从战略的高度认识海洋,增强全民族的海洋观念"[2] 等观念,胡锦涛总书记主张"推动建设和谐海洋,是建设持久和平、共同繁荣的和谐世界的重要组成部分"[3]。十八大以来,习近平同志对海洋的相关论述更加地密集、全面而且深入,关心海洋、认识海洋、经略海洋逐渐由国家政策的边缘走向前台与中心。

### (二)习近平海洋强国战略的形成历程

习近平海洋强国战略经过了一个不断拓展、演进的历程,与其在沿海地区的

---

① 王诗成:《海洋强国论》,北京海洋出版社 2000 年版,第 28-42 页。

② 《春风鼓浪好扬帆》,《人民日报》1999 年 5 月 28 日第 1 版。

③ 《胡锦涛会见参加中国海军成立 60 周年庆典活动的 29 国海军代表团团长》,《人民日报》2009 年 4 月 24 日第 1 版。

长期执政实践密切相关。2003 年 1 月 6 日,习近平同志在首次考察舟山时即指出他自己"对海的印象很深刻,也很有感情。发展海洋经济,是我长期致力和探索的一件事"。①

从理论层面看,习近平在福建工作时期,其关于海洋论述逐渐开始萌芽。习近平同志海洋理论萌芽于 20 世纪 80 年代末,在宁德地区工作期间,提出要唱好"新山海经",即在发展传统的海洋捕捞的同时,通过滩涂养殖增加收益,打造海洋经济的"半壁江山"。20 世纪 90 年代初,习近平在任福州市委书记期间,推出"海上福州战略"。2002 年时任福建省省长的习近平,首次提出"海洋强省"战略。在浙江工作期间,习近平倡导要念好"山海经"他曾多次到舟山进行调研,对浙江省的经济发展提出了"发展海洋资源优势,建设海洋经济强省"的新思路。这些发展观念的提出标志着习近平同志海洋理论的初步形成;十八大期间,习近平同志提出"海洋强国战略"、"一带一路"倡议,标志着习近平同志海洋理论的成熟。党的十八大之后,习近平担任党和国家的领导人,做出了建设海洋强国的重大部署,提出了建设 21 世纪"海上丝绸之路"发展面向南海、太平洋和印度洋的战略合作经济带,推进形成海洋命运共同体。

从实践层面看,习近平从地市工作时率先发出"向海进军"的号召,1985—1999 年,习近平先后任厦门市委常委兼副市长、宁德市委书记、福州市委书记。1985 年,习近平到厦门工作,他牵头研究制定的《1985—2000 年厦门经济社会发展战略》提出了发展自由港的目标定位。1994 年 6 月 12 日,福州市委、市政府出台《关于建设"海上福州"的意见》。1999—2012 年习近平在省级方面明确提出海洋经济强省建设,先后在福建主持省政府工作,在浙江主持省委工作,在上海主持市委工作。习近平在担任福建省代省长、省长期间,习近平主持起草并印发的《福建省人民政府关于加强海洋经济工作的若干意见》中明确提出了"海洋经济强省"的建设目标。党的十八大后,习近平亲力亲为抓海洋强国战略的落实。2013 年 7 月 30 日,中共中央政治局就建设海洋强国进行第八次集体学习。建设海洋强国是中国特色社会主义事业的重要组成部分,对推动经济持续健康发展,对维护国家主权、安全、发展利益,对实现全面建成小康社会目标、进而实现中华

---

① 潘家玮,毛光烈,夏阿国:《海洋:浙江的未来——加快海洋经济发展战略研究》,浙江科学技术出版社 2003 年版。

民族伟大复兴都具有重大而深远的意义。

（三）习近平海洋强国论述的主要内涵

建设海洋强国是中国特色社会主义事业的重要组成部分，习近平海洋强国论述是习近平新时代中国特色社会主义思想的重要组成部分。党的十八大以来，习近平总书记高度重视我国海洋事业的发展，发表了一系列重要论述，其主要内涵包括现代化海军建设、海洋经济发展、海洋生态保护、海洋政治合作和海洋文化交流等方面。

建设强大的人民海军是习近平海洋强国战略的基本保障机制。习近平在视察海军机关时强调，"建设强大的现代化海军是建设世界一流军队的重要标志，是建设海洋强国的战略支撑，是实现中华民族伟大复兴中国梦的重要组成部分。"[1] 现代化海军建设是国家海洋战略和国防战略的重要组成部分，是在当前社会"和平与发展"主题下，对海洋国防力量总体建设的筹划和指导。第一，加快海军转型建设，锻造海上精兵劲旅。"要用好改革有利条件，贯彻海军转型建设要求，加快把精锐作战力量搞上去。要积极探索实践，扭住薄弱环节，聚力攻关突破，加快提升能力。"[2] 将中国海军建设成世界一流现代化海军，必须积极改革实践。将"两点论"与"重点论"相结合，既要努力突破薄弱环节，又要实现全体海军的改革转型。第二，坚持党对海军的绝对领导，持之以恒的正风肃纪。"要毫不动摇坚持党对军队绝对领导，加强各级党组织建设，持之以恒正风肃纪反腐，从严抓好强化战斗队思想、落实战斗力标准工作，把从严要求落实到部队建设各方面和全过程。"[3] 坚持党对军队的绝对领导，发端于南昌起义，奠基于三湾改编定型于古田会议，进入新时代之后在强军建设中不断丰富完善。坚持政治建军，要求全军上下贯彻学习习近平强军思想，用习近平新时代中国特色社会主义思想武装头脑，确保军队建设坚定正确的方向。坚持走中国特色强军之路，要牢固树立习近平强军思想在国防和军队建设中的指导地位，坚持改革强军、科技兴军、依法治军，坚定不移加快海军现代化进程，打造一支能打胜仗的海上劲旅。

---

[1] 《习近平在视察海军机关时强调　努力建设一支强大的现代化海军　为实现中国梦强军梦提供坚强力量支撑》，《人民日报》2017 年 5 月 25 日第 1 版。
[2] 《贯彻转型建设要求 锻造海上精兵劲旅》，《人民日报》2018 年 6 月 16 日第 1 版。
[3] 《贯彻转型建设要求 锻造海上精兵劲旅》，《人民日报》2018 年 6 月 16 日第 1 版。

海军在选人用人中应该突出政治标准,坚持发展听党指挥、政治过硬的人才,使得海军人才能够切实担负起建设世界一流现代化海军的责任。第三,加强海军顶层设计,建设现代化海军。"海军全体指战员要站在历史和时代的高度,担起建设强大的现代化海军历史重任。"① 海军的现代化不仅要实现海洋军事技术的现代化,更要实现我国海军人员素质的现代化。培养海军现代化人才,需要海军人才培养单位感悟肩负的历史使命,采取切实有效的措施把海军人才培养迈向更高一步。

发展海洋经济是习近平海洋强国战略的中心与立足点。海洋经济的发展事关民生问题。"发达的海洋经济是建设海洋强国的重要支撑。要提高海洋开发能力,扩大海洋开发领域,让海洋经济成为新的增长点。"② 第一,坚持海洋科技在海洋经济发展中的战略地位,开发中国经济的半壁江山。海洋科学的日益发展,已经为海洋资源的开发和利用,开拓了新的前景。海洋生物、海洋矿藏、海洋能源,数量之多,是陆地所无法比拟的,是人类取之不尽、用之不竭的宝库。海洋不仅是向人类提供资源的新途径、新空间,也是人们生活扩展的新空间。"海洋经济、海洋科技将来是一个重要主攻方向,从陆域到海域都有我们未知的领域,有很大的潜力。"③ 第二,协调发展海洋产业,带动海洋经济持续健康发展。在海洋开发领域内,随着经济发展,产业的水平越来越高。而新兴产业继续从海外输入,原先进入的产业已变成落后产业,需要向后移,即转移到第二梯度,以腾出时空、资金、人才、资源发展先进的高一层次的产业。传统的海洋经济粗放式增长尚未转变,存在技术装备落后,产业内部结构不合理的问题。海洋经济的增长除了依赖于海洋科技的进步,海洋产业结构调整转化也是影响海洋经济增长的重要途径。海洋经济的持续健康发展对于我国的海洋强国战略具有重要的促进作用。

保护海洋生态环境是为解决当前建设美丽中国的突出问题和挑战提出来

---

① 《习近平在视察海军机关时强调　努力建设一支强大的现代化海军　为实现中国梦强军梦提供坚强力量支撑》,《人民日报》2017 年 5 月 25 日第 1 版。

② 《进一步关心海洋认识海洋经略海洋　推动海洋强国建设不断取得新成就》,《人民日报》2013 年 8 月 1 日第 1 版。

③ 《建设海洋强国,习近平从这些方面提出要求》2019 年 07 月 11 日。http://cpc.people.com.cn/n1/2019/0711/c164113-31226894.html

的。"中国高度重视海洋生态文明建设,持续加强海洋环境污染防治,保护海洋生物多样性,实现海洋资源有序开发利用,为子孙后代留下一片碧海蓝天。"①海洋生态环境是实现海洋强国目标的重要依托,应该积极保护海洋环境建设美丽中国。第一、坚持走可持续发展道路,保护海洋生态环境。习近平海洋强国重要论述强调将科学开发与海洋生态环境保护紧密结合。习近平指出:"要把海洋生态文明建设纳入海洋开发总布局之中,坚持开发与保护并重,污染防治与生态修复并重,科学合力开发利用海洋资源,维护海洋自然再生能力。"②科学的开发方式就是减少污染、保护生态环境的关键举措。在源头上实现海洋资源的永续利用。通过提高技术创新水平,从而提升海洋资源的利用效率,不断提高海洋开发的科学技术手段,有效地转化为生产力。尊重海洋的自然生态规律,坚决避免先开发后治理的粗放发展模式。习近平总书记提出的保护海洋生态环境,并不是放弃开发海洋资源,而是强调海洋资源开发不能超出海洋生态环境的容量限制。第二、建设海洋生态文明意识,使人们主动担任起海洋生态环境保护的责任。人与海洋的关系是处理海洋生态环境问题的关键,我国是一个人口大国,仅仅依靠陆地资源是不能满足人们需求的,还要大力开发海洋资源,这需要人们树立正确的海洋生态观念,加强对海洋生态环境的保护。要通过媒体平台的宣传引导对于海洋生态意识的加强,引导相关企业树立和强化自身的海洋生态责任意识,高等院校具备海洋智力资源需要不断充实海洋生态意识领域的理论体系。保护海洋生态环境就是保护完整的生态系统,保护海洋生态环境就是发展海洋生产力。

发展海洋政治合作,加强各国海洋合作是分析国内外发展大势的规律上形成的。"我们人类居住的这个蓝色星球,不是被海洋分割成了各个孤岛,而是被海洋连结成了命运共同体,各国人民安危与共。海洋的和平安宁关乎世界各国安危和利益,需要共同维护,倍加珍惜。"③我国拥有悠久的海洋文化和丰富的开发利用资源,我们要积极与其他各国发展"蓝色伙伴关系",加强海洋合作交流,

① 《习近平集体会见出席海军成立 70 周年多国海军活动外方代表团团长》,《人民日报》2019 年 4 月 24 日第 1 版。

② 《进一步关心海洋认识海洋经略海洋　推动海洋强国建设不断取得新成就》,《人民日报》2013 年 8 月 1 日第 1 版。

③ 《习近平集体会见出席海军成立 70 周年多国海军活动外方代表团团长》,《人民日报》2019 年 4 月 24 日第 1 版。

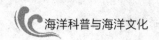

积极与各国共建"一带一路",推动蓝色经济发展,共同增进海洋福祉。第一,积极构建"海洋命运共同体",让交流的光芒熠熠生辉。构建海洋命运共同体,关键在行动。海洋命运共同体的建设要增强法律意识,明确海权思想,有理有据争取属于中国的东西。"冷战"结束后,在亚太地区缺乏整体安全合作机制的情况下,东南亚国家对中国的军备发展持高度警惕的态度,容易对南沙地区产生不稳定的影响。1995年中国外长钱其琛明确宣布中国"主张本着先易后难、求同存异的精神分阶段开展地区安全合作",表明了我国支持建立有利于各国和地区经济发展的安全机制的态度,这有助于在南沙争端问题上增进相互了解,减少猜疑误会,加强相互信任。习近平建设"海洋命运共同体"的重要论述给世界各国之间加强海洋交流提供了中国方案,对我国海权意识的加强具有重要的指导意义。第二,"一带一路"为我国海洋建设拓展了思路,加强了沿线国家的海洋交流。"一带一路"倡议通过统筹海陆发展,推进海陆一体化对实现我国的海洋强国论述起到关键的促进作用。"一带一路"作为中西方合作交流的重要组成部分,为其他各国之间相处贡献了中国智慧。"一带一路"为海洋经济协同发展搭建了平台,统筹国内外经济布局,有利于稳固欧亚大陆及海洋沿线地区的政治局势,丰富了我国海洋强国建设的时代内涵。

促进海洋文化交流,提高海洋文化自信是在洞悉国际国内深度融合的互利合作格局提炼出来的。"当前,以海洋为载体和纽带的市场、技术、信息、文化等合作日益紧密,中国提出共建21世纪海上丝绸之路倡议,就是希望促进海上互联互通和各领域务实合作,推动蓝色经济发展,推动海洋文化交融,共同增进海洋福祉。"[①]中国的海洋文化历史悠久,源远流长。考古遗迹和历史典籍都可以为中国海洋文化的产生提供佐证。"中华文化圈"囊括了周边的海洋文化圈,中国的海洋文化与"中华文化圈"乃至东亚文明都息息相关、共生共荣。尽管近代伴随着殖民与掠夺的西方海洋文化强势冲击了中国的海洋文化,然而中国依然发展了"开放包容、互利合作","海洋足够宽广,容得下大国的共存和合作"的海洋文化。第一,增强对海洋文化的自信,转变重陆轻海的社会心理。魏源曾在《海国图志》中主张,在海洋时代要充满民族自信心。他相信中国人完全有能力把

---

① 《习近平集体会见出席海军成立70周年多国海军活动外方代表团团长》,《人民日报》2019年4月24日第1版。

自己的国家建设成一个富强兴盛的国家。自信来自历史的深处。海洋史研究告诉我们,中华民族拥有源远流长、辉煌灿烂的海洋文化和勇于探索、崇尚和谐的海洋精神。在内陆强势文明的屏蔽下,海洋文明处于附属乃至边缘的地位,在特定的环境条件下才进入中国历史舞台的中心,展示其魅力和潜力,但我们不能因此而得出中华海洋文明被内陆文明同化,或者海洋文明不适合中国国情的结论。第二,推动中国海洋文化的传播,为建设陆海兼备文明型国家提供有力支撑。21世纪是海洋世纪,长期以来,西方的海洋文化观支配着世界海洋文化的走向。发展滞后的海洋文化及其产业使中国海洋文化的声音及其在国际上的影响力微乎其微。要积极挖掘、整理和提炼"海上丝绸之路"沿线中的海洋文化资源,如海洋信仰、海洋民俗、历史名人、海洋贸易等,形成海洋文化产品,打造海洋文化品牌,通过多种媒体平台加强宣传,提升其在中国及更多国家民众中的知名度和影响力。

## 二、经略海洋的中西进路之思

### (一)19 世纪以来欧美经略海洋的掠夺式发展理念

西方国家对于海洋的重视程度远远大于中国,著名的"海权理论之父"美国人马汉曾指出,"海权(海权在广义上不但包括以武力控制海洋的海军,亦包括平时的商业与航运)对世界历史具有决定性的影响"。历史上强国地位的更替,实质是海权的易手,"谁控制了海洋,谁就控制了世界"。近代中国因为有海无防,西方殖民主义列强肆无忌惮地进犯中国海疆,用武力强迫清政府签订了一系列不平等条约,在中国历史上记下了耻辱一笔。近代觉醒的中国人开始学习西方,加强海洋意识,集中发展近代海军,无数仁人志士在探索中国海军近代化的道路上做了不懈努力。对于西方海洋模式的学习我们要取其精华去其糟粕,对于西方模式的弊端我们要坚决抛弃。西方海洋文明是航海活动以商业贸易、海盗掠夺、殖民拓土为目的。在资本主义社会阶段,人类的主体性迸发出来,在自然界面前开始以征服者、占有者的姿态出现。资本主义生产方式使得人与人之间、人与自然之间出现了严重的异化现象,自然界成为被征服和被控制的对象,人与自然的关系开始疏离、对立和异化。西方国家对于环境的开发无视生态环境的保护,随意破坏全球的海洋生态环境。习近平的海洋强国重要论述吸收了古今中

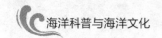

外的经验,摒弃了西方模式的弊端,注重人与海洋共同发展,构建海洋命运共同体,与世界各国共建"一带一路"。

### (二)探索海洋强国的中国模式

在自然、人文环境的制约之下,面对无垠的中国海,中国人选择了"渔盐之利"作为其海洋文明发展的主要内容和经济支柱。《庄子》曰:"投竿东海,旦旦而钓。"《竹书记年》曰:夏帝芒"东狩于海,获大鱼"。事实确实如此,中国海更多的不是作为对外交往的桥梁,而是作为中国人取得"渔盐之利"的"蓝色土地"。春秋时期齐国的管仲提出"官山海"的国策,由国家组织海洋经济。战国的韩非子认为"历心于山海而国家富"。《史记·货殖列传》:"楚、越之地,地广人稀,饭稻羹鱼……果随嬴蛤,不待贾而足,地势饶食,无饥馑之患。"

中国人选择"渔盐之利"作为其海洋文明的基调,与其他民族的海洋文明相比有何特色呢?

首先是其"自给性"特色。在原始海洋渔业不发达的古代,渔业生产的目的首先是自我需要的满足,能投入交换的很少,即使有,也只是与不从事渔业本民族本地区的人加以交换。所以,中国古代航海者的渔业的活动,是一种生产性活动。它和地中海航海民族那种以商业贸易为主的流通性活动有着本质的区别。这一特色此后形成中国航海活动的最基本内涵。第二个特色为其"附加性"。《中国海洋渔业简史》说:"农业发达,渔业仅仅是农业的副业……各朝正史中,盐、铁、茶、酒各业都有专篇记述,记载渔业的文字则很少。"如南方楚、越一带的"饭稻羹鱼",目的在于"无饥馑之患"渔业完全可以看作农业生产不足以用的情况下,向海洋谋求生活资源的一种"副业"至于统治者提倡"渔盐之利",瞄准的是获取农业生产不足以提供的经济利益。而这种政策的被推行,也是被看作"以农为本"之外的灵活、变通、因地、因俗而使用的有限度的政策,而不是任意的。因此,中国古代的渔业生产,从来不是独立于农业之外而存在的,它补充、促进、依附并受制于农业。这和地中海地区海洋民族较早地摆脱农业,发展海上贸易并成为一种超越农业的独立生产方式有着根本差别。这也正显示了中国海洋文明的一个侧面。第三个特色为其"封闭性"。由于海上贸易的不被开展,中国古代航海者接触外族文化的程度和农业生产者没有多少区别。古代航海者虽然把生产活动的场所从固定的陆上田地变换到流动的海上,但仍是本民族、本地区之间的相互联系,有的甚至是以家族、家庭为单位的海上生产这等于在海上再现了封闭式的小农经济生活,它谈不上与其他航海民族的海洋文化之间的相互交流、吸收。中国古代航海活动的自给性、附加性和封闭性构成了古代海洋文明的基本色彩。它继承了中华民族的吃苦耐劳、坚忍不拔、宽厚仁爱、重义轻利等优良传统。同时又依附于农业生产,具有明显的自给自足的小农经济的特色。正因如此,中国人的航海活动不像希腊民族那样具有掠夺性并伴之以血腥的殖民侵略,不像他们具有极强的冒险精神和竞争意识。依附于农业文明、以"渔盐之利"为支柱的中国海洋文明,也随着农业文明的昌盛而昌盛过。但是,当封建的农业文明陷入自身无法摆脱的矛盾而走向衰落时,海洋文明就必须寻找新的出路创造新的特色。

习近平海洋强国的论述摒弃了中国古代海洋发展模式的弊端,吸收了中国古代人民经略海洋的优点,寻找到了一条具有中国特色的海洋强国之路,与世界各国积极建立"一带一路"。"丝绸之路经济带"和"21世纪海上丝绸之路"继承和弘扬了"和平合作、开放包容、互学互鉴、互利共赢"的古丝绸之路精神,它倡导共商、共建、共享的理念,最终打造了中国与沿线国家的命运共同体。

## 三、习近平海洋强国论述的意义

### (一)习近平海洋强国论述的理论意义

习近平海洋强国重要论述丰富和发展了马克思和恩格斯的海洋生态思想。马克思、恩格斯的生态自然观是马克思主义理论体系的重要组成部分。马克思认为,人的劳动和自然物质两方面构成了所谓的物质财富,"劳动并不是它所生产的使用价值即物质财富的唯一源泉。正像威廉佩蒂(William Petty)所说,"劳动是财富之父,土地是财富之母"。[①] 说明马克思、恩格斯在这一时期充分认识到了自然生态环境是影响人类生活质量的重要因素。人和人的意识都是自然界长期发展的产物。在《自然辩证法》中,恩格斯指出"我们必须时时记住,我们统治自然,绝不像征服者统治异族一样,决不像站在自然界以外的人一样——相反地,我们连同我们的肉、血、头部都属于自然界,存在于自然界的"。人又依赖于自然界,自然界为人类提供了生活的土壤。习近平的海洋论述是对马克思、恩格

---

① 《马克思恩格斯全集》第44卷,人民出版社1979年版,第56页。

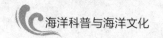 

斯海洋生态思想的继承与发展。

习近平海洋强国论述承继了中国早期共产党人关于海洋强国探索中的一系列经验总结,拓展了新的内容和方法。在海洋权益的维护上,他秉承毛泽东同志的"海防前线"思想;在海洋的开放开发上,他沿袭了邓小平同志提出的"主权属我、搁置争议、共同开发"的解决海洋争端的基本方针,倡导和平、友好、合作的海洋建设方案。[1] 习近平指出"建设海洋强国是中国特色社会主义事业的要组成部分。党的十八大做出了建设海洋强国的重大部署。实施这一重大部署,对推动经济持续健康发展,对维护国家主权、安全、发展利益,对实现全面建成小康社会目标、进而实现中华民族伟大复兴都具有重大而深远的意义"。[2]

### (二)习近平海洋论述的实践意义

习近平关于海洋强国论述对于中国制定国家战略的实践意义。进入 21 世纪以来,海洋在国家经济发展格局和对外开放中的作用更加重要,在国际政治、经济、军事、科技竞争中的战略地位也明显上升。我国海洋经济发展走向大海洋的时机已经成熟,走向大海洋就要立足全球海洋视野。建设海洋强国是实现中华民族的伟大复兴的必然选择,纵观历史,当今世界的发达国家和地区大都依靠海洋走上的发达之路,向海而兴,背海而衰,我们需要进一步关心海洋、认识海洋、经略海洋。

习近平关于海洋强国论述对于中国制定内政、外交方针的实践意义。建设"海洋强国"和 21 世纪"海上丝绸之路",是习近平总书记站在时代高度、历史高度,统筹谋划党和国家工作全局而提出的重大战略,充分体现了党的实践创新。"一带一路"建设是我国在新的历史条件下实行全方位对外开放的重大举措,推行互利共赢的重要平台。把中国梦与沿线各国人民的美好梦想对接起来,一起实现梦想。海上丝绸之路致力于增进沿线各国经济繁荣与区域经济合作,加强不同文明交流互鉴,促进世界和平发展,是造福世界各国人民的伟大事业。它有着丰富的历史人文性,同时具有创新的新内涵,它的提出是迎合沿线各国人民需要的,同时利于海洋的开发与利用,它不可避免地面临着不可忽视的国际挑战,

---

① 张根福,魏斌:《习近平海洋强国战略思想探析》,《思想理论教育导刊》2018 年版第 5 期。
② 《进一步关心海洋认识海洋经略海洋　推动海洋强国建设不断取得新成就》,《人民日报》2013 年 8 月 1 日第 1 版。

需要做好应对各种复杂局面的准备,促进合作,寻求和扩大共同利益的汇合点。

综上所述,习近平的海洋强国重要论述建立在马克思、恩格斯的海洋思想之上,继承并发展了历代中国共产党人的智慧,充分吸收了我国优秀的传统文化基因,为解决世界海洋问题提供了中国智慧和中国方案。习近平海洋强国重要论述为中国的发展提供了架构逻辑,能够与实践进行结合,是我们应该长期坚持的思想路线。

第三部分

# 海洋文化与
# 海洋生态

# "海缘世界观"的理解与阐释[①]

## ——从西方利己主义到人类命运共同体的演化

王书明　董兆鑫[②]

（中国海洋大学国际事务与公共管理学院，山东 青岛，266100；

中国海洋大学法学院，山东 青岛，266100）

**摘　要：**"海缘世界观"是从海洋的视角出发重新理解和阐释整个地球上的世界，不只是理解海洋本身，经历了从西方中心论的利己主义到人类共同体的范式演变与转换。走出西方中心论是一个漫长过程，麦金德的"海陆争斗的世界观"是个过渡。佩恩通过系统揭示人类不同区域如何通过海洋与河流、湖泊进行交流与互动的社会网络，建立了重述世界历史的海—河网络解释框架。杨国桢基于本土的历史经验，提出了中华海洋文明是和平导向的海陆一体型文明。习近平提出的"海洋命运共同体"是自觉走向"类文明"层次上建构的"海缘世界观"，其核心思想与精神可以概括为：以海为媒，广结善缘。"海洋命运共同体"，以海为媒，必将促进世界文明间的交流与互鉴，促进人类的共同发展。

**关键词：**海缘世界（观）；西方中心论；海洋命运共同体

全球性大国的崛起必然伴随着全球性的思考，中国作为一个崛起中的世界

---

① 基金项目：本文系国家社会科学基金重大招标项目"中国海洋文化理论体系研究"（批准号：12 & ZD113）、山东省社科规划重点项目"山东半岛蓝黄经济区生态文明建设研究"（项目编号：12BSHJ06）、山东省社科规划重点项目·习近平新时代中国特色社会主义思想研究专项"习近平新时代生态文明建设思想研究"（项目编号：18BXSXJ25）的阶段性成果。

② 作者简介：王书明（1963— ），男，中国海洋大学国际事务与公共管理学院教授，主要研究方向为海洋社会学与海洋政策、环境社会学与生态文明建设；董兆鑫（1992— ），男，中国海洋大学法学院博士研究生，主要研究方向为公共政策与法律、海洋社会学、环境社会学。

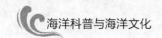

性大国,必须有自己的普遍主义哲学,建构面向世界的中国思想与话语。① 习近平在世界上首次提出的"海洋命运共同体"概念与理念,超越了主导世界的西方中心论的思维框架和范式,也走出了民族中心主义的狭隘视域,是当代中国贡献的具有世界意义的"海缘世界观",也成为人文社会科学研究领域的新课题。本文尝试通过回顾学术史、思想史若干节点,比较海洋理解的理论框架,理解"海洋命运共同体"提出的历史必然性及其创造性的贡献,理解人海互动与世界历史运行的共变。

## 一、议题缘起与概念界定

海洋历来是影响社会变迁的重要变量,今天尤其重要。科学的海洋观有助于让海洋因素在人类社会活动中从盲目力量变成自觉力量。

"海缘世界"是对"海洋世界"概念的深化与扩展,是指以海洋为中心所形成的人海互动与整合的社会网络,海缘世界观是从海洋的视角出发重新理解和阐释整个地球上的世界,包括陆地而不只是理解海洋本身。标题之所以用"海缘"世界,而不是"海洋"世界,是想在自然科学和常识理解的基础上突出其人文社会科学的意味。"海洋"是指日常和自然科学研究可观察的实体;"海缘"是指人海互动的关系网络以及缘于海洋而发生的人与人互动的关系网络。海洋世界与陆地世界相对,是指称实体性的概念,"海缘"世界与"陆缘"世界,则是建构性的、指称关系性的概念,从"海缘"世界与"陆缘"世界两个方向理解和阐释整个人类−地球世界,会导致不同的世界观。"海缘"世界观与"陆缘"世界观是两种理解世界的思路,可以建构出类型不同的世界图景,两者是互补的,不是完全对立的。英语相近的说法是"sea—based social ecology"和"land—based social ecology",可以翻译为"海基社会(世界)"和"陆基社会(世界)"。"social ecology"比 society 更生动、准确,能体现出是各种社会关系网络连接而成的生态系统,是一个动态的活的社会体系。我们主张用"海缘世界"与"陆缘世界"来体现其中蕴含的"社会关系"意味。"缘"是中国话语体系里含义丰富的词汇,可以表达复杂的社会关系,其含义包括:① 关系及其发生联系的机会,结缘;② 原

---

① 强世功:《陆地与海洋——"空间革命"与世界历史的"麦金德时代"》,《开放时代》2018年第 6 期。

因、缘故、缘由;③命运;④沿着,顺着(线索)。学术界已有先例,利用"缘"来指称表达各种"社会关系"的含义,但"缘"字比"社会关系"更简洁,更有包容性,包括其中隐含的各种说不出来的"关系"和意味。政治学有"地缘政治(学)",社会学有"乡缘""地缘""血缘"等概念,都是为了体现其中的社会关系网络。习近平总书记非常善于用"缘"字表达友好的国际关系。在《在中缅建交70周年系列庆祝活动暨中缅文化旅游年启动仪式上的致辞》中,他提到中缅文化都讲一个"缘"字。两国地缘、人缘、文缘是双边关系发展的动力和源泉。双方要增进文明、文化交流借鉴,培育良好的中缅友好事业的参与支持者,形成中缅友好的社会基础。① 所以用"海缘世界观"来概括"海洋命运共同体"所蕴含的世界观与方法论意涵更为贴切,共同体范式的海洋观是典型的"海缘世界观"。

"海缘世界观"是相对于"陆缘世界观"而言的。所谓陆缘世界观不是只研究大陆或者眼里只有大陆,陆缘世界观里面包括对海洋的看法,只是看法不同、地位不同,海洋的地位是附属性的,其功能是附属于陆地的。在陆缘世界观看来,"海洋资源与环境对人类来说是陌生的,也就是说,海洋作为一种普遍使用的资源,是由个人、社区、组织和代理人的陆缘社会生态所控制的"。汉尼根指出,"尽管海洋占地球表面积的70%左右,但其长久以来为社会学所忽视,或仅仅被当作陆缘系统的延伸。然而,海洋逐渐呈现出更广大的轮廓,它是新的资源开发领域,是地缘政治战争和冲突的媒介,也是独一无二的、受到威胁的生态热点"。在陆缘世界观看来,海洋是"服从于陆地(缘)社会治理的空间和资源",人们倾向于"将海洋视为陆地系统的延伸"。陆缘世界观误解了海洋,海洋不仅仅是陆地的延续,更是一个独特的物理和环境空间。从陆地本位理解人海关系可以得出以下结论,即海洋的意义在于它成为连接世界人类文明的通道,使沿海居民依海相邻。但是现代科学研究表明,海洋生态经济社会系统是由人类经济活动和海洋生态系统的结合体,② 因此从人类发展空间的角度讲,海洋与陆地同样重要,而且变得越来越重要。海缘世界观不只是关注和研究与陆地相对的海洋,而且是通过海洋的视域来看整个世界,建构出不同于陆缘视域的世界观,从新的原点激发

---

① 《在中缅建交70周年系列庆祝活动暨中缅文化旅游年启动仪式上的致辞》,《人民日报》2020年1月18日第2版。

② 杨国桢:《人海和谐:新海洋观与21世纪的社会发展》,《厦门大学学报(哲学社会科学版)》2005年第3期。

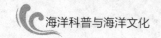

人文社会科学的生产与扩大再生产。"海缘世界"是人文社会科学建构出来的研究对象,是一个需要社会科学的概念想象力和社会学思维才能理解的概念。从"海缘世界"可以衍生出"海缘人文社会科学",包括"海缘文学""海缘哲学""海缘文化(学)""海缘社会学""海缘经济学""海缘政治学"等。这些研究可以是"海洋议题的"人文与社会科学研究,也可以是"学科性建构的"海洋人文社会科学研究。缘于海洋的人文与社会科学研究有可能成为当代中国对世界学术界做出重要贡献的领域。海缘世界观经历了从西方中心论的利己主义到人类共同体视域的范式演变与转换。这一过程兼具渐进性积累和革命性突破,是两者的辩证统一。

## 二、西方中心论"海缘世界观"话语建构的源流

提到海缘世界观,就不得不提到黑格尔;想建构人文社科的中国话语或者新范式的话语,就绕不开西方中心论。建构新型海缘世界观、超越西方中心论都要从黑格尔的海洋(缘)观说起。海洋观从来不仅仅限于对于"海洋"本身的判断,各种海洋观都会直接或间接影响对于整个文明和人类社会历史的看法和判断。因此,我们采用"海缘观"来概括多种多样的"海洋观"。

黑格尔是哲学家,他提出的文明类型是思辨哲学的产物,却深深地影响了近代以来全世界运行实践和思想的方式和方向。他将不同特征的世界文明分为三种类型:干燥的高地、广阔的草原和平原,对应的是游牧和草原文明;平原流域,对应的是农耕文化与文明;和海相连的海岸区域,对应的是海洋文明。[1]黑格尔最看重、最推崇海洋文明,极尽赞美之词。他把古希腊文化视为海洋文明和西方文明独特性的典范。[2]在黑格尔的表述里,"海"是希腊民族生活的第二元素。他认为希腊本身就是由形态各异的海湾构成的,海洋成为区域间沟通和联系的媒介。海岸地区的征服、掠夺、经商等活动来自海洋的邀请。航海活动构成的"希腊精神"具有了"善变性"。出于对航海活动的推崇,黑格尔将船比作海上天鹅,它敏捷巧妙,是人类胆力和理智的荣光。因此海上活动具有高度的特殊性。上述"航海活动"是限于陆地活动的亚细亚各国(例如中国)所没有的。这种局限

---

① 〔德〕黑格尔:《历史哲学》,王造时译,上海书店出版社 2006 年版,第 81-82 页。

② 毛明:《论黑格尔海洋文明论对中国海洋文化和文学研究的影响》,《中华文化论坛》2017 年第 10 期。

就在于这些国家将"海"作为人类活动的界限,因而不会积极与海发生联系。①
这简直是讴歌海洋的散文诗,哪里是哲学叙事。在黑格尔看来,海洋民族的独特
优势在世界历史进程中发挥了关键的优势作用。后来的马汉将其思想系统发挥
为海洋霸权论。

黑格尔的论述被视为大陆—海洋文明二元论、中西方分属大陆—海洋文明
论及海洋文明先进论的理论源头。②黑格尔的海洋文明论是"西方中心论"思潮
的硬核,其后不断衍生出各种各样的"西方中心论",传播于世界各地,成为思想
启蒙和殖民的双重工具。"西方中心论"本不是一种观点,而是一种思潮和思维
范式,最初来源于欧洲思想界对文化类型的反思,是特定时空背景下的文化再生
产,近世以来,客观上促进了不同文化群体的相互交流。但是这种交流从来都不
是平等的,而是以西方为中心、为优势的,伴随着西方的崛起而在全世界的思想
和文化界确立话语权,形成文化霸权。"西方中心论"宣扬了西欧种族优越论,将
人类普遍历史的概念简化为西欧史,并以西欧的标准衡量其他国家和民族的历
史。③西方中心论是一种我族中心论,是一种利己主义的思维范式。

20世纪50年代,斯宾格勒、汤因比等一些人开始反思批判"西方中心论",④
但是"西方中心论"已然成为一种影响广泛和深远的思维范式和话语体系,并在
世界各国产生了重要影响。在黑格尔的历史哲学里海洋与陆地及其文明的关系
是静止的、绝对对立的,海洋及其文明优越于陆地及其文明。麦金德的政治地理
学消解了海权的先天优势,打破了欧洲中心主义的历史观。他将世界历史划分
为三个时代:欧亚大陆主导的亚洲时代、地理大发现以来海洋世界主导的欧洲时
代以及1900年之后大陆强国与海洋强国争夺世界统治权的新时代。⑤但是他的
海缘世界观依然是为西方中心主义的制度、权力和文明辩护的。可见,西方中心

---

① 〔德〕黑格尔:《历史哲学》,王造时译,上海书店出版社2006年版,第84页。

② 毛明:《论黑格尔海洋文明论对中国海洋文化和文学研究的影响》,《中华文化论坛》2017
年第10期。

③ 于沛:《史学思潮和社会思潮——关于史学社会价值的理论思》,北京师范大学出版社2007
年版,第173页。

④ 孙立新,廖礼莹,于晓华:《关于"全球史观"和世界史编纂的一些思考》,《中国海洋大学学
报(社会科学版)》2007年第2期。

⑤ 强世功:《陆地与海洋——"空间革命"与世界历史的"麦金德时代"》,《开放时代》2018
年第6期。

论不会因为反对和批判的声音而迅速消失。反思和超越西方中心论范式是一场持久战,是一场需要从理论到应用多学科参与的持久战。

## 三、走向多元建构的海缘世界观

黑格尔的海缘文明观是西方中心论的思辨哲学推理出来的。后来能走出西方中心论的海缘世界观,大部分是结合具体的经验科学而提出来的,尊重了经验事实的多元性。例如,美国历史学家林肯·佩恩以历史学为专业工具,突破了单纯就海洋谈海洋的狭隘视域,把海洋与内陆河流湖泊联系起来,建构了"海河相连的海缘世界观"。我国历史学家杨国桢基于中国本土海洋历史实践极其丰富的史料,驳斥了黑格尔等西方中心论的范式的偏颇和谬误,提出了源于悠久历史、融入当今海洋世纪的中国海洋文明论框架。

### (一)海—河网络链接的海缘世界观

突破西方中心论首先是西方学者自身文化自觉的过程。林肯·佩恩在《海洋与文明》一书中就表现得理论"野心"很大。他试图改变人们已有的海陆思维定式,即将人们的注意力从地球表面 30% 的陆地面积转移到 70% 的海洋面积上来。[①] 人类从陆地走向海洋的过程就代表着世界未来走向的趋势和轨迹。

林肯·佩恩一方面致力于超越海洋研究中的"西方中心论"的范式,扭转人们认识海洋的方式;另一方面,他更重要的目的是重塑海洋史学的学术规范和话语体系,以整体海洋史观为全球史观指明方向。他试图扭转人们观察世界的方式,即从陆地的视角转向海洋的视角。人们观察世界的方式并非一直是"大陆的"或者"海洋的"。可以说大航海时代,人类对海洋的探索开启了人类的全球化进程。林肯·佩恩对海洋史与世界史的关系的解读无疑是把海洋史提升到了相当重要的地位。西方中心论视域下的海洋研究大多是国家—海洋、民族—海洋二元对立的研究模式,这样的文化类型的研究仅仅把海洋史作为一种工具、途径、标准,将比较的海洋历史研究作为判断国家或民族之间的进步与落后、文明与野蛮的指标。这种思维导向下,国家与民族之间文化类型的研究本身就存在冲突与对抗的性质。相反,在海洋史与世界史关系下的海洋史研究,海洋史不仅是媒

---

① 〔美〕林肯·佩恩:《海洋与文明:世界海洋史》,陈建军,罗燚章译,天津人民出版社 2017 年版,第 1 页。

介意义上的存在,不仅是人如何开发、利用海洋的历史,而是反观海洋史本身对人类历史价值的重要方式。这种思维导向下,文化类型的对比仍然有意义,但其结果就不再导向国家与民族间的零和博弈,而是导向人类历史的共同构建,是对西方中心论的解构。

林肯·佩恩指出,以海权论为代表的西方中心论也是观察世界的方式之一,已经影响了世界达 5 个世纪之久,扭转西方中心论是一件十分艰巨的任务。林肯·佩恩的研究突破了单纯就海洋谈海洋的狭隘视域,把海洋与内陆河流湖泊联系起来,揭示人类如何通过海洋与河流、湖泊进行交流与互动的社会网络进行物产、商品交换和文化传播,并塑造了整个人类世界历史。他梳理了文明的兴衰与海洋之间的联系,从而超越了陆—海二元对立的思维范式,建立了第一个重述世界历史的海缘世界观。① 林肯·佩恩的海缘史观以海洋、河流为媒介,观察不同海域及其毗邻陆域社会文化产品和社会制度的传播过程,发现区域之间的联系是如何建立的。这种"联系"就是历史本身的发展脉络,是着眼于历史本身的时间维度,而不是人为划定的特定阶段。

## (二)海陆一体的"海缘世界观"

杨国桢是中国立足本土历史经验自主提出海洋文明论的代表性人物。杨先生学术立场鲜明,以史学为专业工具,数十年耕耘在人文海洋领域,先后主编了《海洋与中国丛书》《海洋中国与世界丛书》和《中国海洋文明专题研究》等大型海洋人文社会研究丛书。这些扎实丰厚的研究成果系统有力地批驳了西方中心论的海洋(缘)观,建构了具有世界眼光/中国特色的海洋(缘)文明论,具有世界的包容性,摒弃了西方海洋观的排他性。杨国桢的中国海洋文明研究工作框架包括以下三个方面。

第一,"海洋文明论",是关于基础理论的研究,将各类海洋人文学科的概念分析工具适用于此。他立足历史学并融合借鉴其他学科领域的理论和概念,形成了我国海洋文明史研究的基本理论工具。

第二,"历史的海洋中国",是关于海洋史的研究。他全景综述了以往海洋史研究,并首次站在新的视角下划分了不同的海洋文明分期。

---

① 〔美〕林肯·佩恩:《海洋与文明:世界海洋史》,陈建军,罗燚章译,天津人民出版社 2017 年版,第 1-10 页。

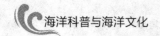

第三,"现代新型海洋观"属于当代研究。他以跨学科视角,在全球海洋层面探讨了现代海洋文明的转型,通过对中国改革开放以来海洋发展40年的经验教训总结,形成了新的海洋观的理论建构。他对构建中国特色的"海缘世界观"的贡献可以概括为以下三个方面。

1. 基于文化自觉与世界眼光融合的研究探索

杨国桢提出的海缘文明观是基于中国实践经验和文化自觉的研究探索。他认为中国海洋文明研究需要在海洋实践的过程中抽象出理论。海洋文明研究横跨整个人文与社会科学领域,其中历史学纵向的视角能够观察其他学科难以接触的研究对象,因此能够在海洋文明研究中发挥引领作用。他提出的海缘文明观是具有世界眼光的构思。他指出,21世纪的海洋发展是事关战略全局的理论和实践问题。人类海洋实践的深入导致海洋人文社会学科的诞生、交融和整体化。中国要负担起海洋大国的责任,就必须振兴海洋人文社会学科。[1] 杨国桢自觉地运用丰厚的历史研究批驳了黑格尔以来的西方海洋文明的一系列谬论,尤其是对中国海洋文明的误解,纠偏矫正;立论提出了中华海洋文明是追求和平的海陆一体型文明,不同于西方的海洋文明。

2. 对西方中心论的反思批判

杨国桢认为海洋是自然体,本身并不具备主观个性,因而不会对特定的民族开放或封闭,从这一点上看,海洋对任何国家和民族而言都是一视同仁的。不同国家和民族根据其面临的海洋环境形成了多元、多样的海洋文明。在不同国家和民族的海洋文明的交流中,不可避免地出现了冲突和对抗,因此就需要不同类型的文明之间相互包容借鉴,从而将个别的海洋文明升华为人类整体的海洋文明理念。[2] "海洋国家"是"西方"海洋研究的重要概念。杨国桢认为,"海洋国家"是"海权论"中的重要概念;麦金德提出的"海洋国家"和"大陆国家"对立源于他的"海陆二分"和"民主—专制二分"的组合。但是西方的海洋国家概念建构话语和陈述只是片面概括了一些海洋国家的事实,并不是世界海洋国家的全部

---

① 杨国桢:《论海洋人文社会科学的兴起与学科建设》,《中国经济史研究》2007年第3期。
② 杨国桢:《人海和谐:新海洋观与21世纪的社会发展》,《厦门大学学报(哲学社会科学版)》2005年第3期。

事实。[①] 可以说,海洋国家这一概念远比它的能指范畴小得多。对西方中心论的反思批判是他科学立论的重要前提。

3. 构建了中国气派世界眼光的海洋文明叙事体系

在立论建构方面,杨国桢的主要贡献是如下。

(1)把海洋概念区分为自然海洋和人文海洋,指出海洋人文社会科学不是原有理论与方法的简单应用,需要以海洋为本位,进行调试和重新设计。海洋本位的人文社会科学研究可以补充现有理论、改变人的理念和实践,有助于海洋强国建设。[②]

(2)重新界定海洋文明的含义。他认为海洋文明是源于人类直接与间接的海洋活动而生成的文明类型,它同时是人类社会发展的积极和消极因素。经济全球化背景下,海洋文明是否构成中华文明起源的一部分,是否从属于现代化进程的"冲突—反应"模式,是值得思考的问题。因此厘清海洋文明的内涵,树立学术话语权威,是一项重要任务。回归人类实践,海洋文明是人类活动空间的逐步拓展,人类首先进入的是区域海洋时代,其次是全球海洋时代,最后是立体海洋时代。在区域海洋时代,人类活动空间主要分布在亚欧大陆,相对于大陆文明而言,海洋文明是劣势的和区域性的。全球海洋文明主要是指大航海以来,海洋实践推动了世界的工业化、全球化和人类社会转型,因而这一时期的海洋文明发展特征是全球性。[③] 这些论述纠正了黑格尔以来流行于世界和中国的海洋偏见。

(3)构建了中国特色海洋文明叙事体系。杨国桢的研究得出了两个重要判断:第一是中国有自己的海洋文明史;第二是中国海洋文明存在于海陆一体的结构之中。"中华文明具有陆地与海洋双重性格"是杨国桢对中国海洋文明类型做出的最重要的判断和立论。他认为,中华文明是以农耕文明为主体的,包括游牧文明、海洋文明在内的多元文明共同体。海洋文明作为中华文明的组成部分,应该被大力弘扬,充分挖掘海洋资源,批判地吸收其中的传统和现代因素,抵制全盘西化的错误观点,为中华文明转型提供内在动力。

---

① 杨国桢:《重新认识西方的"海洋国家论"》,《社会科学战线》2012 第 2 期。
② 杨国桢,王鹏举:《论海洋发展的基础理论研究》,《中国海洋经济评论》2008 年第 1 期。
③ 杨国桢:《中华海洋文明的时代划分》,《海洋史研究》2014 年第 1 期。

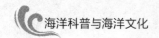

## 四、走向类文明自觉的共同体范式"海缘世界观"

构建"海洋命运共同体"倡议和理念来自中国,属于世界。习近平提出的"海洋命运共同体"重要理念在理论与思想上的贡献,不只是为完善全球海洋治理贡献了中国智慧,更重要的是为世界贡献了全新的海缘世界观。习近平指出,"海洋孕育了生命、联通了世界、促进了发展","我们人类居住的这个蓝色星球,不是被海洋分割成了各个孤岛,而是被海洋连结成了命运共同体,各国人民安危与共"。① 这些论述所蕴含的核心思想与精神可以概括为 8 个字:以海为媒,广结善缘。我们从三个方面予以解读。

### (一)以海为媒,关怀人类命运

"共同体"范式的思维超越了西方中心论狭隘的利己主义。"海洋命运共同体"的理念不是控制海洋,不是通过控制海洋控制世界。西方利己主义最斤斤计较的就是"搭便车"。"共同体"思维范式超越了自私自利、唯我独尊的义利观。习近平总书记在多种国际场合表示,中国始终是发展的贡献者;中国欢迎世界各国搭便车,分享中国发展的红利;中国愿帮助发展中国家改善民生。②"独行快、众行远",中国愿为周边国家和世界提供机遇和空间,欢迎各国搭便车、搭快车。③21 世纪海上丝绸之路建设是人类命运共同体理念的实践,共商共建共享的目标就是各国共同发展。正确义利观是习近平新时代中国特色社会主义思想的重要理念之一,是对见利忘义、损人利己的霸权行为的批判和超越。奉行利己主义、海军至上和控制性霸权思维是西方海缘世界观突出特点,④自西方开启大航海时代以来,世界所能接触到的所有关于海洋的概念、话语、体系、理论乃至方法都来源于西方。随着一些发展中国家特别是中国的崛起,海洋事务、海洋理论、海洋话语权也正在发生改变。构建海洋命运共同体是一个很重要的话语驱动,即从利己的海权叙事转化为以海洋共同体为核心的叙事。西方的海洋叙事主体

---

① 《人民海军成立 70 周年 习近平首提构建"海洋命运共同体"》2019 年 04 月 24 日。http://www.qstheory.cn/zdwz/2019-04/24/c_1124407372.htm

② 习近平:《论坚持推动构建人类命运共同体》,中央文献出版社 2018 年版,第 313-314 页。

③ 习近平:《论坚持推动构建人类命运共同体》,中央文献出版社 2018 年版,第 151-153 页。

④ 李国选:《海洋命运共同体对西方海权论的超越》,《浙江海洋大学学报(人文科学版)》2019 第 5 期。

一般都是国家,以国家为核心来探讨海洋事务,我们熟知的海权论就是以国家为单位在海洋上谋权益、争利益。①西方话语谈海洋,一是围绕权力,二是围绕利益,从权力到利益,就是从冲突到冲突的历史。马汉海权论的核心是通过控制海洋达到控制世界的目的,鼓励国家或国家集团主体通过建立海洋军事霸权,获取最大利益,不惜损人利己,鼓励冲突。这样的海缘世界观不是建立命运共同体,而是在霸权竞争冲突中实现单体国家或少数国家集团的利益最大化。

"命运共同体"带来的海缘观变化是颠覆性的,"海洋命运共同体"将"人类"视为整体,作为海洋事务和海洋叙事的主体,目的是建立命运共同体。"命运共同体"范式的"海洋观"不仅仅是"海洋治理观",还是理解世界、理解人类命运变化发展之道的新世界观。构建"海洋命运共同体"倡议和理念是中国对于世界重要的新贡献。

### (二)以海为媒,构建中国与世界友好交往的通道

构建"海洋命运共同体"倡议和理念是在我国走向强大的过程中提出来的。"强国必霸"不符合中国崛起的语境。因为中华民族没有侵略他人的基因,也没有称霸世界的愿望,中国一直以来都希望与世界各国人民和睦共处、和平发展。②国际上"强国必霸"的逻辑必然伴随着一些认知的误读和根深蒂固的偏见导致"中国威胁论"。中华民族历来是爱好和平的民族。中华文化崇尚的和谐理念深深植根在中国人"天人合一""和谐万邦""和而不同""人心和善""以和为贵"的观念、精神和行为之中。中国的先人留下了"国虽大,好战必亡"的警句。因此历史上的中华民族积极与世界各国友好通商,而非扩张。明代郑和曾率领当时世界上最强大的舰队7次远洋,却没有侵占任何到访国家的土地,反而留下了文明传播的佳话。③这显然与大西洋上几百年的"三角贸易"和欧洲的殖民扩张形成鲜明的对比。习近平指出,中国人民相信各国人民的友好相处是实现合作共赢、增强世界和平力量的基础;只有各国人民的友好和情谊才能共同形成世界和平发展的美好愿景。④在未来多极化、全球化和信息化的趋势中,无论是机遇还是

---

① 张景全:《海洋安全危机背景下海洋命运共同体的构建》,《东亚评论》2018年第1期。
② 习近平:《论坚持推动构建人类命运共同体》,中央文献出版社2018年版,第105–109页。
③ 习近平:《论坚持推动构建人类命运共同体》,中央文献出版社2018年版,第105–109页。
④ 习近平:《论坚持推动构建人类命运共同体》,中央文献出版社2018年版,第105–109页。

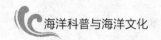

挑战,都迫使世界各国的关系日益密切,形成利益交融的人类命运共同体。

### (三)以海为媒,与自然和生命结善缘

"以海为媒,与自然和生命结善缘"意味着,通过海洋纽带和关系网络与更广泛的大自然结善缘,以和谐的人海关系带动人与自然的和谐关系。作为水圈的一部分,海洋与大气圈、岩石圈等地球圈层密切相关,海洋中的自然过程与地球构造运动等密切相关,构成了全球性、多层次的物质和能量循环的海洋自然系统。这样广泛联系的复杂系统形成了以海洋为中心的生命共同体。例如,温室效应成为影响人类生存的全球性问题,海洋恰恰对于全球的气候治理是极其重要的媒介和平台,海洋碳汇是治理温室效应的关键一环。因此从联系的整体观点看,海洋生态文明建设不仅会影响海洋,而且影响包括整个生态系统在内的"山水林田湖草生命共同体"。海洋污染物的主要来源是陆地,主要通过河流排入海洋。由此看来,应该把"海"字加进去,成为"山水林田湖草海生命共同体"。十八大以来,在习近平总书记的引领推动下,中国积极参与到国际环境治理行动之中,用制度和行动构筑尊崇自然、绿色发展的生态体系,为全球绿色发展做出世所瞩目的中国贡献。目前,中国的态度和行动已经表明,中国是全球生态文明建设的重要参与者、贡献者、引领者。海洋应该并逐渐成为共谋全球生态文明建设共同体的重要领域。

1978年以来,中国打开国门,改变了发展方式。沿海开放、向海发展,促进了中国与世界的全面与深度交往融合,中国已经形成了新时代特征的海洋精神。习近平总书记提出的构建"海洋命运共同体",以海为媒,必将促进世界文明间的交流与互鉴,促进人类的共同发展。

# "海洋荒野"的客观性与社会建构性

## ——基于地方感理论的分析

常春兰　孙佳丽①

（山东大学儒学高等研究院，山东　济南，250100）

**摘　要:**在当前海洋生态日益脆弱的严峻态势下,"海洋荒野"概念应运而生,旨在保护更多的海域免受人类活动的影响。地方感理论是准确理解这一新概念的有益视角,"海洋荒野"作为不受人类影响的完整的海洋生态系统,具有特定的生物物理属性,是一片客观存在的空间;但是,"海洋荒野"并非仅仅是一片海域,其地方意义是当代人的一种社会建构。海洋荒野相对独特的生物物理属性在当代被赋予的绝对价值是海洋荒野概念的基础。

**关键词:**海洋荒野;客观性;社会建构性;地方感;地方依恋

海洋荒野(ocean wilderness),即不受人类影响的完整海洋生态系统,对于保护生物多样性以及缓解气候变化的压力等全球环境问题都具有重要意义,因而受到海洋保护主义者的重视。那么,海洋荒野要满足哪些条件?究竟哪些海域可以确定为荒野?澳大利亚昆士兰大学肯德尔·琼斯(Kendall R. Jones)博士最新的一项研究分析了人类对海洋造成影响的 19 个指标,根据数据分析结果选出受人类活动影响较小的海域,并绘制出海洋荒野地图,直观地展现出海洋荒野的分布情况。但琼斯博士严谨的数据分析采用了针对不同海域的差异化标准,海洋荒野的客观性受到威胁,然而这并不意味着琼斯博士犯下了一个错误,而是充

---

① 作者简介:常春兰(1978— ),女,山东夏津人,哲学博士,山东大学儒学高等研究院副教授,主要研究方向为中国近现代科技思想史、科学哲学;孙佳丽(1995— ),女,山东潍坊人,山东大学儒学高等研究院研究生,主要研究方向为中国近现代科技思想史、科学哲学。

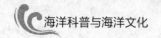
分体现了海洋荒野的社会建构性。

海洋荒野既是客观的,又是社会建构的,地方感(sense of place)理论为我们正确理解这两种似乎矛盾的属性提供了一个有益视角。

## 一、地方感理论

地方感理论最早可以追溯到华裔人本主义地理学家段义孚(Yi-Fu Tuan)关于空间(space)与地方(place)的区分:未曾被人类经验的物理环境是无差异的空间;而地方就是被人类界定并赋予意义的空间。[①]空间是独立于人类的客观存在,地方是占据特定的空间并具有特定价值的物体。相比于成人,婴幼儿感知和理解所处环境的方式更为清晰,刚出生的婴儿大部分时间都是平躺在床上,当照顾者竖着抱起婴儿时,婴儿对空间的感受从水平变成了垂直。随着婴儿的感官发育成熟,他们的空间感逐步建立起来。婴儿在认识空间的同时,也开始识别空间中的对其有意义的物体,即地方。婴儿的第一个地方就是母亲或其他照顾者,因为照顾者会满足婴儿的一切生理需求与情感需求,对于婴儿而言其价值不言而喻。随着婴幼儿对于物理空间的经验的积累,玩具、婴儿床、家、社区、学校乃至小镇等都成为有重要意义的地方。

地方意义并不是物理环境本身所具有,而是一种社会建构,母亲并非因为与婴儿的血缘关系就理所当然地成为婴儿眼中的母亲。母亲是婴儿通过自己的经验建构出来的。段义孚的地方感理论具有激进的社会建构主义倾向,虽然承认物理环境是构成地方感的必要条件,却完全否定了物理环境对地方意义的影响,地方意义完全是人类基于经验对物理环境做出的诠释。在人与自然的关系问题上,环境决定论一味强调物理环境决定人类行为;社会建构主义确实是对环境决定论的有益纠正,但是激进的社会建构主义走向了另一个极端,相比之下,温和的社会建构主义更为可取。

温和的社会建构主义认为物理环境的生物物理属性对地方感有重要影响,地方意义的社会建构不是凭空产生的,物理环境为社会建构设定了界限并赋予了形式。比如,我们无论如何也不能把郊区的购物中心看作荒野。按照温和的社会建构主义,"海洋荒野"是以生物物理属性为部分基础的一种社会建构,海洋

---

① 〔美〕段义孚:《空间与地方》,王志标译,中国人民大学出版社 2017 年版,第 4 页。

荒野相对独特的生物物理属性在当代被赋予了绝对的价值。

人们由经验建构出地方,赋予地方以意义的同时也发展出对地方或依恋(attachment)或厌恶(detachment)的情感。地方依恋是个人与特定地方之间的正向情感联结,对于个人与社会都具有积极的建设性意义,因此受到更多环境心理学家的关注。但事实上,地方厌恶同样存在,追溯荒野观念的历史,我们可以发现,人们对于荒野经历了从厌恶到依恋的转变。但是,荒野(包括陆地与海洋)依恋不同于传统地方依恋,由于荒野要避免受到人类活动的影响,人们在物质层面不能像消费其他景观一样消费荒野,荒野依恋挑战了传统地方依恋的形成机制。

## 二、客观存在的"海洋荒野"

在生态保护的理论与实践中,海洋保护都滞后于陆地保护,海洋保护的概念大多从陆地保护借用而来,"海洋荒野"便是其中之一。

20世纪20年代,美国林业局首次使用"荒野"概念。1964年9月3日,美国国会通过《荒野法》(*The Wildness Act*),建立美国荒野保护体系(National Wilderness Preservation System),"荒野,不同于人类及人造物主导的景观,而被认为是一片其土地和生命共同体未受到人类干预的地区,人类会造访荒野但不作居留。法案中的"荒野"只适用于陆地,"荒野是未开发的联邦土地"。

随着人类技术的发展,海洋资源开发的力度日趋加大,但随之而来的是渔场倒闭,气候变化,这使越来越多的环保主义者认识到海洋资源的可再生能力并不像人们原来想象的那么强,与陆地一样,海洋的开发利用同样需要设定禁区,即海洋荒野。

1987年第四次世界荒野大会(World Wilderness Conference)对"海洋荒野"进行定义:目前很少或者没有人类活动入侵的海域,自然进程不受人类活动的干扰;2012年,世界自然保护联盟(IUCN)将"海洋荒野"定义为相对不受干扰的海洋景观,明显不受人类活动、工程、设施的侵扰,能够通过有效的管理得以保留。

显而易见,荒野保护旨在限制人类活动对自然生态系统的影响。作为陆地荒野的扩展,海洋荒野对于生物多样性的保护和缓解气候变化的影响都具有重要意义;海洋荒野使得全球荒野保护体系名副其实,生态整体主义得到彻底贯彻。

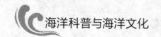

那么,根据定义中的生物物理属性,地球上究竟还有哪些"海洋荒野"呢?如何划定海洋荒野是一项十分复杂的课题,澳大利亚昆士兰大学肯德尔·琼斯博士与他的同事们致力于海洋荒野的识别。他们采用了更为量化的"海洋荒野"定义:不受人类活动影响且连续面积超过 10 000 平方千米的海域。

人类活动对海洋的影响可以概括为 19 种,称之为人为压力源(anthropogenic stressor)(见表 1)对于人为压力源的测量分为两步进行。首先,识别受单个人为压力源影响程度不高于 10% 的海域,由于气候变化对局部海域的影响很难测定,所以这一步只测除气候变化之外的 15 种人为压力源;第二步,在受单个人为压力源影响较小的海域中选出受 19 种人为压力源累积影响 10% 以内的海域。琼斯博士的研究确定全球海域(416 448 049 平方千米[①])的 13.2%(约 5 500 万平方千米,见表 2)不仅受单个压力源的影响较小,而且受所有压力源的累积影响也较小,可以划定为"全球海洋荒野"(Global Marine Wilderness)。

表 1　海洋环境的人为压力源

| 威胁类别 | 渔业 | 海洋 | 陆地 | 气候变化 |
|---|---|---|---|---|
| 压力源 | 1. 水底破坏性渔业<br>2. 水底非破坏性,高副渔获渔业<br>3. 水底非破坏性,低副渔获渔业<br>4. 远洋,高副渔获渔业<br>5. 远洋,低副渔获渔业<br>6. 手工捕鱼 | 1. 底栖生物的结构<br>2. 商业航运<br>3. 物种入侵<br>4. 海洋污染 | 1. 营养物污染<br>2. 有机污染<br>3. 无机污染<br>4. 光污染<br>5. 直接影响 | 1. 海面温度异常<br>2. 紫外线辐射<br>3. 海洋酸化<br>4. 海平面上升 |

表 2　全球海洋荒野及特定领域海洋荒野面积汇总以及保护现状(单位:平方千米)

| | 海域 | 面积 | 全球海洋荒野面积及占比 | 全球海洋荒野保护区面积及占比 | 特定海域海洋荒野面积及占比 | 特定海域海洋荒野保护区面积及占比 |
|---|---|---|---|---|---|---|
| 1 | 北冰洋 Arctic | 8 740 149 | 4 024 686<br>(46.0) | 282 050<br>(7) | 868 845<br>(9.9) | 63 406<br>(7.3) |

① 关于海洋面积,由于计算范围不同而存在几种不同的数据,四大洋的面积约 3.6 亿平方千米,四大洋和边缘海的面积是约 3.75 亿平方千米,而文中所涉及的是一个完整的海洋生态系统,因此包括四大洋、边缘海、内海以及潮间带,总面积超过 4.16 亿平方千米。

续表

| | 海域 | 面积 | 全球海洋荒野面积及占比 | 全球海洋荒野保护区面积及占比 | 特定海域海洋荒野面积及占比 | 特定海域海洋荒野保护区面积及占比 |
|---|---|---|---|---|---|---|
| 2 | 大西洋温水海域 Atlantic Warm Water | 69 141 433 | 843 548 (1.2) | 0 (0) | 4 331 890 (6.3) | 1 293 (0) |
| 3 | 印度洋－太平洋中心海域 Central Indo-Pacific | 6 787 301 | 334 825 (4.9) | 58 938 (17.6) | 396 728 (5.8) | 65 212 (16.4) |
| 4 | 东印度洋－太平洋地区 Eastern Indo-Pacific | 173 647 | 10 187 (5.9) | 1 183 (11.6) | 9 446 (5.4) | 777 (8.2) |
| 5 | 印度洋－太平洋温带海域 Indo-Pacific Warm Water | 194 431 741 | 15 739 747 (8.1) | 708 293 (4.5) | 16 711 560 (8.6) | 729 597 (4.4) |
| 6 | 北部冰水海域 Northern Cold Water | 23 320 478 | 6 037 333 (25.9) | 44 343 (0.7) | 2 377 516 (10.2) | 1 373 (0.1) |
| 7 | 南部冰水海域 Southern Cold Water | 94 049 192 | 2 5308 475 (26.9) | 1 465 581 (5.8) | 9 275 414 (9.9) | 544 014 (5.9) |
| 8 | 南部海域 Southern Ocean | 2 697 385 | 2 386 053 (88.5) | 83 091 (3.5) | 1 551 322 (57.5) | 2 187 (0.1) |
| 9 | 温带澳大拉西亚 Temperate Australasia | 1 178 349 | 33 417 (2.8) | 2 310 (6.9) | 43 228 (3.7) | 4 861 (11.2) |
| 10 | 温带北大西洋 Temperate Northern Atlantic | 4 790 838 | 13 263 (0.3) | 255 (1.9) | 55 012 (1.1) | 7 116 (12.9) |
| 11 | 温带北太平洋 Temperate Northern Pacific | 3 477 947 | 26 176 (0.8) | 3 022 (11.5) | 58 992 (1.7) | 7 511 (12.7) |
| 12 | 南美洲温带海域 Temperate South America | 1 958 501 | 62 272 (3.2) | 4 341 (7) | 81 557 (4.2) | 6 147 (7.5) |
| 13 | 南非温带海域 Temperate Southern Africa | 326 680 | 557 (0.2) | 547 (98.2) | 1 744 (0.5) | 793 (45.5) |
| 14 | 热带大西洋 Tropical Atlantic | 2 502 305 | 62 932 (2.5) | 6 575 (10.4) | 90 105 (3.6) | 14 578 (16.2) |
| 15 | 热带东太平洋 Tropical Eastern Pacific | 293 975 | 4 146 (1.4) | 472 (11.4) | 10 438 (3.6) | 1 239 (11.9) |

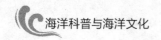

| | 海域 | 面积 | 全球海洋荒野面积及占比 | 全球海洋荒野保护区面积及占比 | 特定海域海洋荒野面积及占比 | 特定海域海洋荒野保护区面积及占比 |
|---|---|---|---|---|---|---|
| 16 | 西印度洋-太平洋地区 Western Indo-Pacific | 2 578 128 | 88 248 (3.4) | 14 086 (16) | 118 313 (4.6) | 17 359 (14.7) |
| | 合计 | 416 448 049 | 54 975 865 (13.2) | 2 675 087 (4.9) | 35 982 110 (8.6) | 1 467 463 (4.1) |

　　全球海洋荒野的生物多样性非常高,13.2%的海域拥有全部海洋物种的93%(见表3),堪称海洋生物的基因库,对于海洋生态保护具有不可替代的价值。但是,全球海洋荒野的分布极不平衡,主要集中在南半球的公海,北半球很少;离岸海域荒野多,海岸地区荒野很少。为了更全面地保护海洋生态系统,琼斯博士将全球海洋划分为16个海域,在每个海域中又划定海洋荒野,即"特定海域荒野"(Realm-Specific Wilderness)。特定海域荒野是特定海域中受单个压力源影响与所有压力源累积影响均较小的海域,16个海域中共有约3 600万平方千米荒野,占全球海域的8.6%(见表2)。虽然有些特定海域整体受人类活动影响比较大,但特定海域中受人类活动影响相对较小的区域仍然对海洋生态保护意义重大。

　　琼斯博士还进一步分析了海洋荒野的保护现状,全球海洋荒野的4.9%在海洋保护区之内,特定海域荒野的4.1%在海洋保护区之内(见表2),推动海洋保护的任务还十分艰巨。

表3　海洋荒野生物多样性

| 门类 | 物种数量 | 海洋荒野中的物种数量 | 海洋荒野中的物种占比 | 海洋荒野中的平均分布占比 |
|---|---|---|---|---|
| 辐鳍鱼纲 | 11 156 | 10 348 | 92.76 | 2.66 |
| 节足动物门 | 3 556 | 3 276 | 92.13 | 6.11 |
| 刺胞动物门 | 1 041 | 1 017 | 97.69 | 3.68 |
| 软骨鱼纲 | 808 | 716 | 88.61 | 1.91 |
| 棘皮动物门 | 536 | 470 | 87.69 | 3 |
| 哺乳纲 | 117 | 114 | 97.44 | 8.38 |

| 门类 | 物种数量 | 海洋荒野中的物种数量 | 海洋荒野中的物种占比 | 海洋荒野中的平均分布占比 |
|---|---|---|---|---|
| 软体动物门 | 3 659 | 3 489 | 95.35 | 2.42 |
| 海绵动物门 | 377 | 368 | 97.61 | 3.41 |
| 爬行纲 | 32 | 31 | 96.88 | 2.62 |
| 其他物种 | 1 603 | 1 493 | 93.14 | 6.13 |
| 所有物种总计 | 22 885 | 21 322 | 93.17 | 3.73 |

## 三、海洋荒野的社会建构性

根据琼斯博士的研究分析,一片海域是否可以确定为荒野,是由海域的生物物理属性所决定。然而琼斯博士以及其他科学家也承认,虽然人类活动带来的气候变化影响目前很难精确量化,但可以肯定的是全球海域都受到了这种影响,因此,严格说来,"海洋荒野"名不副实。琼斯博士在16块特定海域中选定的荒野之间不具有可比性,比如北冰洋与北太平洋中的海洋荒野,虽然都是海洋荒野,但受人类影响的程度差别可以很大,海洋荒野是相对的。试想一下,既然琼斯博士可以把全球海洋细分为16块海域,那么就不排除可以进一步细分的可能性,32块、64块、……,在每小块海域中选出的海洋荒野之间的差别将进一步扩大,最终,在最宽泛的意义上,"海洋荒野"的客观性也不复存在了。

这并不是说琼斯博士开了一个坏头,致使海洋荒野相对化。事实上,按照地方感理论,"荒野"是一处实实在在的物理空间,还是一种观念,是以生物物理属性为部分基础的一种社会建构。荒野的意义自古至今发生了巨大变化,从作为文明的对立面走向与文明的统一。而海洋荒野打破了陆地与海洋的二分,是荒野这一社会建构的进一步发展,是人类对人与自然关系的反思。

### (一)"荒野"的社会建构

荒野是一个历史范畴,经历了从无到有进而意义发生变化的演变。荒野是文明[①]创造出来的。荒野与文明一同产生,文明以放牧、农业与定居的出现为标

---

① 西方文明与东方文明对待荒野的态度存在很大区别,对荒野的厌恶态度主要存在于西方基督教传统中,而在东方文明中,人们敬奉大自然,荒野不但不受排斥,反而被赋予神性。

志,牧场的栅栏与村庄的高墙将世界一分为二,被控制的世界是文明,未被控制的是荒野,而且文明优于荒野,征服荒野是文明的价值指向。

荒野思想在美国尤其盛行,这主要源于当欧洲殖民者发现北美新大陆时,广阔的荒野使他们感受到了文明之初的祖先所受到的压力,文明与荒野的激烈碰撞又一次重演。但对于印第安人而言,文明与荒野的对立并不存在,平原、河流、山川与印第安人浑然一体;荒野只存在于白人的头脑中,印第安人倍感亲切的自然成了白人眼中的荒野,印第安人自身则成了白人眼中"未开化的"人。①

荒野与文明一同产生,同样,荒野观念的发展也与文明程度以及人类对待文明的看法紧密相关。在文明诞生之初,荒野处于绝对优势的地位,文明的进步非常缓慢,在那时的欧洲人眼中,荒野是难以驾驭的陌生环境,极其危险,文明则是人间天堂,所有需求都能得到满足。欧洲人对荒野的恐惧体现在他们的民间信仰中,他们相信荒野里居住着妖魔鬼怪。在《圣经》中更有大量的荒野描述,《圣经》中的荒野与伊甸园相对立,荒野象征着邪恶,是受到诅咒的地方。

18世纪兴起的浪漫主义对荒野从厌恶变成赞美,这一态度大转变发生在工业革命之后,人类对自然的控制能力有了质的提升,文明已经取得了决定性的胜利。而且,最早欣赏和赞美荒野的人是充分享受文明成果的城市人,"对荒野的欣赏开始于城市。是舞文弄墨的文人雅士,而非挥动斧头的拓荒之人,率先对强大的憎恶倾向表示出对抗的姿态"。②在浪漫主义者的笔下,荒野是壮美的、广阔的、粗犷的,他们沉醉在荒野的野性之美中。这个时期,浪漫主义对荒野的热情对开拓荒野的速度没有任何影响,一边是浪漫主义的文人雅士对荒野的溢美之词,一边是拓荒者不停歇的斧头。

浪漫主义揭示了荒野的美学价值,超验主义者则在探讨人、自然与上帝的复杂关系中阐释了荒野的超验本质,他们认为,自然是精神的象征,自然的本质在具体的自然事物之外。荒野是生命的源泉,滋补着人类的精神,但超验主义者并不认为野蛮人的生活就是好的,而是要寻找荒野与文明的平衡,而乡村正是这个平衡点,田园生活可以使人同时获得野性的自由与文明的秩序。

---

① 〔美〕罗德里克•弗雷泽•纳什:《荒野与美国思想》,候文蕙等译,中国环境科学出版社2012年版,第XIV页。

② 〔美〕罗德里克•弗雷泽•纳什:《荒野与美国思想》,候文蕙等译,中国环境科学出版社2012年版,第41页。

荒野持续不断减少,而且速度越来越快,终于在 19 世纪中期有人发出了"保留荒野"的呼声,他们的理由大多是强调荒野的美学价值,也偶有先见之人提出荒野具有防止干旱等气候变化的生态价值。尽管 19 世纪后半期有些自然奇观得以保留,免于被经济开发的命运,但是,对荒野价值的高度肯定仍然主要停留在思想层面,"在一个复杂的时代里,它仅仅是一种思想潮流。甚至在那些为荒野摇旗呐喊的人的思想里,依然固守着对美国文明成就的自豪感以及对美国自然资源进一步开发的益处的信念"。①单纯对荒野的热爱并不足以取代对文明的自豪,只有对文明的疑虑才使得对荒野的热爱落到实处。

20 世纪初,生态学获得很大发展,农业生态学和野生动物种群生态学等生态学研究展开,1915 年美国生态学会成立。荒野的生态价值得到认可,首次将对荒野的尊重建立在科学的基础上,作为文明的重要成果的科学却发挥了约束文明、保护荒野的作用,文明与荒野竟然以这种方式走向了统一。人们终于认识到荒野不仅是野兽的栖息地,同样是文明的栖息地;而荒野的命运依赖于文明的保护。

自古至今,从消灭荒野到保护荒野,荒野的客观属性并没有实质性的改变,尽管在人类文明活动的影响下,纯粹的荒野已经不复存在;彻底改变的是人们对荒野价值的认识。

### (二)"海洋荒野"的社会建构

荒野的社会建构性还有另外一个重要体现,人类有史以来都是居住在陆地上,即使定居在船屋里,也是只在内陆河上行驶;而出海的船只无论走多远,在海上待多久,或者捕鱼或者航运,但总不会定居在海上。因此,人类将世界二分为文明与荒野时,理所当然地将海洋排除在外,荒野仅指陆地荒野。在客观属性上,海洋比陆地更具有野性,人类之所以习惯用荒野指称陆地而非海洋,仅仅是因为陆地才是人类的栖息地。人类对陆地与海洋的二分似乎无法逾越。

直到 19 世纪中期,海洋荒野才首次出现在超验主义哲学家亨利·戴维·梭罗(Henry David Thoreau)的遗著《科德角》中,生活在内陆的梭罗曾经先后三次前往科德角,哲学家笔下的海滨游记开篇并不是美丽的海景,而是令人心塞的海

---

① 〔美〕罗德里克·弗雷泽·纳什:《荒野与美国思想》,候文惠等译,中国环境科学出版社 2012 年版,第 145 页。

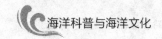 

难,也许这正是梭罗首次提出海洋荒野的原因,"海洋是遍及地球的一片荒野,比孟加拉丛林更原始,更加充满奇形怪状的动植物"。[①]

早期的荒野保护主义者致力于保护陆地而非海洋,他们想当然地认为海洋广阔无垠,资源取之不尽,无须保护。然而,早在第一次世界大战期间,以液体燃料为动力的海上船队迅速建立并呈现出稳定趋势时,海洋污染问题便已经凸显出来。第二次世界大战以来以美国等海洋大国为首的国家对海洋资源进行划分与攫取,多个国家发表大陆架宣言,海洋秩序陷于混乱状态,联合国于20世纪50年代开始倡导召开联合国海洋法会议。与此同时,一些环保主义者开始讨论海洋荒野,但是陆地荒野的概念在荒野保护组织中根深蒂固,人们一时无法接受海洋荒野概念。20世纪70年代美国在海岛进行多次核试验,海洋油气勘探在那时达到高峰时期,由此而带来的偶发性海上石油污染、船舶污染也成为海洋污染治理的难题。源于陆地的污染物排放、沿海地区由于人口迁徙进而生态环境进一步恶化等一系列问题致使海洋生境处于十分脆弱的状态。联合国分别于1958年、1960年召开联合国海洋法会议,前两次海洋法会议是海洋大国间利益的争夺,随着第三世界国家的兴起,发展中国家也重新要求在海洋中的话语权,中国参加了联合国举办的第三次海洋法会议。该次会议于1973年开始,历时长达9年之久,历经多次谈判,于1982年12月正式通过并向各国开放签署《联合国海洋法公约》。随着《公约》的诞生,国际社会日益将目光转向海洋生态环境的保护。在1987年第四次世界荒野大会上,海洋荒野又被重新提出来,这一时期,海洋保护受到重视,越来越多的科学证据表明海洋保留区对海洋保护的重要性。

但是,海洋荒野的支持者们急于向公众尤其是一些利益相关群体(比如渔业从业者和沿海社区居民)兜售海洋荒野概念,结果适得其反,过度的宣传引起了陆地荒野保护组织的不满,海洋荒野概念的社会建构遭受重创。

与陆地相比,海洋生态学研究落后,海洋的广阔性、动态性与连通性,海洋管辖权的复杂性,这些都使得海洋生态保护难度更大。海洋荒野的支持者们不得不重新检视海洋荒野理论与实践所面临的各种难题。海洋荒野概念的定义需要进一步明确,比如海洋荒野的规模、海洋荒野的生态系统状态等,而且,对于相关

---

① 〔美〕亨利·戴维·梭罗:《梭罗集》下册,陈凯等译,三联书店出版社1996年版,第1085页,中文版此处将"wilderness"译为"茫茫",为行文方便,本文将此处翻译修改为"荒野"。

利益群体的利益予以适当保护,尤其是尊重贫穷的沿海土著民的生活方式。可见,海洋荒野的概念发展是一个政治协商过程,科学可以为海洋荒野提供依据,但是一个合理的海洋荒野定义是通过协调社会各方的不同利益而建构出来的。

### (三)海洋荒野的社会认同:海洋荒野依恋如何可能?

通过少数海洋保护者对海洋荒野概念坚持不懈的研究和传播,海洋荒野的社会接受度得到提高。2019年,俄勒冈州立大学做了一项关于公众对于海洋荒野概念的理解的调查,该项调查结果显示,海洋荒野的社会接受性已经很高,高达80%的调查对象认为"荒野"这个概念适用于海洋,但仍然稍低于陆地荒野的社会接受性,95%的调查对象认为"荒野"这个概念适用于陆地。而且,调查对象对海洋荒野区域的划分有争议。那么,为进一步推进海洋荒野保护,提高海洋荒野的社会认同度,是否有可能在公众与海洋荒野之间建立依恋关系?

D. R. 威廉姆斯(D. R. Williams)与 J. W. 罗根巴克(J. W. Roggenbuck)分析地方依恋影响因素时,认为地方依赖(place dependence)与地方认同(place identity)是地方依恋的子维度,"其中'地方依赖'是一种功能性的依附,意指一个地方的环境景观、公共设施、特殊资源、可达性等能满足用户的特定需求。而'地方认同'是一种精神层面的依附,是个体对客观环境有意或无意的想法,并借由态度、信仰、偏好、感觉、价值观、目的、意义和行为趋向的结合,达到对于该地方的情感依恋与归属感。通过对于地方的持续造访与长时间的活动涉入后才会发展出较强烈的地方认同"[①]。

地方依恋理论后来被应用到旅游心理学中,使游客与景观之间建立正向的情感联结是景区管理者的目标。为了吸引游客,景区管理者完善各种设施,为游客提供各种服务,但不同景区的设施与服务趋同化,成为可复制的商品。显然,当景区成为集多种属性于一体的商品,只是在游客与景观之间建立了一种地方依赖关系。虽然人们频繁造访自然风景区,但自然资源更像是体验的"背景",而不是一种目的或者是对它本身的体验。游客未将自然资源纳入自我认同的一部分,地方认同难以形成。

而荒野与一般的自然风景区差别巨大,荒野旅游有各种限制,游客不能像

---

① 杨昀:《地方依恋的国内外研究进展述评》,《中山大学研究生学刊(自然科学、医学版)》2011年第32卷第2期。

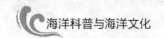

"消费"其他景观一样"消费"荒野。法律限制游客以任何实质性的行为改变环境，荒野不具备"地方依赖"得以形成的功能属性，荒野能否使人们产生依恋？

按照传统的地方依恋理论，人与地方通过直接的互动才能建立依恋关系，家、故乡和居住地，由于长期的接触，都是容易使人们爱上的地方。但荒野依恋挑战了这种传统地方依恋理论，"人们对荒野概念产生依恋，与人们是否与荒野存在互动无关。"游客虽然不能在物理层面"消费"荒野，但是荒野能使游客专注于荒野本身，获得高品质的荒野体验，这是由于荒野的社会性限制较少，荒野把游客从文明的束缚中解放出来，游客更加能够从荒野赋予的孤独感中捕捉自我体验：个人自由选择旅游的路线，去哪里露营，什么时候开始，什么时候结束，选择游泳或者读书。这种自由选择性实则为人们与荒野之间建立独特的情感联结另辟蹊径。

荒野依恋的形成更有赖于游客对荒野价值的认可。荒野是文明的禁地，具有特殊的生态价值与非使用价值(non-use value)，前文已经多次提到荒野对地球环境的生态价值是保留荒野的最主要原因；荒野为未来的造访提供了一种选择，荒野是留给子孙后代的遗产，这属于荒野的非使用价值。一旦人们认识到荒野的价值，即使从来没有去过荒野，也可以形成对荒野的依恋。传统地方依恋是对某个特定地方的依恋，而荒野依恋是对荒野的一般性依恋。

相比于陆地荒野，大部分海洋荒野对于普通公众而言可达性更低，然而荒野依恋的特殊性使得海洋荒野依恋成为可能，比如，公众强烈反对在北极国家野生动物保护区(Arctic National Wildlife Refuge)扩大石油钻探活动，由于该区域地处偏远，这些反对开采石油的人很少有人去过这片海洋荒野，但他们似乎对这里有一种"依恋之情"。

## 四、"海洋荒野"概念对中国海洋保护的启示

如果问题仅仅是"我们还有多少海洋荒野"？那么我们可以客观地回答"我们几乎已经没有海洋荒野"。但除了海洋荒野的生物物理属性，海洋荒野承载了人类所赋予的绝对价值，因此问题就变成了"我们需要多少海洋荒野？"琼斯博士从全球海洋荒野到特定海域的荒野的识别恰恰隐含了这种从"实然"到"应然"的问题转变。那么关于海洋荒野的生物物理属性和价值的研究对中国的海洋保护事业有什么启示呢？

　　根据当前的"海洋荒野"地图,中国管辖的海域确实不存在海洋荒野。中国的陆地荒野拥有量世界排名第八,却完全没有海洋荒野。但这绝不意味着"海洋荒野"概念与中国海洋保护无关。

　　一方面,"海洋荒野"作为完整的海洋生态系统具有相对性,中国的海洋保护可以把"海洋荒野"作为参照,借鉴相关指标和保护策略。1994年,国际自然与自然资源保护联盟(IUCN)根据管理目标将保护区分为6类,其中荒野属于第一类保护区,是最高级别保护区。在生物多样性方面,"荒野地区是现在唯一在物种丰度上接近自然水平的地区。它们也是进化时间尺度上,唯一为维持生物多样性的生物过程提供支持的地区。因此,荒野地区是重要的遗传信息储存库,在退化土地和海洋的'复野化'工作中,它们也可作为参考地区"。目前中国的海洋保护区更多的是拯救珍稀濒危海洋生物和生态系统已经遭到严重破坏的海域,而对受到人类活动破坏相对较小的海域缺乏保护意识。在规模方面,海洋荒野的最小规模是10 000平方千米,而在中国目前的海洋保护区中,超过10 000平方千米的海洋保护区只有4个,大部分海洋保护区面积相对较小。① 按照琼斯博士的观点,我们可以把中国管辖海域中受人类活动影响最小的区域作为"海洋荒野"来保护,并适度扩大单个海洋保护区的面积,因为这些海域最有可能"复野化",重建原始生态系统,这是一项事半功倍的预防性工作。

　　另一方面,海洋荒野依恋情结对于中国海洋保护区的宣传教育工作具有很强的借鉴意义。荒野地区严格限制机动交通工具进入,对于陆地荒野,公众还可以徒步进入,对于海洋荒野,公众进入的可能性则很小。但是由于"海洋荒野"的独特价值,尽管公众缺乏对海洋荒野的直接经验,仍然可以形成海洋荒野依恋情结。当前中国海洋保护区的宣传教育工作更多的局限于海洋保护区的建设者和管理者以及沿岸社区群众,而内陆地区群众海洋保护意识淡漠,缺乏相关的海洋保护知识。海洋污染物的源头很大一部分来自陆地,对于内陆地区群众的海洋保护宣传工作亟须加强。虽然内陆群众对于海洋的直接经验相对较少,但我们仍然可以通过宣传海洋生态系统的重要价值来培养内陆群众的海洋荒野依恋。

① 曾江宁,徐晓群,张华国等:《中国海洋保护区》,海洋出版社2013年版,第74-108页。

# 南中国海生态环境保护合作机制的构建

江宏春①

（中国海洋大学马克思主义学院，山东 青岛，266100）

**摘 要**：南中国海生态环境保护是一个重要的问题，需要通过中国与周边国家合作机制的构建来加以解决。此种合作既是必要的，也是可行的。各方的合作，应当以《联合国海洋法公约》为基础，以现有的区域性环保合作机制为起点，采用双边、多边并举的模式来进行，并对机制的内容进行系统设计，分步推进。在机制构建的过程中，中国理应发挥必要的领导作用。

**关键词**：南中国海；生态环境；保护；合作机制

## 一、问题的提出

南中国海（the South China Sea）又称南海，是中国的传统海域。在 2 000 多年的漫长岁月里，一直有中国人民在南海地区活动，在历史的长河中逐步确立了对南海诸岛的主权和相关的海洋权益。然而，由于南中国海重要的战略位置以及丰富的能源蕴藏，引起了各方的觊觎。清末以来殖民主义势力的入侵，周边国家的不断染指，再加上以美国为代表的域外国家的介入以及《联合国海洋法公约》自身的不完善等因素，酿成了复杂的南海问题，使中国的海洋权益受到严重损害。

在南中国海的主权问题上，中国的立场是一贯、明确而坚定的，那就是，中国拥有南海诸岛的主权，并拥有"U形线"区域内的相应海洋权益，这一点，不能有

---

① 作者简介：江宏春（1978— ），男，博士，中国海洋大学马克思主义学院副教授，研究方向为科技与社会、国际关系理论。

所动摇,不能承认在主权问题上存在所谓"争议"(正因为南海主权属于中国,相关问题本不应存在争议,所以此处的"争议"二字打上引号,下同)、"争端"。但在现实当中,中国与一些周边国家的矛盾客观存在而且波动起伏。这就导致了一个难题:一方面,各方之间在南中国海问题上存在很多分歧,甚至有时因此而出现关系紧张的局面;另一方面,在区域安全、经济发展、环境保护等议题上,又必须进行必要的合作,任何一国都不可能单方面解决这些问题。那么,如何通过与相关国家的合作,来保护南海的环境,就成为一个复杂而又困难的问题。

对于南海的环境保护议题,学界多有探讨。我国学者葛永平、苏铭煜借鉴罗斯海、波罗的海海洋保护区的经验和教训,结合海洋保护区的设立讨论了南海环境保护机制的构建。[①] 陈嘉、杨翠柏认为国际法、现有机制存在着不足,提出了区别于传统海洋环保的"基于生态系统的海洋保护区网络建设",构建一种分目标、有针对地"过程导向"务实合作机制。[②] 姚莹比较系统地分析了南海环境保护区域合作的现实基础、价值目标与实现路径,提出借鉴其他区域的经验构建具有约束力的区域性公约这一思路。[③] 隋军的《南海环境保护区域合作的法律机制构建》[④]、张辉的《南海环境保护引入特别区域制度研究》[⑤]、李静与杜群的《我国南海海域渔业环境保护法律问题与对策》[⑥] 等文献,则主要是从法律角度探讨南海的环保问题。

现有文献虽已做了很多有益的思考,但国际政治视角的文献比较缺乏,现有文献对于中国与周边国家的矛盾这一核心影响要素及其在环保问题上的后果缺乏深入探析;另外,现有文献的分析多数是针对某一方面的具体问题,缺乏一种

---

① 葛勇平,苏铭煜:《南海环境共同保护的困境和出路》,《生态经济》2019 年第 5 期。
② 陈嘉,杨翠柏:《南海生态环境保护区域合作:反思与前瞻》,《南洋问题研究》2016 年第 2 期。
③ 姚莹:《南海环境保护区域合作:现实基础、价值目标与实现路径》,《学习与探索》2015 年第 12 期。
④ 隋军:《南海环境保护区域合作的法律机制构建》,《海南大学学报(人文社会科学版)》2013 年第 6 期。
⑤ 张辉:《南海环境保护引入特别区域制度研究》,《海南大学学报(人文社会科学版)》2014 年第 31 期。
⑥ 李静,杜群:《我国南海海域渔业环境保护法律问题与对策》,《中国环境管理》2019 年第 1 期。

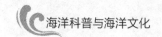

系统的、整体的框架。正是有鉴于此,本文将在现有文献的基础上,进一步地、比较系统地探讨南中国海生态环境保护的合作机制,以起抛砖引玉之效。为了方便起见,在本文的论述中,南中国海也称为"南海",生态环境保护合作机制也简称为环境保护机制、环保机制。此外,为了限定范围,本文论述的主题仅限于中国与南海问题其他当事国之间的合作,不涉及更广的成员。以上作为约定。

## 二、构建南海环境保护合作机制的必要性及可行性

### (一)必要性:三重视角的解读

从生态环境的视角来说,种种调查研究均表明,南海自然环境与生态系统的现状是不容乐观的,环保问题存在着一定的紧迫性。联合国政府间气候变化小组(IPCC)第五次评估报告显示:南海面临着重大的气候与生态变化压力。中华人民共和国生态环境部2019年发表的《2018年中国海洋生态环境状况公报》也显示,2018年南海海域未达到第一类海水水质标准的各类海域面积中,劣四类水质面积占其中的三分之一。①

从地区和平的视角而言,南海环保合作机制的构建,有利于中国与周边国家深化联系、推动在其他议题领域的进一步的合作,并为南海问题的最终解决奠定基础。南海问题形势复杂,中国的主张是"主权属我,搁置争议,共同开发",致力于通过谈判和平解决矛盾,而不轻易诉诸武力。问题的和平解决,离不开各方之间的合作。涉及海洋权益的议题、安全领域的议题都比较敏感,属于"高政治"议题,其合作不易打开局面,这就需要从"低政治"议题切入,为各方的合作寻找一个平台,并在此基础上培植互信,积累经验,推动敏感议题的解决。

从中国国家利益的视角来看,中国作为一个全球性大国,必须在国际机制建构、地区议程设置、复杂问题解决方面扮演越来越重要的角色,以彰显大国形象与责任担当。从维护国家主权来说,通过合作机制有效保护南海生态环境,在环境管理与执法行为中发挥积极作用,相对于敏感议题的合作壁垒而言,也是一种低成本高收益的行动。对此,有学者指出:"通过更有力的环境措施,强化南海环境保护,可以加强我国在南海特别是南沙区域的存在和管辖,不仅将对周边国家

---

① 中华人民共和国生态环境部:《2018年中国海洋生态环境状况公报》,http: //120.221.32.78:6510/hys.mee.gov.cn/dtxx/201905/P020190529532197736567.pdf

的利用和开发南海行为产生牵制和制约,而且对经由南海航线运输各种货物的国家也将产生制约效果"。①

(二)可行性:困境可以克服,合作存在空间

在南海环保合作问题上,存在着一些困境。但只要这些困难可以克服,那么,合作就是可行的。有学者提出了这种困境的几个表现,包括国际公约对南海生态环境保护缺乏针对性和强制力,缺乏强有力的区域性组织推动各国达成利益共识,地缘政治因素钳制环境保护的整体一致性与实效性。② 对此,笔者简单分析如下。

首先,国际公约层面存在的问题。现有的公约针对的是环境保护问题的一般情况,多是一些普遍的原则与规范,虽然也有一些具体的条目,但并没有考虑到南海地区的特殊情形,直接拿来解决南海的环保问题,会有很多模糊甚至空白地带。而且,国际公约虽然具有一定的约束力,但其执行缺乏强制力,很难具体实施惩罚。以《联合国海洋法公约》为例,《公约》的条文不仅不够具体、详尽,缺乏针对性与强制力,其中的一些规定也存在着其他方面的局限性。比如,《公约》创立了 200 海里专属经济区制度,采用分区管理的方法管理海洋,这种规定,与海洋环境的整体性、跨区域性是矛盾的,也与南海海域划界存在着"争议"的现状相冲突。而且,南海沿岸的一些国家为了现实的利益,也为了造成所谓"实际控制"的局面,将一些"争议"区域划为自己的"管辖范围",但自身又没有足够的能力保护海洋环境,甚至为了一时的物质收益而采取急功近利的开采活动,加剧对于海洋环境的破坏,但《公约》对此束手无策。

其次,合作需要集体的行动,集体行动所需要的共识,所需要的各种精神动力与物质因素的提供,又离不开区域性组织的有力的推动。目前,在南海周边区域,比较成熟的组织就是东盟,但东盟的成员国也包括非南海周边的国家,其处理的问题涉及政治、经济、科技等非常广泛的层面,南海的环境保护并非东盟关注的重点议题。单靠东盟来推动在南海环保议题上的各方行动,显然是不够的。

最重要的问题是地缘政治问题。在南海环保议题上的合作,不是一般性的

① 张辉:《南海环境保护引入特别区域制度研究》,《海南大学学报(人文社会科学版)》2014 年第 3 期。
② 葛勇平,苏铭煜:《南海环境共同保护的困境和出路》,《生态经济》2019 年第 5 期。

国家间合作,而是在存在着深刻矛盾的国家之间的合作。此种情况下的合作,显然是一个难题。

尽管有着上述的种种困境,合作机制的建立也并非不可能,而且存在着比较大的可以挖掘的空间。其理由如下:国际公约的针对性不足、约束力不够等问题,虽然是一个困难,但并非不可克服。一来公约的不足可以通过地区性的协定、规章来弥补;二是公约本身作为普遍性、一般性的原则与规定,也可以为地区性的协定、条约的制定提供一个指针。举个不甚贴切的例子,各国的宪法也只是一些关于根本原则的规定,并不对多数日常行为应当遵循的细节做出具体性的阐述。但在宪法之下,可以有很多细化的法律。并且,宪法还可以给其他法律的制定提供一个总的框架。当然,国际公约的性质与地位不能跟宪法相比,因此这里的类比并不十分准确,只是用来帮助说明一部分问题。总而言之,对于国际公约的局限性,南海问题的当事国可以通过地区性的协定、规章的制定,来部分的加以克服。

至于强有力的、有针对性的区域性组织的缺乏,可以通过相关国家的双边、多边协议来解决,甚至也可以成立地区性的机构来逐渐地填补这一空隙。

地缘政治难题是最大的难题,这一难题与前两个难题其实不是并列的关系,它要高于前两个问题,可谓是最根本的症结。因为,无论是地区性协定的制定,还是地区性机构的建立,都绕不开各国围绕南海的主权、利益而产生的矛盾。但这一难题的存在,并非使得合作不可能。原因在于,国家之间在一些议题上的矛盾,并不能排除在其他议题上的合作或达成某些共识。例如,即便是在战争期间,敌对国之间依然可以坚持不杀战俘、不虐待战俘的公约,某些共识依然可以达成并被遵守。又如,20 世纪六七十年代,尽管中美之间存在很多矛盾,合作的大门也没有完全关闭,在双方的努力之下,还成功地实现了尼克松的访华。同样的,尽管在南海问题上存在矛盾,中国与越南、菲律宾的经济合作依然深化发展,这几年中越关系、中菲关系的发展进入了比较好的态势。这就说明,矛盾影响合作,但矛盾并不排斥合作。国家之间的关系与人际关系还是不一样的,两个人之间一旦在核心问题上产生矛盾,其他方面就很难合作了。但对于国家来说,即便彼此之间存在矛盾甚至是比较尖锐的矛盾,只要各方还有共同利益,就存在着开展合作的契合点以及推进合作的空间。比如,尽管中国拥有南海诸岛的主权以及在相关海域的权利,但南海的一些海域距离其他当事国很近,一旦南海海域的生态环境遭到严重损害,对其他沿岸国造成的威胁可能并不比对中国造成的威胁要小,这就存在着各国通过合作来共同保护南海环境的动机。此外,在各国围绕深层问题产生矛盾的时候,就会有一定的意愿在外围问题上进行一定的合作,以避免出现僵局,防止矛盾激化引发冲突。这就是说,在南海环保问题上,虽然各国之间存在矛盾,但毕竟也存在着"公约数",存在着一些共同利益,这就可以作为深化合作的一个切入口。

## 三、构建南海环境保护合作机制的思路

### (一)构建基础:国际法体系与现有的地区机制

对于各类议题的地区合作机制的构建,都不能绕过国际法,毕竟,国际法是成员国共同接受的正式规则,是各方行为的"公约数",是构建更为具体的合作机制的指导性规范与准则。对于南海的生态环境保护问题,以《联合国海洋法国际公约》为主,加上涉及环保议题的《联合国气候变化框架公约》《生物多样性公约》《京都议定书》等,构成了直接或间接关涉海洋生态环境保护的国际法体系(广义上而言)。

南海是一个半闭海,对于闭海或半闭海,《联合国海洋法公约》的第 123 条涉及与环保问题相关的内容:"这些国家应尽力直接或通过适当区域组织…… 协调行使和履行其在保护和保全海洋环境方面的权利和义务……"[①] 相关的具体规定,给环保领域的合作机制的构建提供了一个基本的原则,明确了各国的权利和义务。围绕《公约》确定的原则、权利与义务,结合其他相关的国际法的条款,具体的机制建构就有了一个宏观的法律框架。当然,上述的宏观法律框架只是南海环保合作机制的指导性框架,它不可以代替具体的机制。

现有的地区机制也是构建新机制的一个必要基础。在南海一带和东南亚地区,除了作为规范各国南海行为总方针的《南海各方行为宣言》《南海行为准则》(COC,已达成重要成果,但尚处于发展过程中)以外,环保方面的议程与行动,主要表现在基于"10+3"(东盟与中日韩)、"10+1"(东盟与中国)框架的合作

---

① 《联合国海洋法公约》,http://www.un.org/zh/law/sea/los/article9.shtml

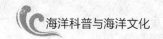

以及域内其他的双边、多边合作机制的开展等方面。

就"10+3"而言,环保领域的合作是该框架的一个组成部分,比如"10+3"环境部长会议就涉及海洋环境保护的内容。而双边合作机制和多边合作机制也取得了一定程度的进展,中菲两国于 2017 年成立的包括环保议题在内的"中国—菲律宾南海问题双边磋商机制(BCM)"就是双边合作出现积极势头的一个例子。尽管取得了一些成就,但同时也应看到,现有机制仍然是初步的、不完善的。以"10+3"为例,其不足之处表现在:首先,一系列协议都是"软法",不具有强制力,组织松散,没有明确的海洋环保具体制度;其次,资金来源比较单一,既不充足,也有不确定性。[①] 此外,很多合作机制没有稳定性与可持续性。例如,中国、菲律宾、越南三国的石油公司曾于 2005 年签订过海洋地震领域的合作协议,但由于菲、越两国的国内原因,在中国完成了前两段工作之后,该协议并未得到继续执行。[②]《中国—东盟环境保护合作战略 2009—2015 年》也直陈现有机制存在的问题:"现阶段,缺乏有效的合作机制支持已逐步限制了双方环保合作的深入开展。"[③] 这些问题的存在,说明了现有机制还有待于改进、深化、发展,有待于推陈出新。同时应当看到,它们虽然存在种种不足,但可以作为积累经验的平台,进一步合作的起点,构建新机制的脚手架,来发挥有益的作用。

总之,考虑到南海地区目前的局势与现实的条件,依托中国—东盟合作的相关平台,作为一个过渡,来完善、创新环保领域的有关机制,是一个比较低成本、也比较务实的选择,应积极朝此方向努力。

(二)内容与模式:多元协同,因地制宜

南海的环境保护涉及多方面的问题,这些问题并非彼此孤立,而是存在着不同程度的联系。相应的,设想中的合作机制的内容也应当是多元的,以覆盖较为广泛的议题。

一是常规性环保机制。常规性环保机制针对的是南海生态环境保护的常规

① 张丽娜,王晓艳:《论南海海域环境合作保护机制》,《海南大学学报(人文社会科学版)》2014 年第 6 期。

② 鞠海龙:《菲律宾南海政策:利益驱动的政策选择》,《当代亚太》2012 年第 3 期。

③ 《中国—东盟环境保护合作战略 2009—2015 年》,http://www.chinaaseanenv.org/dmhbhz/hzwj/201612/t20161226_373443.shtml

性议题、日常管理议题。应当根据所涉海域的具体位置、具体情况,以多边协议或者双边协议的形式进行体现,明确各方的权利与义务,明确各类资源的投入与环境管护行动的合作方式。二是环境突发事件应急机制。船舶突然损坏造成的海上污染、溢油事件的发生等环境突发事件具有突发性、扩散性、影响范围与风险的不确定性、应对的困难性等特点,这需要各国在合作机制中设有预案,以防患于未然,事件一旦发生,可以比较迅速地按照一定的程序进行应急响应。三是海洋科技合作机制。在比较广泛的意义上,海洋科技合作涵盖了海洋观测、海洋科考、灾害预警、气候变化、环境保护、海洋管理技术等多个方面。可以看出,就广义的海洋科技合作而言,它涵盖了海洋环保合作。显而易见,海洋生态环境保护,离不开科技手段,离不开与之相关的科技合作机制。为了深化南海生态环境保护,必须深化与海洋环境有关的科技合作,并做出机制化的安排,这涉及具体成员构成、海域位置、组织机构、工作程序、资金投入、项目安排、科研资源分配等等环节,并需要一一细化。四是资源共同开发机制。"主权属我,搁置争议,共同开发"是中国政府和平解决南海问题的一种具体主张,体现了务实合作的精神。推动资源共同开发,一是可以缓和各国之间的矛盾,培植彼此的互信,稳定南海秩序,为环保合作奠定必要的基础条件,二是可以防止各自开发所导致的无序竞争、粗放开发。无序竞争、粗放开发,其后果有二,一是严重损害中国的海洋权益,二是容易加剧海洋生态环境的破坏,如生物资源的损失、油田渗漏等。所以,资源共同开发机制可以视作环保机制的一个相关机制。在推动资源共同开发的同时,还必须明确哪些区域的哪些资源需要暂时进行保护,暂不开发,以切实维护南海生态环境的可持续发展。

上述的内容需要通过一定的模式来体现,这种模式需要具体分析、因地制宜。在这一问题上,有学者研究了联合国环境规划署(UNEP)提供的三种模式,对可供选择的区域海洋环境合作路径进行了分析[1]:一是"北海—东北大西洋模式",这是一种分立模式。参与国都是发达工业化国家,政治、文化也相似,各国采取的做法是针对不同环保议题分别构建独立的法律制度。二是"波罗的海模式",这是一种综合模式。周边六国在社会制度和意识形态方面有差异,某些双

---

[1] 姚莹:《东北亚区域海洋环境合作路径选择——"地中海模式"之证成》,《当代法学》2010年第5期。

边协议易受第三方的干扰,最终采取的做法是对所有问题"打包",一并立法。三是"地中海模式",其特点是分立与综合相结合。鉴于参与国既有发达国家,又有发展中国家,经济发展水平存在差异,前述二种模式均存在片面性,于是将前二种模式相结合。

上述所言的三种模式,其中的任何一种都很难套用到南海的环保合作当中,而只能进行部分的借鉴。因为南海周边国家不仅在社会制度、发展程度方面存在差异,更重要的是多国染指中国的海洋主权,而且其他各方之间的申索也存在着交叠,形势复杂。在这里,重要的不是社会制度、发展程度的分歧,而恰恰在于各国之间的矛盾,环保机制的构建,需要考虑到这种特定情况。

对于一些普遍性的议题、共性问题,比如,南海环境保护的总的原则、规则、规范、决策程序,其作用是给不同的具体议题提供一般性的遵循,它需要沿岸各国共同遵守,应当以多边协议的形式来体现,通过多边合作机制来维护。协议的内容应当把以《公约》为主的国际法律法规与南海问题的实际情况相结合,使其更具针对性。对于一些具体性环保问题,需要再作分类:只涉及两国矛盾的海区,可考虑通过双边协议、双边合作机制来解决;涉及多国矛盾,或者环境影响溢出两国附近海域的范围,则需要构建相应的多边机制,将涉及的国家包括进来。总而言之,应将不同层面的机制结合起来,以适应不同海域、不同问题的特点。

### (三)中国角色:发挥领导作用,推动各方合作

在南海环境保护的问题上,作为拥有南海主权的中国,作为全球大国、地区首要强国,其所处的位置、所能扮演的角色,都是重要而独特的。中国在这一问题上,理应发挥必要的领导作用。

门洪华教授系统分析过对待国际机制的国家战略选择模式问题[1],实际上就是关于国家在国际机制中的角色定位的一种分析。他的分析是一般性的,并非针对海洋环保的国家间合作问题,但可以作为一种工具转化性的借用于此处。现将其论述转化为图1,以此为基础来看待中国的国家角色。从图上来看,中国显然不能作为南海环保机制的非参与国,只能选择参与。其次,中国作为拥有南

---

[1] 门洪华:《国际机制与中国的战略选择》,《中国社会科学》2001年第2期。

海主权的国家、作为世界大国、作为地区性综合国力最强的国家,也不能选择非主导国这一角色,这跟中国的实力、地位、国家利益以及应当承担的大国责任都不匹配。所以,中国必须作为主导国参与其中。作为主导国,我们又面临着两个选择,一是充当霸权国,二是充当一般主导国。但很显然,充当霸权国与中国主张的国际交往准则相违背,而且中国亦已明确表达过不称霸的立场,因而这不可能成为我们的选项。那么,按照图1的分类,中国似乎只能选择充当一般主导国。对于这种一般主导国,不能理解为一般性的主导国,而应理解为非霸权的主导国才比较贴切。

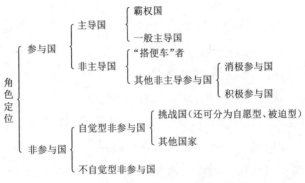

图1　国家在国际机制当中扮演的角色

　　如果我们要承担起主导国的责任,就必须对南海环保机制的构建发挥有效的领导作用。对于中国应当如何在国际事务中发挥领导作用,吴心伯教授曾指出:"在国际事务中发挥领导作用也是大国战略的重要内容。那么,该如何扮演好这一角色呢?首先要坚持集体领导,而不试图垄断领导权,21世纪纷繁复杂的国际和全球事务需要大国、中小国家以及国际与地区组织根据各自的优势都来发挥领导作用。其次,领导不是发号施令,而是发挥表率作用,通过比别人做得更多、干得更好来引领集体行动。最后,领导也不是将自己的意志强加于人,而是通过倡议、磋商、协调等方式推动形成共识。总而言之,中国应发挥的领导作用应符合伙伴主义的精神,而非霸权主义的表现。"①在南海环保合作机制的构建过程中,中国也应发挥符合伙伴主义精神的领导作用,与地区组织加强合作,发

---

① 吴心伯:《大变局时代的大国战略》,http://opinion. huanqiu. com/hqpl/2017-08/11120520. html

挥表率作用,推动各方的倡议、磋商与协调。

在这个问题上,我们还应当提出自己的合作计划,将南海环保合作机制的构建与本国的计划相衔接。2016 年,国家海洋局发布了《南海及其周边海洋国际合作框架计划(2016 年—2020 年)》[①]。这一计划涉及的合作区域范围较广,南海是其中的关键区域,环保议题也是其中的重要内容。该计划已经表达了中国的立场、态度与合作设想,可以作为中国推进南海环保合作机制构建的一个指南,提出南海环保合作机制的中国方案供各方研讨,并将各种设想予以具体化。

## 四、总结与思考

南中国海生态环境保护合作机制的建构,是一个重要的议题,既有必要性,也有可行性。同时,它也具有复杂性。总的来说,这是一个系统工程,很难一蹴而就,需要循序渐进,逐步达成,并在实践中不断总结经验,检视问题,逐渐完善。首先是培植互信,构建信任措施,求同存异,为生态环境保护机制的构建营造一个和平的、积极的氛围。其次是成立南海生态环境共同管理机构,明确其人员组成、资金来源、运行机制。三是划定南海环保的重点区域与一般区域,明确需要达成多边协议与双边协议的范围。四是明确机制的内容和层次,按照从易到难的次序分阶段推进、落实。最后是先达成一些非正式机制、政治性协议,再逐步向正式机制、有法律约束力的协议过渡。在这个问题上,应当系统筹划、渐进推行,分阶段达到目标。

作为全球与地区性大国,中国一是要在议程倡议、互信构建、合作推进、方案设想方面发挥带头作用,提供中国智慧;二是应将南海环境保护与本国发展战略相结合,既服务于地区和平,也服务于国家发展;三是在科技合作、资金支持等方面承担必要的大国责任;四是将南海环境保护与南海问题的其他方面的解决进行衔接,积极推动《南海行为准则》的最终达成。此外,鉴于南海问题的复杂性,南海的生态环境保护问题并非与其他高政治问题绝缘,中国在不完全排斥与域外大国进行环保合作(尤其是科技方面)的同时,还应有效防控域外大国对南海敏感议题的介入。

---

① 《国家海洋局发布〈南海及其周边海洋国际合作框架计划〉》,http://www.hinews.cn/news/system/2016/11/08/030812083.shtml

# 新时代我国生态文明建设成就探析①

刘海霞②

（山东建筑大学马克思主义学院，山东 济南，250101）

**摘 要**：十八大以来我国在生态文明建设方面的成就主要体现在五个方面：一是"最普惠民生福祉"的生态文明观不断深化；二是绿色发展理念日益深入党心民心；三是"大部制和垂直管理"的生态文明体制顺畅运行；四是"四梁八柱"生态文明制度体系初步形成；五是环境质量明显改善、"美丽中国"蓝图初现。

**关键词**：生态文明建设；生态文明观；生态文明体制；生态文明制度体系

十八大以来，以习近平同志为核心的党中央领导集体把以人民为中心的发展思想贯彻到生态文明建设之中，将良好生态环境视为最公平的公共产品和最普惠的民生福祉，高度重视生态文明建设。在党中央的坚强领导和各级政府及人民群众的努力下，我国在生态文明建设方面取得了令人瞩目的巨大成就。梳理这些成就并总结其中的经验，对于进一步推进生态文明建设具有重要意义。

## 一、"最普惠民生福祉"的生态文明观不断深化

十八大以来，党和国家对生态文明建设的意义、地位及其社会主义性质的认识不断深化，大力度推进社会主义生态文明建设，积极回应人民群众对美好生活

① 基金项目：国家社科基金重大专项课题："新时代以人民为中心的发展思想研究"（18VSJ012）；山东省社会科学规划研究项目："新时代背景下企业参与建设'生态美丽山东'激励机制研究"（19BJCJ38）；山东建筑大学重点课题："习近平关于生态文明制度的重要论述研究"（XNZD1803）。
② 作者简介：刘海霞（1971— ）女，山东德州人，哲学博士，政治学博士后，山东建筑大学马克思主义学院教授，硕士生导师，主要研究方向为马克思主义理论与生态文明建设等。

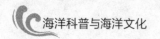

的热切呼唤。

### (一)从事关人民福祉的角度认识建设生态文明的重大意义

2007年,党的十七大明确提出建设生态文明的伟大目标,开启了我国理论自觉意义上的建设生态文明的新征程。迄今为止,我国是世界上唯一将生态文明上升为国家战略的国家。之所以从国家层面开启这一伟大建设历程,首先在于我们认识到生态文明建设对于人民群众的重大意义,从提升民生福祉的角度进行生态文明建设,把生态文明建设视为关系党的使命宗旨的重大政治问题。习近平同志在多次讲话中都反复强调了这一点。如2013年5月,习近平同志指出:"建设生态文明,关系人民福祉,关乎民族未来。"[①]2018年5月,习近平同志在全国环境保护大会上再次强调良好生态环境是最普惠的民生福祉,他指出,"要坚持生态惠民、生态利民、生态为民,重点解决损害群众健康的突出环境问题,加快改善生态环境质量,提供更多优质生态产品,努力实现社会公平正义,不断满足人民日益增长的优美生态环境需要"。[②] 正是基于以人民为中心的发展思想,党和国家才把生态文明建设作为功在当代、利在千秋的伟大事业,高度重视生态文明建设。

### (二)将生态文明建设纳入社会主义建设"五位一体"总体布局

长期以来,关于生态文明的内涵及其在社会发展中的地位问题,一直存在着激烈的争论。有的观点将生态文明等同于后工业文明,仅仅从克服工业文明弊端的角度来认识生态文明的地位,将生态文明作为工业文明的对立物来理解。这些观点在产生之初,有利于我们反思工业文明带来的环境污染问题,对于生态文明建设具有重要的启发意义,但这一观点主要受限于技术视角,未能从历史唯物主义的角度深刻把握生态文明在社会主义建设中的重要地位,没有将生态文明建设作为社会建设的必要维度来理解。党的十八大报告对于生态文明建设的重要地位给予了高度重视,提出全面落实经济建设、政治建设、文化建设、社会建设、生态文明建设"五位一体"总体布局,促进现代化建设各方面相协调,促进生

---

① 《习近平关于社会主义生态文明建设论述摘编》,中央文献研究室,中央文献出版社 2017年第 5 期。

② 习近平:《推动我国生态文明建设迈上新台阶》,《奋斗》2019 年第 3 期。

产关系与生产力、上层建筑与经济基础相协调,不断开拓生产发展、生活富裕、生态良好的文明发展道路。 这一概括,将生态文明纳入"五位一体"的建设总布局中,进一步凸显了生态文明在我国社会主义建设中的不可或缺的重要地位,并力图促进生态文明与其他方面的建设协调发展。这一概括,"标志着我们对中国特色社会主义规律认识的进一步深化,表明了我们加强生态文明建设的坚定意志和坚强决心"。①

### (三)建设社会主义生态文明的理论自觉和实践担当不断增强

从中国共产党全国代表大会关于生态文明建设的文献顺序来看,体现了从建设"生态文明"到建设"社会主义生态文明"的理论自觉和实践担当。党的十七大报告首次提出了建设生态文明、树立生态文明观;十八大报告进一步提出了走向社会主义生态文明新时代,十九大报告则提出树立社会主义生态文明观。从建设生态文明到建设社会主义生态文明,体现了对公有制信念的坚持、对党的集中统一领导的坚持和对社会主义制度先进性及超越性的自信。如十九大报告指出的,要统一行使全民所有自然资源资产所有者职责,统一行使所有国土空间用途管制和生态保护修复职责,统一行使监管城乡各类污染排放和行政执法职责等,集中体现了我们在建设社会主义生态文明方面的空前的力度和强度。再如习近平同志在 2018 年全国生态环境保护大会上指出,要自觉把经济社会发展同生态文明建设统筹起来,充分发挥党的领导和集中力量办大事的政治优势,加大力度推进生态文明建设等,也体现了我们推进社会主义生态文明的理论自觉和制度自信。

## 二、绿色发展理念日益深入党心民心

中国作为全球最大的发展中国家,当前处于并将长期处于现代化建设的历史进程中,在这一历史阶段,发展始终是我们的首要任务,是我们解决若干重大问题的根本手段。但我们需要什么样的发展以及如何发展,始终是我们面临的重大理论和实践问题。在对以 GDP 增长为中心的发展理念反思的基础上,我们提出了绿色发展的理念,并且以极大的决心和毅力在全党全国范围内宣传和推

---

① 《习近平关于社会主义生态文明建设论述摘编》,中央文献研究室,中央文献出版社 2017 年第 5 期。

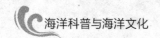

行,使得全党全国贯彻绿色发展理念的自觉性和主动性显著增强,从而为我国生态文明建设提供了强大的思想动力和发动引擎。在中国共产党全国代表大会报告、中国共产党党章以及其他重要会议的文献中,都对绿色发展理念进行了阐释或说明,体现了全党在绿色发展方面的共识和决心。

### (一)将绿色发展理念列入新时代中国特色社会主义思想和基本方略

党的十九大报告指出,发展是解决我国一切问题的基础和关键,发展必须是科学发展,必须坚定不移贯彻创新、协调、绿色、开放、共享的发展理念。此次把绿色发展作为我国社会主义建设的基本方略,体现了党对生态文明建设重要地位的深刻理解,把生态文明建设作为关系中华民族永续发展的千年大计,作为其他具体工作的指导性方针,进一步明晰和完善了科学发展的理念,为新时代的发展观注入了新的维度,有利于将生态文明建设融入社会发展全过程之中。

### (二)对绿色发展的基本维度做出宏观规划

党的十九大报告开辟专门段落,从经济、政治、文化等方面阐述了绿色发展的基本维度和我们的努力方向。如在经济方面建立健全绿色低碳循环发展的经济体系、构建市场导向的绿色技术创新体系,构建清洁低碳、安全高效的能源体系等;在政治方面开展创建节约型机关、绿色家庭、绿色学校、绿色社区和绿色出行等行动,在文化方面倡导简约适度、绿色低碳的生活方式,反对奢侈浪费和不合理消费等。这一对绿色发展理念的新阐释,不仅包含了绿色生产方式,还包含了绿色生活方式,体现了党在全社会践行绿色发展理念的长远规划,也体现了党依靠人民群众进行生态文明建设的理念。

### (三)将绿色发展理念写入中国共产党党章

党章是党的根本法规,是党的各级组织和全体党员必须遵守的基本准则和规定,对全体党员具有普遍约束力量。党的十九大会议期间通过的党章修正案中,绿色发展理念作为基本发展理念被写入其中,成为所有中共党员都必须遵守和执行的理念。新修订的党章指出,发展是我们党执政兴国的第一要务。必须坚持以人民为中心的发展思想,坚持创新、协调、绿色、开放、共享的发展理念。新修订的党章同时规定,中国共产党领导人民建设社会主义生态文明。指出要着力建设资源节约型、环境友好型社会,实行最严格的生态环境保护制度,形成节约资源和保护环境的空间格局、产业结构、生产方式、生活方式,为人民创造良好生产生活环境,实现中华民族永续发展。可见,我们要建设的生态文明,是在绿色发展理念指导下的生态文明,而通过生态文明建设又可以实现永续发展。

### (四)绿色发展理念成为社会各界的基本共识

进入新时代以来,绿色发展理念日益深入人心,并在各个层面深化践行。党的十九大报告指出,全党全国贯彻绿色发展理念的自觉性和主动性显著增强,忽视生态环境保护的状况明显改变。从中央政府到各级地方政府,对生态环境的重视程度越来越高,各类企业参与生态文明建设的范围不断扩大。如政府层面密集出台相关政策法规,民众绿色监督意识不断高涨,生态类社会组织如雨后春笋。更值得注意的是,一部分企业的生态意识已经被唤醒,他们已经或正在投身到绿色生产和生态文明建设中,充分体现出企业对绿色发展理念的认可和践行。

## 三、"大部制"和"垂直管理"生态文明体制顺畅运行

生态文明体制就是与生态文明建设相关的政府机构设置、机构之间领导隶属关系和管理权限划分等方面的体系,它们是生态文明建设的具体承担机构,是推进生态文明建设的前提和基础。进入新时代以来,我国在生态文明体制建设方面积极探索,取得了长足进展。这些进展主要体现在以下方面:一是改组环保部建制,组建生态环境部;二是针对环境治理任务,精准设置归口管理部门;三是加大巡视力度,开展中央环境保护督察工作;四是理顺地方政府和基层环保机构的关系,试行并逐步推行垂直管理制度;五是着眼基层,加强基层环保人才队伍建设。

### (一)组建中华人民共和国生态环境部

在中央政府层面,我国负责环境保护的机构经历了从环保局、环保总局、再到环保部、生态环境部的发展历程。我国的环境保护局设立于 1982 年;1998 年环保局升格为国家环保总局;2008 年,国家环保总局升格为中华人民共和国环境保护部,为国务院组成部门,正部级单位。其主要职责是拟订并实施环境保护规划、政策和标准,组织编制环境功能区划,监督管理环境污染防治,协调解决重大环境保护问题等。随着生态文明建设实践的深入,我们逐步意识到,生态文明建设不能仅仅停留于防御层面的环境保护,还应该从积极层面加强生态建设,保障

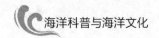

生态安全、建设美丽中国,这就需要将环保部的职责再进一步扩大。2018年3月,我国整合环境保护部的相关职责,组建中华人民共和国生态环境部。其主要职责除了原先环境保护部的职责外,还并入了国家发展和改革委员会的应对气候变化和减排职责,国土资源部的监督防止地下水污染职责,水利部的编制水功能区划、排污口设置管理、流域水环境保护职责,农业部的监督指导农业面源污染治理职责,国家海洋局的海洋环境保护职责,国务院南水北调工程建设委员会办公室的南水北调工程项目区环境保护职责等。生态环境保护部的组建,将原来分属于不同机构的大气、水、土壤的管辖权集中到生态环境部一个部门,实现了环境三要素管辖权的统一,有利于出台协调统一的保护和治理政策,极大提高了生态文明建设的效率,体现了党和国家为人民建设生态文明的决心和魄力,是新时代我们在生态文明体制建设方面的重大创举。

### (二)精准设置归口管理部门

生态文明建设的刚性要求是加强环境治理,确保水、大气、土壤三大环境要素的质量,促进环境质量的整体改善和提升。但是自2008年环保部设立以来,我国在环境污染治理方面没有针对环境要素进行归口管理,仅设置了污染防治司和污染物排放总量控制司,这一机构设置方式侧重从总的方面对环境污染进行控制,其不足之处是针对性不强,尤其是不能对重点环境要素进行针对性治理。进入新时代以来,我国逐步明确了水污染防治、大气污染防治、土壤污染防治是环境治理的三大基本任务,并针对这三大基本任务进行精准部门设置。2016年,环境保护部对机构编制进行了调整,取消原先不分类别的污染防治司和污染物排放总量控制司,分别设置水环境管理司、大气环境管理司、土壤环境管理司。这一体制改革,改变了过去对环境污染总量控制的粗放模式,对污染防治进行归口管理,着眼于环境各要素质量的全面改善,体现了解决环境具体问题的精准管理思路,便于各部门针对自身的业务范围开展工作,极大地提高了我国环境治理的针对性,在水、大气、土壤相关的污染治理方面取得了巨大成效。

### (三)建立中央环保督察工作机制

一段时期以来,有些地区片面追求经济增长率,对环境保护工作缺乏重视,对污染行为姑息纵容,对中央的环保政策落实不到位,严重阻碍我国生态文明建设顺利推进。鉴于这种情况,2015年7月,中央深改组第十四次会议审议通过《环境保护督察方案（试行）》，提出建立环保督察机制。《方案》规定，由中央环保督察组代表党中央、国务院对各省党委和政府及其有关部门开展环保督察，以中央专门机构的名义督察省级党委、政府的环境治理工作，大幅升格了原有的环境保护部层面的跨区域督查机制，是党中央、国务院推进生态文明建设的一项重大制度安排和重要创新举措。这一举措充分体现了我党密切联系群众、治理环境污染的决心。自2016年初以来，环保督察工作已经实现了各省区全覆盖，对各省区的环保工作和环境治理工作开展督察，并接受当地群众的举报和投诉，对群众关心的、反映突出的环境问题进行重点督察。根据不完全统计，各地累计问责1万余人。这项工作大大提升了各省区政府对环境保护工作的重视，积极回应各地区群众反映的问题，大范围提升了我国生态文明建设的水平，得到了人民群众的广泛拥护。

### （四）试行并逐步推行垂直管理制度

长期以来，我国基层环保机构隶属于地方政府的管理，其行政领导由地方政府任命，经费由地方政府划拨，这种行政隶属关系使得地方环保部门在客观上不能独立开展环境保护工作，造成了环保部门对地方政府的不敢监督，对地方保护主义束手无策、对跨区域跨流域环境问题无能为力等被动局面。2016年9月，中共中央办公厅、国务院办公厅印发了《关于省以下环保机构监测监察执法垂直管理制度改革试点工作的指导意见》，指出要改革环境治理基础制度，建立健全条块结合、各司其职、权责明确、保障有力、权威高效的地方环境保护管理体制，为建设天蓝、地绿、水净的美丽中国提供坚强体制保障。这一《指导意见》指出，地方党委和政府应对生态环境负总责，省级环保部门对全省环保工作实施统一监督管理，并负责市级环保局局长、副局长的提名、考察和任免等工作，县级环保局由市级环保局直接管理，领导班子成员由市级环保局任免。这项环保部门垂直改革指导意见，理顺了原先地方政府和基层环保机构之间错综复杂的关系，加强了省级环保机构对市、县级环保机构的垂直管理，有利于地方环保部门独立行使环境监察管理等相关职责，是我国环保体制的一项根本性改革。

### （五）加强基层环保人才队伍建设

生态文明建设需求强有力的人才支撑，但是，我国大部分环保专业人员集中在中央和省级环保机构，基层环保机构存在人员总量不够、能力素质不足等突出问题,致使某些基层环保机构在面对区域环境污染等问题时力不从心,不能正常开展环境执法和监察等工作。而基层环保人员又是与人民群众接触最多的人,在保障人民群众切身环境利益方面具有特殊作用。为解决这一问题,2014 年 11 月,环保部印发《关于加强基层环保人才队伍建设的意见》(简称《意见》),提出了加强基层环保人才队伍建设的要求。该《意见》指出,要努力建设一支思想好、作风正、懂业务、会管理、敢担当、人民满意、适应环保工作需要的基层环保人才队伍。此处,着意突出了让人民满意这一要求,体现了政府部门对人民的重视。《意见》还指出,要采取措施,逐步改善基层环保人才工作条件,努力营造良好政策环境,充分调动各方面力量参与基层环保人才工作的积极性等,这在客观上有利于促进基层环保队伍的壮大和优化,有利于基层环境事务工作的展开,从源头着眼制止污染和损坏,有利于保障基层群众的环境利益和需求,增强群众的获得感。

## 四、"四梁八柱"生态文明制度体系初步形成

进入新时代以来,党中央、国务院从战略高度加强生态文明制度体系的建设,注重发挥制度体系在生态文明建设中的刚性约束作用。习近平总书记在 2018 年全国生态环境保护大会上指出:用最严格制度最严密法治保护生态环境,"要加快制度创新,增加制度供给,完善制度配套,强化制度执行,让制度成为刚性的约束和不可触碰的高压线"。① 十八大以来,我国注重从国家战略层面进行顶层设计,切实增强生态文明体制改革的系统性、整体性和协调性,提出了尽快建立生态文明制度"四梁八柱"的宏伟目标,体现出了高度的实践指向性和理论前瞻性。所谓生态文明制度的"四梁八柱",指的是我们要着力建设的四个体系、八项制度。根据时任环保部部长周生贤的解释,四个体系的基本内涵为:"一是以积极探索环境保护新路为实践主体,进一步丰富环境保护的理论体系;二是以新修订的《环境保护法》实施为龙头,形成有力保护生态环境的法律法规体系;三是以深化生态环保体制改革为契机,建立严格监管所有污染物排放的环境保护组织制度体系;四是以打好大气、水、土壤污染防治三大战役为抓手,构建改善环境质量的工作体系。"② 2015 年 9 月国务院印发的《生态文明体制改革总体方

---

① 习近平:《推动我国生态文明建设迈上新台阶》,《奋斗》,2019 年第 3 期。
② 周生贤:《主动适应新常态,构建生态文明建设和环境保护的四梁八柱》,《中国环境报》,2014 年 12 月 3 日。

案》中,则对八项制度进行了系统阐释,即自然资源资产产权制度、国土空间开发保护制度、空间规划体系、资源总量管理和全面节约制度、资源有偿使用和生态补偿制度、环境治理体系、环境治理和生态保护市场体系、生态文明绩效评价考核和责任追究制度。围绕"四梁八柱"的制度建设目标,开展了以下几项工作。一是密集出台生态建设改革方案;二是生态环境相关立法工作深入展开;三是多项具体生态制度落地执行。

## (一)生态文明立法工作深入推行

十八大以来,随着党对生态文明建设重视程度的不断加深,全国人大常委会围绕中央部署加快立法进程,完成了包括《环保法》《大气污染防治法》《水污染防治法》等近20部生态文明相关法律的制定或修订工作,其中位于最高位阶的当属宪法的修订工作。2018年3月第十三届全国人大第一次会议通过的《中华人民共和国宪法修正案》这样表述:"推动物质文明、政治文明、精神文明、社会文明、生态文明协调发展,把我国建设成为富强民主文明和谐美丽的社会主义现代化强国,实现中华民族伟大复兴。"这是生态文明被开创性地写入我国宪法,是生态文明从党的主张上升为国家意志的生动体现,使生态文明建设具有了最高的法律效力。同时,作为环境保护基本法的《中华人民共和国环境保护法》的修订工作,也因其在生态文明建设方面的若干重大突破而备受关注。修订后的新《环保法》法律条文从原来的6章47条增加到7章70条,明确规定了政府、企业和公众在生态文明建设和环境污染防治方面的责任,凸显了以人民为中心的建设思路。如在总则第一条就明确指出"保障公众健康"和"推进生态文明建设"是制定该法的立法目的,充分体现了新《环保法》以人民为本的立场和推进生态文明建设的决心。该法强化了企业污染防治责任,加大了对环境违法行为的法律制裁,增强了法律的可执行性和可操作性,被称为"史上最严环保法",实现了我国环境保护立法从1.0版到2.0版的换代升级。

## (二)生态文明框架性制度逐步健全

党的十九大报告指出,我国生态文明制度体系加快形成,主体功能区制度逐步健全,这是我国进入新时代以来不断努力建设的结果。在我国生态文明制度体系中,主体功能区制度具有统筹全局的基础性地位,是我国经济发展和生态环境保护的大战略。2010年,国务院颁布《全国主体功能区规划》(简称《规划》),

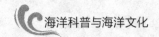 

这是我国首个全国性国土空间开发规划。《规划》将国土空间划分为四类主体功能区:优化开发区域、重点开发区域、限制开发区域和禁止开发区域,对于推进形成人口、经济和资源环境相协调的国土空间开发格局,具有重大战略意义。2017年,中共中央、国务院又印发《关于完善主体功能区战略和制度的若干意见》,提出坚定不移实施主体功能区制度,建立国土空间开发保护制度,严格按照主体功能区定位推动发展等。《意见》指出,要划定生态红线,坚持保护优先,坚持以承载能力为基础,坚持差异化协同发展,坚持生态就是生产力,坚持统筹陆海空间等战略取向。这无疑将对国土空间的优化布局发挥巨大的推动作用。主体功能区制度也在探索实践的基础上逐步健全,对我国生态文明制度体系的形成具有重大的推动作用。在这一重大战略性制度建设的基础上,我国其他的框架性生态文明制度也在加快建设。自2013年十八届三中全会提出加快建立系统完整的生态文明制度体系以来,政府部门密集出台了近四十项改革方案,其中尤以"1+6"方式最为引人瞩目。其中,"1"即2015年出台的《生态文明体制改革总体方案》,"6"包括《环境保护督察方案(试行)》《生态环境监测网络建设方案》《关于开展领导干部自然资源资产离任审计的试点方案》《党政领导干部生态环境损害责任追究办法(试行)》《编制自然资源资产负债表试点方案》《生态环境损害赔偿制度改革试点方案》。这些改革方案,着眼于建立系统完整的生态文明制度体系,着力构筑我国生态文明制度体系的稳固基础,充分发挥中央的最高权威,明确领导干部的生态责任,开展自然资源统计调查、责成环境损害者进行修复和赔偿,抓住了解决环境污染问题的关键要害,极大推进了我国生态文明建设的过程。

### (三)创新性生态文明制度由点到面

在生态文明制度建设方面,我国不仅注重发挥中央政府统一领导的力量,注重加强顶层设计,而且充分考虑到各地区不同的禀赋条件,鼓励各地结合实际探索生态文明建设的模式,并将在地方实践中比较成熟的制度推广到全国,极大提高了生态文明制度创新的规模和效率。我国于2014年、2016年分别开展了全国省级生态文明先行示范区和国家生态文明实验区等活动,在这些先行区和实验区范围内,开展了多项创新性生态文明制度的实验,如江西省创造性施行的"河长制"、福建省试行的"党政领导生态环境保护目标责任制"等制度,在区域范围内取得明显成效后,被迅速推广到全国各地,成为我国生态文明制度建设的重要推动力量。这一鼓励各地制度创新的思路,有利于充分发挥各地群众的聪明才智,发挥各地民众的积极性,体现了我国在生态文明建设中的群众观点。

## 五、环境质量有所改善,"美丽中国"蓝图初现

十八大以来,环保部门和各级政府不断倾听群众诉求,针对群众反映强烈的环境问题,加大大气、水、土壤污染的治理力度,我国大部分区域的环境质量得到明显改善,天蓝、水清、地绿。民众在环境方面的获得感明显提升,人民群众的幸福感不断增强。

### (一)空气质量明显改善,蓝天保卫战成效显著

2013 年,国务院印发《大气污染防治行动计划》(简称《大气十条》),制订了减少污染物排放、推动产业升级、加快技术改造、增加清洁能源供应、严格节能环保准入等十个方面的行动计划。2018 年,国务院印发实施《打赢蓝天保卫战三年行动计划》,明确指出,要大幅减少主要大气污染物排放总量,明显减少重污染天数,明显增强人民蓝天幸福感的目标任务,并提出了到 2020 年地级及以上城市空气质量优良天数比率达到 80％,重度及以上污染天数比率比 2015 年下降25％以上"的具体量化指标。2018 年,全国人大常委会组织开展大气污染防治法执法检查,为大气污染治理提供强有力的助力。在上述一系列政策和措施的助推下,环境保护部门开展了卓有成效的大气治理行动,取得了巨大成效,空气质量明显改善。

生态环境部提供的生态环境质量公报显示:2017 年,"全国 338 个地级及以上城市可吸入颗粒物(PM10)平均浓度比 2013 年下降 22.7％,京津冀、长三角、珠三角区域细颗粒物(PM2.5)平均浓度比 2013 年分别下降 39.6％、34.3％、27.7％,北京市 PM2.5 平均浓度从 2013 年的 89.5 微克／立方米降至 58 微克／立方米。"[①]2018 年,"全国 338 个地级及以上城市中,121 个城市环境空气质量达标,占全部城市数的 35.8％,比 2017 年上升 6.5 个百分点;217 个城市环境空气质量超标,占 64.2％。338 个城市平均优良天数比例为 79.3％,比 2017 年

① 中华人民共和国生态环境部:《2017 年中国生态环境状况公报》。

上升 1.3 个百分点;平均超标天数比例为 20.7%。"[1] 国务院 2019 年提供的人权报告数据显示:"2018 年,全国 338 个地级及以上城市可吸入颗粒物(PM10)平均浓度比 2013 年下降 26.8%,首批实施《环境空气质量标准》的 74 个城市细颗粒物(PM2.5)平均浓度比 2013 年下降 42%,二氧化硫平均浓度比 2013 年下降 68%……"[2] 我国空气质量改善目标和重点工作任务全面完成,一改此前雾霾笼罩的被动局面,还百姓以蓝天白云,极大地提升了民众的生活质量,得到群众的广泛拥护。

### (二)水污染治理力度加强,整体水质不断改善

水环境保护涉及人民群众的切实利益,关系到千家万户的身体健康。针对我国较为严峻的水环境形势,国务院于 2015 年发布《水污染防治行动计划》(简称《水十条》)。我国在水污染治理方面的行动计划主要包括全面控制污染物排放、节约保护水资源、强化科技支撑、加强水环境管理、保障水生态环境安全等十个方面,启动严格问责制,开展铁腕治污,全面加大水污染治理力度。

2017 年,"全国地表水优良水质断面比例不断提升,Ⅰ～Ⅲ类水体比例达到 67.9%,劣Ⅴ类水体比例下降到 8.3%,大江大河干流水质稳步改善"。[3] 2018 年,"全国地表水监测的 1 935 个水质断面(点位)中,Ⅰ～Ⅲ类比例为 71.0%,比 2017 年上升 3.1 个百分点;劣Ⅴ类比例为 6.7%,比 2017 年下降 1.6 个百分点"。[4] 在地表水水质不断改善的同时,我国还不断加大对饮用水水源地的保护工作,加强对饮用水水质的监测。2017 年,我国 97.7% 的地级及以上城市集中式饮用水水源完成保护区标志设置,"国家地下水监测工程建设基本完成,城乡饮用水水质监测实现全国所有地市、县区全覆盖和 85% 的乡镇覆盖"。[5] 2018 年,我国"337 个地级及以上城市的 906 个在用集中式生活饮用水水源监测断面(点位)中,814 个全年均达标,占 89.8%。其中地表水水源监测断面(点位)577 个,534 个全年均达标,占 92.5%"。[6]

---

① 中华人民共和国生态环境部:《2018 年中国生态环境状况公报》。
② 中华人民共和国国务院:《为人民谋幸福:新中国人权事业发展 70 年白皮书(2019)》。
③ 中华人民共和国生态环境部:《2017 年中国生态环境状况公报》。
④ 中华人民共和国生态环境部:《2018 年中国生态环境状况公报》。
⑤ 中华人民共和国生态环境部:《2017 年中国生态环境状况公报》。
⑥ 中华人民共和国生态环境部:《2018 年中国生态环境状况公报》。

水污染治理工作的展开,促进了我国整体水质的提升,大大提高了群众的用水安全,群众重新体会到了鱼翔浅底的美好体验,对于提升民众的整体健康水平意义重大,是新时代我国在生态环境方面的重大惠民举措。

### (三)开展土壤污染状况详查,固废物污染得到控制

为了全面提升环境质量,我国在开展大气治理和水治理的基础上继续向土壤污染宣战,2016 年,国务院印发《土壤污染防治行动计划》(简称《土十条》)。《土十条》全面规划了我国土壤污染治理的阶段性目标,提出了到 2020 年土壤污染加重趋势得到初步遏制、2030 年土壤环境风险得到基本管控、到二十一世纪中叶土壤环境质量全面改善的逐级推进治理目标,并制定了开展土壤污染调查、推进土壤污染防治立法、实施农用地分类管理、实施建设用地准入管理、加强未污染土壤保护等十项具体任务。《土十条》的出台,标志着我国在土壤治理方面开始采取实质性行动,体现了我国在环境治理方面向纵深发展的决心。目前我国已经开展了土壤污染防治法立法工作,印发了《农用地土壤环境管理办法(试行)》。已经全面开展土壤污染状况详查,完成永久基本农田划定工作,督促 106个产粮油大县制定土壤环境保护工作方案。同时开展禁止洋垃圾入境行动,印发《禁止洋垃圾入境推进固体废物进口管理制度改革实施方案》,发布《进口废物管理目录》(2017 年),"开展打击进口废物加工利用行业环境违法行为专项行动和固体废物集散地专项整治行动,实现固体废物进口量同比下降 9.2%,其中限制类固体废物进口量同比下降 12%"。我国在土壤污染治理方面的行动,加大了群众对拥有良好生活环境的信心,强化了我国的生态安全防线,为民众的幸福感增添了助力。

### (四)加强国家公园和风景名胜区等建设,在"变好"的基础上"变美"

在上述对大气、水、土壤三类环境要素进行治理改善的同时,我国在进行自然保护区、风景名胜区建设的基础上,进行国家公园试点探索,加快建设美丽中国。2017 年国务院印发并实施《建立国家公园体制总体方案》,改革各部门分头设立自然保护区和风景名胜区的体制,加强对自然生态系统原真性、整体性的保护,着力构建人与自然的和谐关系,推进美丽中国建设。最新数据显示,2018 年,我国国家级自然保护区增至 474 个。2018 年上半年和下半年,国家级自然保护区分别新增或规模扩大人类活动 2 304 处和 2 384 处,总面积分别为 13.97 平方

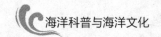

千米和 11.16 平方千米。目前我国已在青海等 12 个省市共确定了 10 个国家公园体制试点，包括北京长城、浙江钱江源、福建武夷山、湖北神农架、湖南南山、云南香格里拉普达措、青海三江源、东北虎豹、大熊猫、甘肃祁连山。国家公园试点的建设及其未来推广，以实现国家所有、全民共享、世代传承为目标，充分体现了全民公益性，保护具有国家代表性的大面积自然生态系统，对实现美丽中国的宏伟蓝图具有重要意义。

总之，自进入新时代以来，我国生态文明观念和理念不断深化，生态文明体制和制度体系建设成效卓著，环境质量明显改善，"美丽中国"宏伟蓝图逐渐显现。人民群众在环境方面的获得感显著增强，良好生态给民众带来的幸福感不断提升。

# 论海洋生态法治文化的体系构成及基本目标①

余晓龙②

（山东法官培训学院，山东 济南，250013；

重庆大学西部环境资源法制建设研究中心，重庆，400044）

**摘　要:** 党的十八大以来，海洋地位被提升至国家战略高度，加快海洋强国建设已经成为社会普遍共识。在建设海洋强国的进程中，海洋文化发挥着基础性支撑作用，并日益呈现出生态转向的新趋势。在日益严峻的海洋生态环境状况背后，制度之间的冲突和更深层次的生态伦理缺失，催生了海洋生态法治文化建设的需求。海洋文化本身蕴含了海洋生态法治文化，海洋生态法治文化既是海洋文化的基本组成部分，也是海洋文化发展完善的规范保障。在海洋生态保护法治化需求日益凸显的当下，海洋生态法治文化的构建具有更加鲜明的指向。即应当立足于对海洋生态环境的尊重与保护，充分彰显海洋内在的生态价值，针对海洋环境公益保护的特殊要求，以关系互动与规范保障为内核的司法治理理论为指引，通过海洋环境公益诉讼制度的有效整合和机制完善，重塑形成以"风险预防、多元互动、程序规制"为特点的海洋生态法治文化，发挥对"人—海"关系的重新定位功能，为海洋综合开发、利用和保护提供文化支撑与法治保障。

**关键词:** 海洋文化；生态法治文化；风险预防；公益诉讼；司法治理

　　随着国家科技实力的提升和各类资源现实禀赋的变化，海洋在国家整体发

---

① 基金项目:本文系国家社科基金一般项目"自然生态空间用途管制法律问题研究"（19BFX192）和山东省社会科学规划·审判研究专项"海洋环境公益保护各类型诉讼程序衔接与机制完善"（19CSPJ02）的阶段性成果。

② 作者简介:余晓龙（1987— ），男，山东日照人，山东法官培训学院讲师，重庆大学西部环境资源法制建设研究中心研究员，主要研究方向为环境与资源保护法学。

展格局中的地位不断凸显。面对这一深刻变化,党的十八大做出了建设海洋强国的重大部署,将海洋地位提升至国家战略的高度,形成了海洋保护、开发、利用的全新格局。面对建设海洋强国的新使命,习近平总书记提出要进一步关心海洋、认识海洋、经略海洋<sup>①</sup>等重要论断,形成了海洋事业发展和海洋文化建设的新要求,为推进海洋强国战略提供了理论指引。

纵观这些新理念和新要求,其重要指向是对海洋生态环境的尊重和保护,是对海洋生态文化的重视和阐明。对此,有学者指出,"十八大报告关于海洋强国的表述中包括海洋生态环境保护,生态海洋被理解为海洋强国的内涵之一"。<sup>②</sup>这与官方的表述相互印证,即保护生态环境必须成为中国建设海洋强国的题中应有之义。<sup>③</sup>从更宏阔的视角看,这与世界范围内的文化生态化浪潮是互为呼应的。在生态化趋势新近波及的海洋文化领域,随着关爱海洋、保护海洋生态等一系列思考与行动的出现,海洋生态保护的意义日渐在"人—海"关系中引起重视,海洋文化随之在世界范围内呈现出生态转向的新兴趋势。<sup>④</sup>

为促进海洋文化生态化转向的稳步前行,作为法学研究而言,就是要将海洋生态文化的法治化引领和规范作为重要课题,探究通过制度和治理能力现代化实现对海洋生态环境保护的路径,同时摒弃对海洋生态环境保护制度建构研究存在的视野局限和措施碎片等痼疾,从海洋生态法治文化的高度关照具体领域的制度建构与司法举措,力求为海洋生态环境保护提供深层次的文化支撑,实现海洋生态文化与法治的彼此交融和相互促进。

## 一、海洋文化生态化背景下的海洋生态法治文化

笔者认为,在海洋文化体系中,海洋生态文化是其重要组成部分,也是海洋文化其他要素的基石。很大程度上讲,没有海洋生态文化海洋文化本身将难以为继,也会缺少现代文化的基本内涵。随着对环境资源一体化认识的不断加深,

---

① 《习近平在中共中央政治局第八次集体学习时强调 进一步关心海洋认识海洋经略海洋 推动海洋强国建设不断取得新成就》,载中央政府门户网站 http://www. gov. cn/ldhd/2013-07/31/content_2459009. htm,2019 年 8 月 20 日访问。
② 刘锡贵:《关于建设海洋强国的若干思考》,《海洋开发与管理》2012 年第 12 期。
③ 参见《习近平谈治国理政(第二卷)》,外文出版社 2017 年版,第 392 页。
④ 参见朱建君:《海洋文化的生态转向与话语表达》,《太平洋学报》2016 年第 10 期。

海洋环境内在价值得以不断彰显,形成了尊重海洋、关爱海洋的认识,为海洋资源的保护性开发提供了伦理认同和价值支撑,促使海洋生态文化的地位得到确认和提升。作为海洋文化与海洋法治结合体存在的海洋生态法治文化,其既在海洋生态文化的涵养下形成发展,也为海洋生态文化提供了法治规范和保障。在全面依法治国向纵深推进的背景下,海洋生态法治文化一定程度上形塑着海洋文化的发展方向,加强对海洋生态法治文化的研究具有十分紧迫的现实需要。但囿于对海洋文化的整体性研究起步较晚和对其中的重点领域关注度不够,"中国海洋文化最本质、最重要、最富有中国特色的政治文化、制度文化、社会文化,是被忽视、遮蔽的",①将海洋生态法治文化融入海洋文化体系进行研究还处于起步阶段。与海洋生态制度文化相比,海洋生态法治文化的容纳力更为广泛,涵盖了海洋生态立法、执法、司法、守法的各个领域,突出了治理体系和治理能力现代化的要求,侧重于将海洋生态法律制度转化为海洋生态治理效能,治理的"多元性""互动性""融合性"特性更加契合海洋文化生态化发展的方向。

为深化海洋生态法治文化的研究,针对海洋生态保护制度规定缺陷导致的冲突,可以《海洋环境保护法》第 89 条第 2 款的规定为研究的切入。在海洋生态法治文化体系中,作为权利救济最后一道防线的司法具有特殊价值。海洋生态文化指向的是对海洋环境公益为核心的海洋权益保护,根据"没有救济就没有权利"的法理,海洋环境公益的司法救济应当作为海洋权益保护的兜底性力量,发挥督促、纠偏的特殊制度功能。督促功能是通过对海洋行政监管部门缺位时的程序规制实现的,指向的是对处于优势地位的行政监管力量的充分调动;纠偏是对海洋环境公益救济滞后性的制度弥合,实现的是预防性公益诉讼的制度功能。同时,海洋环境公益诉讼规定在现有制度框架下具有特殊性,融贯了海洋环境立法、执法与守法等各个环节,起到海洋生态保护法治领域"动一发而牵全身"的作用。完善海洋环境权益保护体系,关键在于促进海洋生态环境损害司法救济的制度文化建构与制度体系完善。海洋生态环境损害司法救济显著区别于其他领域的生态环境损害司法救济,根源在于现行海洋生态环境损害司法救济的政策性约束和制度性规定呈现出救济主体限制性和手段单一性的内在缺陷,不利于实现对海洋环境公益的保护,也难以形成以环境公益为核心的海洋生态文

---

① 曲金良等:《中国海洋文化基础理论研究》,海洋出版社 2014 年版,序言第 6 页。

化。未来,有必要遵循以关系互动与规范保障为特点的司法治理理论,实现其平衡价值争议、调和政策冲突、推动政策实施的"治理型司法"功能,[①]通过海洋环境公益诉讼制度的资源、手段整合,实现对海洋生态法治文化的显性促进,重塑形成以"风险预防、关系互动、程序规制"为特点的海洋生态法治文化。

## 二、海洋生态法治文化塑造的法理革新

实现对海洋生态法治文化的塑造,前提是厘清蕴含在海洋生态法治文化之中的基本法理,重点是准确把握海洋生态法治文化基础概念内涵,理性认识现有制度框架下特有的海洋生态管理文化。

### (一)基础概念拓展实现海洋生态价值的彰显

"生态法治相较于人本法治的质性迈进突出反映在作为法治基本范式的'权利'在内涵方面的拓展和外延方面的丰富。"[②]在海洋生态法治领域,海洋的资产性概念应当更多地被生态性概念所涵盖,凸显长期被忽视的生态资源性属性,为海洋生态价值的实现找寻实践路径。与海洋生态价值对应的法律概念是海洋环境公益,这一概念形成了对传统海洋利益的丰富与拓展,突破了海洋利益"唯人论"和"唯经济利益论"的局限。对海洋环境公益的保护成为理解海洋生态法治文化的基点。海洋环境公益是指向海洋生态环境本身的公共利益,对其保护的着眼点是救济海洋生态环境损害。从更上位的概念看,生态环境损害系学界所称的"生态损害"或者"对环境本身的损害"。[③]该类损害的对象为生态环境本身,传统法意义上的人身、财产损害均不在生态环境损害之列,使得生态环境损害概念区别于其他相关概念,具备了概念特定化和制度化的属性。在此之下,海洋生态环境损害是对海洋环境本身的损害,是对海洋环境要素的污染或破坏以及因污染或破坏造成的海洋生态系统功能退化。[④]因海洋环境的"公共物品"属性和海洋生态的系统性特点,海洋生态环境直接关系到公共利益,对其

---

① 参见杜辉:《环境司法的公共治理面向——基于"环境司法中国模式"的建构》,《法学评论》2015 年第 4 期。

② 江必新:《生态法治元论》,《现代法学》2013 年第 3 期。

③ 参见张宝:《环境侵权的解释论》,中国政法大学出版社 2015 年版,第 214 页。

④ 参见梅宏:《海洋生态环境损害赔偿的新问题及其解释论》,《法学论坛》2017 年第 3 期。

救济的程序则主要是公益诉讼的程序。

依循该逻辑,海洋生态环境损害的概念较之于传统损害概念有了内涵上的拓展和外延上的丰富,即该损害应当是一种以海洋生态环境本身为对象的损害,且该损害内涵所必然延伸出来的风险预防性要求,也对相应的诉讼救济手段提出了新的要求。传统诉讼启动要求的是确定性的损害,其中的确定性指向对人身、财产等为法律所认可的利益。对环境本身的损害只要未传达导致人身、财产的显著损害,则诉讼救济程序难以启动。承认生态环境损害的概念,则大大提前了诉讼救济的时间,降低了损害救济的条件,当有关主体的行为有使环境遭受侵害或有侵害之虞时,为维护环境公共利益可以向法院提起诉讼,[①] 其将带有不确定性的重大环境风险作为损害救济的对象,与传统诉讼制度所要求的确定性损害方可提起诉讼的条件显著区别。从文化意义上讲,现有法治承认对环境本身的损害,是将传统法律关系中人与人之间的关系拓展至人与环境的关系,在后一种关系中,环境本身成为关系构成的基本要素,对环境的认识实现了由工具价值向内在价值的进阶,产生了人类对自身环境行为的反思,人类主宰自然、客体应依人类意愿利用的文化观念发生了根本改变。由此,以生态文化为指向的基础概念拓展为海洋生态法治文化的存在提供了基本条件和逻辑起点。

(二)环境司法治理助推海洋生态管理文化的形成

海洋生态环境是一个庞大的生态系统,也是一个整体性概念,需要系统的海洋生态管理文化予以回应。海洋环境监管部门在海洋生态环境损害救济领域具有手段资源优势,承担着保护海洋环境公益的主要职责。就其职能作用发挥赖以存在的组织基础看,部门间的分工是否顺畅、规定是否科学是影响保护效果的关键因素。就其职权基础看,职权规定是否细化,职权内容是否充分,职能衔接是否科学,直接关系到行政权的履行限度。从这两点看,现有的海洋监管实践及相应的文化建设还有不足之处。受"各负其责"行政管理文化的影响,海洋行政监管主体职责设置对应的是海洋生态系统中的具体生态要素,固守文字表述层面的职权规定,对海洋生态系统管理将造成人为分割,与海洋生态环境一体化和保护体系化的要求并不相符。同时,基于海洋生态环境保护的全面性与及时性

---

① 参见别涛主编:《环境公益诉讼》,法律出版社 2007 年版,第 23 页。

要求,以海洋环境公益保护为导向的行政权适当延伸与主动实施极具必要性,通过自由裁量充实海洋生态保护职能内容亦为可行,一定程度上会对"法无授权不可为"的行政法治文化提出革新要求。

反映到海洋环境监管实践,一方面,由于污染的多元性及海洋的流动性特点,各部门在监管职权方面存在一定重叠,造成多头管理的同时不可避免引发职责推诿。例如,当污染波及多个相邻海域,由污染源发生地监管部门起诉抑或几个受损区域监管部门分别起诉尚不清晰。另一方面,在保护海洋生态环境领域,海洋环境监管部门扮演相互关联的"两种角色":一种角色是行使行政管理监督职权的主管机关;另一种角色是代表国家提起损害赔偿的诉讼主体。因制度设计的粗疏,"两种角色"衔接还不够顺畅,加之行政履责的复杂性,有时还存在角色"偷换"消解制度效果的现象。例如,海洋环境监管部门可能会消极行使行政职权,过度依靠诉讼途径解决问题,导致环境污染和生态破坏的扩大化。为此,应当依法规范和引领海洋生态监管实践,促进形成以关系互动为特点的海洋生态管理文化,实现海洋环境监管机关之间的工作衔接,突出行政职权充分发挥基础上的司法兜底功能,建立以基于海洋生态网络为基础的海洋管理法律体系[1]和系统性的生态监管法治文化,实现对海洋环境公益的闭环式保护。

## 三、海洋生态法治文化的体系构成与逻辑

形成海洋生态法治文化,应坚持以司法治理理论为指引,通过司法资源、手段的整合和与行政手段的衔接,构建形成海洋生态环境保护的风险预防性文化、多元互动的海洋生态管理文化、海洋生态保护的程序性文化,为海洋生态保护提供文化支撑与法治保障。

### (一)生态价值彰显的风险预防性文化

风险社会理论是环境公益保护的基础性理论。"风险社会理论再次突出了人类自我反省控制这一当代文化批判的主题。"[2]"而文化对人的关系是二重性

---

① 杨柳蕙:《海洋生态文化保护的法律思考》,《广西社会科学》2017年第4期。
② 邴正:《当代人与文化——人类自我意识和文化批判》,吉林教育出版社1996年版,第24—25页。

的,既包含着肯定性关系,又包含着否定性关系。"[1] 二重性体现在风险文化中就表现为制造风险和规避风险的二重性。[2] 最早提出风险文化概念的学者之一英国社会学家斯科特·拉什对风险文化的重要性作出了经典论述,他认为,风险社会的核心是风险文化,防范和化解风险需要加强风险文化的作用。[3] 加强海洋生态保护领域的风险文化,就是要完善以海洋生态环境损害司法救济为核心的风险预防性制度设计,形成以公益诉讼为核心的制度性预防文化,夯实海洋生态法治文化的基础。完善海洋生态保护风险预防性文化,核心是明确海洋环境监管机关代表国家提出索赔诉讼的"准环境公益诉讼"性质定位。首先,从侵害法益方面看,索赔诉讼救济的是"破坏海洋生态、海洋水产资源、海洋保护区"造成的国家利益损失,该类利益具有典型的生态性利益特点,但因现行制度束缚导致固守"只有导致实际损害"才能加以保护的窠臼,不符合环境公益诉讼的预防性要求。同时,索赔诉讼又有别于一般民事诉讼,海洋环境监管部门代表国家作为特殊的诉讼主体,其在诉讼中行使权利应本着审慎原则,该诉权既是权利亦是职责,不得擅自放弃,其诉权处分应受到必要限制。索赔诉讼带有公益诉讼的特点,但又无法涵盖公益诉讼的要件,故宜称作"准环境公益诉讼",从而与《民事诉讼法》《环境保护法》及相关司法解释确立的"环境公益诉讼"相区别,避免因概念不清导致对海洋生态环境损害预防性救济的不足,为海洋环境公益的预防性保护提供制度空间。由此,风险预防性文化将对海洋生态环境保护的时间更加提前,从根源意义上讲是对主体人的前置性和全面性保护,实现了对海洋生态为媒介的"人—海"关系的重新定位,充分显示出海洋生态的内在价值。

### (二)多元互动的海洋生态管理文化

构建海洋生态管理文化的指向是实现围绕海洋生态保护多元主体的关系互动。有学者提出,应当将海洋生态文化零散的、多学科的内涵与相关实践,通过多元主体及其互动为主线的综合视角进行诠释。[4] 该认识的核心在于从"关系"

---

① 郗正:《当代人与文化——人类自我意识和文化批判》,吉林教育出版社1996年版,第24-25页。
② 刘岩:《风险文化的二重性与风险责任伦理构建》,《社会科学战线》2010年第8期。
③ 张宁:《风险文化理论研究及其启示——文化视角下的风险分析》,《中央财经大学学报》2012年第12期。
④ 马仁锋等:《海洋生态文化的认知与实践体系》,《宁波大学学报(人文科学版)》2018年第1期。

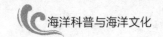

的角度阐述"多元"与"互动"的文化意义,紧扣海洋生态文化构建的要义。从海洋法治角度讲,海洋生态管理语境中的多元互动关系媒介为公益诉讼制度,与之契合的理论为关系互动与规范保障为特点的司法治理理论。在以司法为塑造手段的海洋生态管理场域中,多元互动的关系包含三重含义,形成海洋生态管理文化构建指向的三大目标:一是多元主体的涵盖。在对内关系上各海洋环境监管机关能够统一于海洋生态保护合力之中,由原先若干隐性存在的主体到显性的多元主体参与环境公益保护实践;在对外关系上丰富了参与主体的性质,不仅包括各类公权机关,也包括更加广泛存在的社会组织,丰富了参与主体的代表性,提升了参与行动的持续性。这方面,英国海洋管理实践中重视对社会力量的调动已经成为其海洋管理文化的基本特点。[①] 二是行为的沟通互动。国家作为海洋生态监管第一责任人,扮演着国有资产保值增值的责任者和海洋生态环境保护者两种角色。理论上讲,两种角色应当互为促进,实现有机统一,但因现实目标导向和角色之间的掣肘,实践中的沟通互动容易出现偏差,需要制度规范加以保障。通过多元互动关系构造,可以理顺不同角色之间的关系,形成环境与资源的一体化认识,将对海洋资源的利用行为纳入海洋生态保护视阈,强化对海洋资源的保护性开发格局,实现以海洋生态保护为基础的国有资产高效利用。与国家对应存在的社会组织,则通过弥补国家索赔诉讼的不足实现存在的目的,进而在海洋环境公益维护过程中实现有效的行为沟通与互动。三是达致效果的多样。在海洋环境公益保护的多元互动关系中,社会组织具有独立于国家存在的特殊地位,有助于实现对国家海洋生态保护行为的必要纠偏与补足,通过参与海洋环境公益维护活动,社会组织的环境保护行为得到激励,环保理念得以重塑,社会组织的代表性和示范性能够联动引发公众海洋环保意识的整体提升。与之相对,海洋环境监管机关在多方监督制约之下,充实了法定职责的内容,强化了海洋生态保护者的职能角色,助推了海洋环境监管的生态文化建设与实践落实。

（三）规范高效的海洋生态保护程序文化

海洋环境公益保护涉及多主体、多程序的衔接配合,需要以规范高效为特点的程序性文化予以保障。相较于其他文化,程序性文化具有显著的实践性特点,

---

① 参见崔倩茹:《英国海洋文化与立法研究》,山东大学 2018 年硕士学位论文,第 26 页。

这与海洋文化现代化塑造具有内在契合性。"海洋文化既是一个历史范畴、意识范畴、文化范畴,也是一个实践范畴。"①通过衔接性程序设计,能够为各主体找准维护海洋环境公益的支点和位置,以程序性文化推动各主体权利的实现与责任的落实。同时,程序文化还具有显著的矫正功能,这一点对海洋环境公益保护具有重要价值。与生态环境领域的整体情况类似,海洋生态环境中存在多主体、多层次的利益,生态性利益是其中较为弱势的一类,需要额外的矫正方能与其他利益实现平衡。海洋生态保护的程序文化建设就是要突出海洋环境公益的维护,在提起诉讼的时机、方式以及救济等层面,发挥操作透明和程序外控的作用,实现对海洋环境公益及时、全面的保护。为此,加强海洋生态保护的程序文化建设,应着力完善程序制度建设和机制建设。需要把握的原则是实现对海洋环境公益的闭环式保护,避免因程序设计粗疏导致海洋环境公益得不到充分保护。在现行法律规定之下,要坚持海洋环境监管部门提起海洋生态环境损害赔偿的优先性,②一般情况下应当由其负责提起诉讼,社会组织和个人可以向海洋环境监管部门提供线索或者提出意见建议,对提供线索和意见建议但没有提起诉讼的,海洋环境监管部门应当说明理由。作为对社会组织和个人监督权落实的司法回应,可以借鉴欧盟《环境责任指令》的做法,允许社会公众就适格原告拒绝提起生态(环境)损害赔偿诉讼的决定主张司法审查。③对索赔诉讼无法涉及的"具有损害社会公共利益重大风险"的情形,应当允许其他主体提起诉讼,更好地满足海洋生态环境预防性保护的需求。实践中,为节省审判资源,提升审判效率,理顺各主体的关系,可以考虑在其他主体提起公益诉讼之前,向海洋环境监管部门提出履职请求,督促其积极行使行政职权避免重大环境损害事件的发生,这与该类诉讼中请求"排除妨碍、停止侵害"等具有等同的法律效果。对不采取措施加以预防的,可以提起环境公益诉讼。对索赔诉讼中没有提起或者提起的诉求不足

---

① 宁波:《海洋文化:逻辑关系的视角》,上海人民出版社 2017 年版,序第 1 页。
② 考虑主要有三:一是该种维护海洋生态环境公益的方式为法律所明确规定,适用起来没有任何异议;二是生态环境损害赔偿是当前国家生态文明建设的重大战略举措,具有政策性优势;三是海洋环境监管部门有相对成熟的海洋信息收集系统和强大的技术资源手段,由其作为主体提起诉讼具有优势。
③ 参见竺效:《生态损害综合预防和救济法律机制研究》,法律出版社 2016 年版,第 162 页。

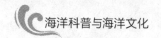 

以保护海洋生态环境的，①其他主体可以在未达成海洋生态环境保护的范围内提起环境公益诉讼。

## 四、结语

任何一种文化都是在生动实践的基础上生发出来的，海洋文化也是如此。正如前文所述，当前海洋生态环境正不断遭受损害，海洋文化内涵中的"生态保护性"要求愈发凸显。只有实现对海洋生态环境的有效保护，才能从生态基础这一根本上保持海洋文化的丰富内涵，提升海洋文化的包容品味。本文以海洋生态环境损害的救济和公益保护为切入点，融合海洋生态文明与海洋法治文化，重点解析了海洋生态法治文化建构的法理依据和制度逻辑，目的是实现对海洋生态环境的闭环式保护与良善治理。与生态文明法律体系建设的内容相衔接，预防性制度、管控性制度和救济性制度三大类别②对应到海洋生态法治文化领域分别是生态价值彰显的风险预防性文化、多元互动的海洋生态管理文化、规范高效的海洋生态保护程序文化。这就涵盖了海洋生态法治文化建设的重点，与海洋环境公益保护的制度规定内在契合，有利于充实海洋生态法治文化的内涵，提升海洋生态文化的实践性，对海洋环境公益诉讼制度运行提供文化支持与保障。

---

① 判决赔偿用于生态恢复，但没有具体的恢复要求，很多情况下会存在判决无法有效执行，难以达到恢复生态环境的判决目的。对于海洋生态环境损害赔偿而言，同样存在这样的问题，因此不应阻却其他主体提起环境公益诉讼。

② 参见王灿发：《论生态文明建设法律保障体系的构建》，《中国法学》2014年第3期。

# 论海洋科技对海洋生态文明的支撑

谢鸿昆 ①

（山东农业大学马克思主义学院，山东 泰安，271018）

**摘　要**:海洋生态文明是实现和保障涉海人与社会和海洋协调共生、稳定可持续发展的文明,是海洋生态意识、行为和制度的统一体。海洋科技则是人类在经验和逻辑基础上系统地获取和运用对涉海事物及其关系的可验证的普遍性认知的活动及其方式和成果,包括一系列观念、认知和方法。这些观念、认知和方法在海域实践中显现而成为海洋生态意识,现实化为海洋生态行为依据和模式或海洋生态制度的各种规范,海洋科技正是通过这种方式对海洋生态文明发挥着支撑作用。但海洋科技是有限的、不牢靠的,所以这种支撑既不足够也不牢靠。然而,不应该因此抛弃海洋科技,实际上也无法抛弃它,因为有限的海洋科技是能够无限拓展的有机体,它作为海洋生态文明的支撑物足够坚固和有力,并且是无可替代的。

**关键词**:海洋科技;海洋生态文明;支撑

就涉海世界来说,当今时代是海洋科技时代,也是正步入海洋生态文明的时代,海洋科技被广泛运用于涉海实践,海洋强国、海洋生态文明被提升到战略高度。海洋科技和海洋生态文明的关系问题也随之突显出来。对此,人们认识到,海洋生态文明和海洋科技有着紧密联系,海洋科技在海洋生态文明中居于重要地位,对海洋生态文明起着基础性支撑作用。但是,这方面的研究还主要限于表象上的经验直观,对这种支撑作用的内在机制,即海洋科技究竟是如何支撑海洋

---

① 作者简介:谢鸿昆(1967— ),山东农业大学马克思主义学院副教授,主要从事科学哲学和马克思主义基本理论研究。

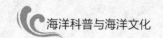

生态文明的问题,尚缺乏深入的理论探究。而揭示这种支撑作用的内在机制不仅是断言这种作用存在所必需,而且无疑有助于全面阐明海洋生态文明和海洋科技的内在联系,进而加深对海洋生态文明和海洋科技及其关系的认识,对深入理解更一般的生态文明和科技及其联系也具有直接的启示意义,因此,海洋科技对海洋生态文明的支撑机制问题是一个十分重要的问题。本文将依据基本的经验事实运用概念分析和逻辑分析等方法对此进行仔细探讨。

## 一、海洋生态文明和海洋科技的概念及基本关系

要具体阐明海洋科技对海洋生态文明的支撑机制,首先就要明确海洋生态文明和海洋科技的概念。

### (一)海洋生态文明

文明是人类文化的积极成果及其外在形式,是人对"野蛮生活状态"的超越。具体而言,文明是人类有效地应对所面临的危险的挑战的方式和结果,是在这种挑战中所形成的物质成果和精神成果的总和以及相应的人的生活状态,体现着人类集中化、生物(包括人类)的驯化、劳动的专业化、社会进步和人类至上主义意识形态以及人类对自然乃至对整个人类世界的控制等。

生态即生物的生存状态。但任何生物都不是自在自为的,而总是生存于一定的、由所有相关的其他现实存在物有机地构成的环境(自然环境或社会环境)中,并且要与环境相协调、适应,否则就难以维持其生存。所以,生态是生物在一定的环境中生存和发展的状态,因此内含着生物与其他(自然的或人为的)现实存在物依存共生这一基本意义。这种依存共生的关系就是生态关系,生态关系的破坏,就是生态问题,是对生物的生态挑战。人类解决自己所面临的生态问题、应对生态挑战的实践方式、成果和状态,就是生态文明。

人不仅生存于自然中,也同时生活于社会中。因此,人的生态必然包含着人与自然、人与人、人与社会等多方面依存共生的关系。因此,生态文明是人类在认识进而遵循自然和社会的客观规律改造自然与社会、促进人类及其社会发展的实践中"实现人与自然、人与人、人与社会之间和谐共生关系的全部努力和成

果"，①是由此建立起来的保障和体现人与自然、人与社会、人与人良性互动、协调共生、可持续发展的文明形态。

海洋是的自然的重要部分，是人类活动于其中的重要环境，人类与海洋环境的相互影响、依存共生，构成了人类的海洋生态。②人类应对海洋生态挑战的实践方式、成果和状态就是海洋生态文明。显然，海洋生态文明是一种区域性的生态文明，即将"自然"限定于"海洋"的生态文明。③从其形成和目的看，海洋生态文明是人类实现和保障涉海的人及其社会和海洋协调共生、稳定可持续发展的文明，"是人与大海、人与人的和谐共生，是在海洋生态系统可持续的前提下实现以海洋发展、持续繁荣为基本宗旨的海洋文化伦理形态"。④简单地说，"海洋生态文明，就是保护海洋生态环境并实现人海和谐发展的文明"。⑤其实质在于：建立以涉海资源环境承载力为基础、以自然规律为准则、以可持续发展为目标的海洋开发、利用、保护等理念和活动方式，实现人与海洋和谐相处、协调发展。⑥

海洋生态文明的基本要素是：海洋生态意识、海洋生态行为和海洋生态制度。⑦海洋生态意识是人们对涉海生态关系的意识，具体包括海洋生态价值意识、海洋（经济、政治、文化）资源可生态利用意识、海洋生态忧患意识、海洋生态责任

---

① 马彩华，赵志远，游奎：《略论海洋生态文明建设与公众参与》，《中国软科学》2010 年增刊，第 172-177 页。

② 当然，生存于海洋中的其他生物和海洋也构成一种海洋生态（关系），但这种生态对人类而言就是"海洋环境"，也就是说，其他生物和海洋的生态关系已包含在人类的"海洋环境"中。并且，这种海洋生态意义上的"海洋环境"不限于海洋，还包括有人类活动于其中的近海陆地空间区域及其资源。

③ 严格说来，这里的"海洋"其实应该是"涉海空间区域"，包括近海陆地空间区域。因此，"海洋生态（文明）"其实应该称为"涉海生态（文明）"，"海洋科技"其实应该称为"涉海科技"。本文仍使用通行的概念，但用以指这种严格意义。

④ 王书明，董兆鑫，章立玲：《海洋生态文明的意涵、建设实践与推进思路——基于文献研究的解读》，《中国海洋社会学研究》2019 年第 7 期。

⑤ 朱雄，曲金良：《我国海洋生态文明建设内涵与现状研究》，《山东行政学院学报》2017 年第 3 期。

⑥ 刘书明，张文亮，崔晓健，王园君，马志华：《关于推进天津滨海新区海洋生态文明建设的思考》，《海洋开发与管理》2014 年第 2 期。

⑦ 赵利民：《加强海洋生态文明建设 促进海洋经济转型升级》，《海洋开发与管理》2010 年第 8 期。

意识等,是"海洋生态文明的灵魂所在"。[1] 海洋生态行为是涉海世界内的人们处理人海[2] 生态关系的行为,关涉海洋生态产业和海洋生态环境,主要体现于涉海资源(主要是海洋资源)的生态开发、利用和保护等实践中。海洋生态制度是涉海规范体系,它"眼于海洋综合开发利用,维护海洋生态环境平衡,是调整人海关系的硬性规范,对人们的行为起着激励与约束作用"。[3] 以上这三个方面都是海洋生态文明所不可或缺的,"其中,意识决定行动,行动须有规范,规范的根本在于制度的建立和执行"[4]。海洋生态文明就是由海洋生态意识、行为和制度构成的有机体。

### (二)科技和海洋科技

科技是一个现代概念。在本文语境中,科技是"现代科学技术"(即"现代科学和技术")的简称。其中,科学和技术都有极为丰富而复杂的内涵。

现代一般意义的科学产生于近代欧洲,它有三个方面的基本内涵:① 一种系统地获取可验证的普遍性知识的活动,如马克思说:"科学就在于把理性方法运用于感性材料。归纳、分析、比较、观察和实验是理性方法的主要条件。"[5] ② 获取这种可验证的普遍性知识的方式,如在劳丹看来,科学就是用来解决具体问题的有效方法。③ 这种活动和方式的结果,就此意义而言,科学"是真正实证的科学",是"真正的知识",[6]"科学是系统的、实证的知识"。科学主要包括自然科学和人文社会科学,在当代,还包括工程科学、技术科学等。科学已经成为一种有组织的、制度化的社会活动。

技术是人类在实践活动中根据实践经验或科学原理所创造发明的、用来改变现有事物或创造新事物以实现一定的实用目的的方法、手段和规则体系。技

---

① 高雪梅,孙祥山,于旭蓉:《海洋生态文明建设中高校海洋意识培养与教育策略》,《高等农业教育》2016 年第 6 期。

② "人海"在本文是"涉海人、人类社会和海洋"的简称。

③ 朱雄,曲金良:《我国海洋生态文明建设内涵与现状研究》,《山东行政学院学报》2017 年第 3 期。

④ 朱雄,曲金良:《我国海洋生态文明建设内涵与现状研究》,《山东行政学院学报》2017 年第 3 期。

⑤ 《马克思恩格斯文集》(第 1 卷),人民出版社 2009 年版,第 331 页。

⑥ 《马克思恩格斯文集》(第 1 卷),人民出版社 2009 年版,第 331 页。

术是人类实践和思维的基本要素,因此广泛存在于人类实践和思维的各个对象领域,不但有适用于自然对象领域的技术,而且有适用于人文社会对象领域的技术。

在现代社会,科学和技术是紧密联系在一起的,二者不断趋向一体化。现代技术是以现代科学为基础的,实际上是人类运用现代科学解决特定的具体问题的方法。"科学直接产生知识,间接产生行动的手段。"[1] 而科学对世界的认识、科学知识的获取总是运用一些方法实现的,没有方法的科学是不可能的。这意味着,科学也依赖技术。简言之,科学是技术发展的必要理论基础,技术是科学发展的必要现实手段。

因此,现代科学和技术是相互渗透、融为一体的,这就是所谓"(现代)科技"。简单说来,科技是人类基于经验和逻辑而系统地认识事物并以所获取的经过验证的普遍性知识改造或创造现实世界的、系统的实践活动及其方式、方法和成果体系。从对象领域看,现代科技不只有自然科技,还有人文社会科技。

科技因其研究和适用对象不同而区分为许多具体的分支,如工业科技、农业科技、海洋科技、航天科技等。其中,海洋科技是人类在涉海实践中运用或发展的以涉海事物(海洋及其资源、涉海人及人类社会等)及其关系为对象的科技。海洋科技的一个主要对象是海洋,而真正的海洋就像马克思所说的"真正的、人类学的自然界"[2] 一样,是人类实践的结果,因此和人类及其社会是密不可分的,所以,海洋科技不但包括海洋开发科技(海洋能源或药物开发、海洋深潜、海洋生物和海洋建筑等科技)、海洋监测科技(如海洋遥感和水声等科技)、海洋产业相关科技(如造船、港口建造、海洋产品加工、海洋环保和海洋空间利用等科技)等,而且包括人文社会科技(认识、处)理涉海世界内的人海关系以及人与社会、人与人的关系,如涉海经济学、社会学、管理学、统计学、伦理学、法学乃至历史学、心理学等及其在涉海对象的实际运用方式和成果)。

### (三)海洋科技和海洋生态文明的基本关系

关于生态文明和科技的关系,人们已经认识到,"科技支撑是推动生态文明

---

① 〔德〕爱因斯坦:《爱因斯坦文集》(第 3 卷),许良英,赵中立,张宣三编译,商务印书馆 1979
  年版,第 253 页。
② 《马克思恩格斯全集》(第 42 卷),人民出版社 1979 年版,第 328 页。

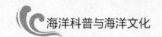

的发动机"，①科技是生态文明建设不可或缺的支撑和保障。②这在当今社会是一种主流观点，这实际上就是认定科技是支撑生态文明的必要基础。事实上，现代科技已经成为现代文明（包括生态文明）的一个基本部分，并在其中居于基础地位、发挥着支撑作用。没有现代科技，现代文明是不可想象的。同样地，没有海洋科技，也不能想象现代海洋（生态）文明。海洋科技为海洋生态文明提供支撑。那么，海洋科技究竟是如何支撑海洋生态文明的呢？这就是下文要回答的问题。

## 二、海洋科技支撑海洋生态文明的体现和机制

如前文所述，海洋生态文明是海洋生态意识、海洋生态行为和海洋生态制度的统一体。其中，海洋生态意识在根本的层面决定着海洋生态行为，海洋生态行为的现实化又需要海洋生态制度给以约束、规范。这三者相互联系构成了海洋生态文明的基本框架。海洋生态文明就是由这个基本框架所直接决定其样态的"建筑物"。海洋科技对海洋生态文明的基础性支撑首先并集中体现在它对这个基本框架的支撑。

### （一）海洋科技为海洋生态意识提供认知和观念支撑

在海洋生态意识的语境中，意识不是个体的人对其身体的具体状况的意识（如疼痛意识），而是一般意义地对对象的主观认定。具体说来，意识是对当下实然、或然或者应然存在（对象或其属性、关系存在等）的肯定或否定，其基本形式是事实判断、价值判断或规范判断。在此意义上，意识是观念的显现形态，即显现出来的观念。而对事物的普遍性认知（知识）如果被确信而不被质疑，就成为观念。或者说，观念是普遍性认知的被确信形态或被确信形态的普遍性认知。普遍性认知寓于特殊的、具体的认知，是以特殊的、具体的认知为归纳基础或经验基础的。因此，意识是直接基于观念而间接基于认知的，其实是普遍性认知的主观确定状态，或者处于主观确定状态的普遍性认知。没有认知，就没有意识；认知不可靠，相应的意识也就不可靠。海洋生态意识也不例外，它是以对海洋生

---

① 刘志强：《贵州从五方面以科技创新支撑生态文明建设》，《科技日报》2014 年 6 月 13 日第 3 版。

② 王晨：《气象是生态文明建设不可或缺的科技支撑和保障——来自全国政协委员的思考》，《中国气象报》，2017 年 3 月 16 日第 1 版。

态的认知为直接基础的。

具体说来,海洋生态意识是人们对涉海事物及其依存共生关系存在的主观把握,如海洋生态价值意识等。从内容看,这些意识是海洋生态观念的显现,而海洋生态观念是人们对涉海事物及其依存共生关系的认知的确信形态。因此,没有对涉海资源、海洋生态(涉海事物的依存共生关系和状态)的认知,就不会有海洋生态观念,从而也不会有涉海资源可生态利用意识和海洋生态价值、责任意识等海洋生态意识。

在现代社会,人们对海洋生态的系统而可验证的可靠的认知都是由海洋科技所提供的。例如,某些海域有目前人类可开采的石油或矿物资源;某些海洋生物有特定的药用价值;洋流会影响某些海洋生物的繁殖、迁徙;各种海洋细菌、真菌、植物和动物等海洋生物构成一张巨大的、极为复杂的金字塔型的食物网;近几十年来海洋污染迅速加剧;一些海洋生物由于人类的活动而灭绝或濒于灭绝,海洋生物种类急剧减少;海底生物和海底的极端条件相适应或协调共生,如此等等的人们对涉海事物及其关系的认知都是海洋科技的成果。实际上,在现代海洋科技兴起和被广泛运用之前,人类对涉海事物及其关系的理解和对待主要是神话式想象的,至多也不过是经验的直观或仅凭经验处理问题。这样的理解和经验直观,或者局限于涉海事物的表象,或者把不可验证的想象的联系当作涉海事物之间的真实联系,远没有达到对涉海事物及其关系(特别是生态关系)的可靠而普遍性的认知。因此,在人们的意识中,海洋是神秘的、深不可测的,是由超自然的力量(神)所主宰的,是人类难以驾驭的。在现代社会,这种超自然的力量被逐出人类意识、海洋神秘意识趋于消失,而代之以海洋生态意识,这正是海洋科技对涉海事物及其关系的认知取代过去的想象和经验直观的结果。

海洋科技作为对人类涉海事物及其关系的一种认知活动及其方式和成果体系,直接提供了人们对有关涉海事物及其关系的普遍性认知(至少是关于一类具体对象的普遍性认知,这也是科学自身的规范所要求的)。这些认知一旦被人们作为无疑的事实或真知接受下来就成为海洋观念。类似地,被人们接受下来的对海洋生态的认知就是海洋生态观念,例如:涉海事物构成一个有机体,涉海世界内的人海依存共生、人类社会和海洋相互影响,涉海世界内的人类社会的结构、发展及生产方式等都受海洋影响,海洋中有人类可以开发、利用的大量资源,良好的海洋生态是涉海世界内人类及其社会健康、稳定可持续发展的基本条件,

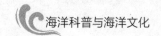

海洋生态是脆弱的、其承载力是有限的,人类对海洋及其资源的开发、利用不应突破海洋生态的承载限度,人类的涉海活动不仅应符合真理尺度和价值尺度还应符合生态尺度,人类有责任维护海洋生态安全、维护良好海洋生态,等等。这些观念显现于人类思想中而被人们意识到就成为海洋生态意识的直接内容。

不仅海洋科技对涉海事物及其关系的认知能被接受而成为海洋观念,海洋科技本身也体现着一些包含生态观念的基本观念:有涉海事物存在,涉海事物有序(有"规律")且能被人类认识和利用,涉海事物具有统一性(基本成分或结构等的统一性),涉海事物可被改造和模仿。这些观念(其中有些直接是生态观念)是海洋科技的基础性、前提性预设,海洋科技的现实存在则确证了这些观念,而人们只要进行海洋科技活动,就一定接受了这些观念。例如,人们运用海洋科技研究海洋潮汐时必定确信海洋潮汐有规律且可被认识;人们运用海洋资源开发科技开发海洋中的矿物或能源(如石油等)时,必定确信海洋中有矿物或能源并且可被用适当的方法开发。如果没有这样的观念,人们不可能去开展海洋潮汐研究或者进行海洋资源开发。这正如出海捕鱼的渔民必定有海中有鱼且可捕的观念一样(否则他不会去海中捕鱼而可能"缘木求鱼"了——如果他认定"木"上有鱼且可求)。这也表明,海洋科技是建立于这些包含生态观念的基本观念之上的,是这些观念的现实化。在此意义上,海洋科技首先是一套包含生态观念的观念。

反过来看,海洋科技在获取、运用对涉海事物及其关系的认知的实践中的成功(即运用海洋科技达到了预期的实践目的),不仅在一定程度上确证了这些观念,还具体揭示了涉海事物的普遍联系和统一性、整体性(例如海洋食物网的存在、海洋生物组成不同等级的系统、海洋生物与作为其生存环境的海洋非生物相互作用而构成更大的生态系统等),揭示了涉海事物维持其自身稳定存在(包括涉海世界内人类及其社会稳定、可持续生存发展)的"自然"条件在于它们相互适应、相互协调及其动态稳定有序(这种有序性集中反映在所谓"客观规律"中,例如潮汐规律、洋流规律、海洋生物进化规律与迁徙规律等),认知了海洋生态的现状并揭示了它和人类活动的密切关系以及对人类(社会)生存和发展的影响,等等。这些成果表明,任何涉海事物(包括人类)都不是也不能是孤立自在自为的,而只能在与他物的相互作用中存在,受他物的制约,只能与他物依存共生。海洋科技由此揭开、展现了涉海世界本来的生态面目。而海洋科技对海洋生态问题（海域污染加剧、海洋生物种类急剧减少等）的揭示以及海洋科技在实践中的应用实效反过来强化、催生了某些观念,如系统、整体观念和协调观念乃至危机观念和责任观念等,从而最终强化了人类关于涉海世界的生态观念(其中首先并主要是人海只能依存共生的观念),为"确立自然本源的海洋生态世界观、以人为本的海洋生态价值观、和谐发展的海洋生态实践观"[①] 提供了有力支撑。

总起来看,海洋科技是一个认知系统,也是一个包含生态观念的观念系统,而它所获取和运用的普遍性认知也能够被接受为观念。这些观念在现代社会综合成为了海洋生态观念,并进而显现为海洋生态意识。由此可以看出,海洋科技以其对海洋生态的认知和关于海洋生态的观念现实地支撑着海洋生态意识。

另外,"科学在发展逻辑思维和研究实在的合理态度时,能在很大程度上削弱世上流行的迷信。"[②]海洋科技对涉海世界本来的生态面目的揭示,同时是对传统的形而上学的涉海世界图景的消解、否定和驱除,因此无疑有助于破除人们头脑中虽一直潜藏却主导着人们的涉海实践的人类至上、征服海洋等传统的反生态观念,为海洋生态意识清理"地基",这也有支撑海洋生态意识的意义。

### (二)海洋科技为海洋生态行为提供观念、认知和方法支撑

海洋生态行为和人类的任何其他行为一样,是直接由某些观念、认知和方法驱动或引导、规范乃至决定的,是这些观念、认知和方法的直接现实化。或者说,这些观念、认知和方法直接支撑着海洋生态行为。

人类的任何行为首先都有一个应做何行为的问题。这个问题是由观念来回答的。观念是人类行为现实化的先导和驱动力,直接决定着人类现实行为目标和方向。有什么样的观念,就有什么样的行为。海洋生态行为也不例外。具体来说,作为海洋生态文明要素的海洋生态行为是维护良好海洋生态的文明行为,具体化在人类认知和利用海域事物的实践中,实际表现为诸如海洋生态调查、监测、管控、修复以及海洋资源开发、利用(包括涉海社会和产业规划、建设)等活动中的文明行为。海洋生态行为的基本原则是:遵循海域生态规律,增进人类利益,

---

① 黄家庆:《钦州港区应有的海洋生态文明三观及责任担当》,《钦州学院学报》2016 年第 3 期。

② 〔德〕爱因斯坦:《爱因斯坦文集》(第 1 卷),许良英,范岱年编译,商务印书馆 1979 年版,第 284 页。

承担海洋生态责任。在涉海实践中符合这些原则的行为就是文明的,就是海洋生态行为。显然,这些原则直接体现了以人海依存共生为核心的海洋生态观念,是海洋生态观念的要求。因此可以说,海洋生态观念为人们的海洋行为规定了生态目标和方向,从而为保证人们的海洋行为成为海洋生态行为提供了基本前提和观念基础。而如前文所述,海洋科技以其对海域事物及其关系的认知和其自身的前提性观念为人们提供海洋生态观念,事实也表明,海洋生态观念主要是由现代海洋科技提供的。因此,海洋科技为海洋生态行为能够提供并实际地提供了观念支撑。

人类的具体行为也总有一个是否可能(能否行为)的问题。这个问题需要对行为对象和条件等的认知来回答。认知是人类行为现实化的直接依据,决定人类具体现实行为的广度和深度。无知难以导向正确的行为,也不会有有责任的行为。海洋生态行为当然也需要对海洋生态的认知作依据。实际上,海洋生态行为不仅是增进人类利益的行为,还是遵循海洋生态规律、承担海洋生态责任的行为。因此,行为人不仅要明确人类利益所在,还要认知海洋生态规律、海洋生态界限和自己行为的生态界限,以便将自己的行为自觉约束在这些规律和界限内。诚然,明确了人类利益所在、认知了海洋生态规律和海洋生态界限及人类自己行为的生态界限,并不足以保证人们的海洋行为就是生态行为,但是,不明确人类利益所在、不认知海洋生态规律和生态界限等,极可能会导致非生态的海洋行为。最近半个多世纪来,海洋生态的急剧恶化就是明证。而认识涉海事物及其关系和海洋生态界限、获得系统的可验证的以生态规律和其他客观规律为中心的涉海知识、明确人类的利益所在和人类行为的生态界限,正是包括涉海人文社会科学在内的海洋科技的"本职"工作和基本任务。实际上,从目标和结果来看,在近代之前,科技甚至就是知识的总和,是"一切知识"。[1] 近代以来,"科学的制度性目标是扩展被证实了的知识"。[2] 而技术作为改变、创造事物的方法和手段,其体制目标是功利的,即利用知识来谋利。在现代社会,科学和技术日益体制化和一体化,其体制目标也趋于合一:扩展被证实了的知识并用以改造世界。作为科技的一个子类的海洋科技的体制目标也是如此。事实上,在现代社会,

① 〔英〕布鲁克:《科学与宗教》,苏贤贵译,复旦大学出版社2000年版,第7页。
② 〔美〕默顿:《科学社会学》,鲁旭东、林聚任译,商务印书馆2003年版,第365页。

人类所获取和运用的一般性的海洋生态知识，不再是人们的日常生活经验，更不再是神话式的想象，而是现代海洋科技的结果。因此，海洋科技从认知方面也为海洋生态行为提供了支撑。

人类的具体行为还有一个如何行为的问题，这是一个方法问题，也需要方法来解决。方法其实也正是解决如何行为的问题的。方法是人类行为现实化的基本途径，直接决定着人类现实行为的模式。没有方法的人类行为是不可能的。具体到海洋生态行为来看，诸如海洋环境监测、海洋生态修复与补偿、海洋功能区划、浅海海底森林营造、海洋产业结构的调整和优化、海洋资源的生态利用、海洋资源管理体系的建立、海洋消费生态文化引导、海域内各种体制制度的建立与创新等行为，无不需要一定的方法，实际上也是人们运用一定的方法得以完成的。这其中的基本方法有：观察方法、调查方法、实验方法、分析方法、归纳和演绎方法、假设方法、模型方法、统计方法乃至心理学方法、法学方法等。所有这些方法都来自包括现代海洋科技在内的现代科技，其实也正是海洋科技在涉海实践中所运用的方法。实际上，上述这些海洋行为也都是海洋科技行为，因此，海洋科技方法直接就是这些海洋行为的方法。其实，技术本来就是方法，发展"海洋生物技术、海洋可再生能源技术、海洋监测技术、深远海技术、海洋环境保护技术、海洋勘探技术等"[1]首先就是发展相应的方法。而科学就其必须运用一定的方法才能认识事物、获取知识而言，也是方法，是用来解决具体问题的有效方法。因此，从一方面看，科技就是一套方法。海洋科技也是如此。这是海洋科技为海洋生态行为提供方法支撑的一个基本根据。

**（三）海洋科技为海洋生态制度提供观念、认知和方法支撑**

经验表明，在现实生活中，海洋观念会产生冲突，反生态的海洋观念可能压倒海洋生态观念；海洋科技也能被运用于破坏海洋生态。这意味着，在涉海世界人们的现实行为可能是反生态的（事实上，大量污染物向海域的排放、过度捕捞等就是如此）。因此，海洋生态文明需要规范，并且需要体系化的规范即海洋生态制度。

具体说来，海洋生态制度是在涉海世界明确各种资源所属、划定人们的涉海

---

[1] 马德毅：《发展海洋科技 促进海洋生态文明 建设海洋强国》，《海洋开发与管理》2012 年第 12 期。

行为边界、维护和调整人海协调共生的良好生态关系、以维护和增进人类利益、保障人类社会与海洋协调稳定可持续发展的社会规范体系,其内容主要是各种法律法规(包括涉海法律法规,如海洋环境保护法、渔业法、海域使用管理法、矿产资源法、野生动物保护法、开采海洋石油资源条例、海洋倾废管理条例等)及其实施机制(如海洋石油勘探开发环境保护管理条例实施办法、海洋倾废管理条例实施办法、海洋行政处罚实施办法等),此外还有涉海风俗、习惯、社会心理和海洋伦理道德等。海洋生态制度作为行为规则和模式规范个体人、群体以至社会的涉海行为,同时规定了涉海世界内人类社会的结构。它对具体体现在涉海实践中的人类的海洋行为,"就好像铁轨之于铁路一样,能起到规范与约束作用"。[①]因此,它是海洋生态文明的必要而重要的方面。

任何制度都是某些观念的体现和现实化。海洋生态制度体现着海洋生态观念,是海洋生态观念(包括社会价值观念)的一种现实化。实际上,海洋生态观念确认了人海协调共生的良好生态是保障和促进人类社会和海洋协调稳定可持续发展从而真正维护和不断增进人类利益的必要条件,也确认了现实中人们的涉海行为可能破坏这一条件而导致不符合人类利益的海洋生态恶化,因此,人们需要建立海洋生态制度,以风俗、习惯、伦理道德特别是法律法规明确人们涉海行为的边界、规范人们的涉海行为,将其约束在"生态范围"(维护人海协调共生关系)内,而禁止非生态的涉海行为。这说明,没有海洋生态观念就不会有海洋生态制度。而前文表明,不仅海洋科技本身中包含海洋生态观念,而且它所获取、运用涉海事物及其关系的普遍性知识使人们认知了海洋生态,这些普遍性知识被接受下来也内化为人们的海洋生态观念。至此可以看出,海洋生态制度也有海洋科技在支撑着。

海洋生态制度中的各种法律法规及其实施机制都是对人们的各种不同的海洋行为的具体规范,人们的不同的海洋行为,例如海洋水产养殖、捕捞、海洋资源开采、海上运输、废弃物排放、海域使用管理、海洋功能区划等,通常有不同的行为对象、目标、方式、条件、范围和后果,因此需要不同的具体法律法规及其实施机制。换言之,不同的法律法规都有其特定的适用对象和范围。而要建立这样

---

① 朱雄,曲金良:《我国海洋生态文明建设内涵与现状研究》,《山东行政学院学报》2017 年第 3 期。

的法律法规首先必须全面而深入地认识它要规范的对象范围内的海洋生态状况及其成因、海洋生态内部诸要素的相互作用及其影响,特别是其中的人海相互作用及其影响,只有以这样的认知为基础的法律法规才会有切实而适当的规范适用性。例如,没有对人类活动造成了海洋污染的认知,就不会有海洋环境保护法;仅有对人类活动造成了海洋污染的经验直观而没有对污染状况、机制、方式、趋势、人类活动在其中的各种可能的影响等的全面、具体的认知,海洋环境保护法即使建立起来,也难以有切实而适当的规范适用性,甚至必定会规范失当或规范不足,不但不能实施甚至还可能背离立法初衷。同样地,如果没有对涉海事务行政管理的全面、深入的具体认识,海洋行政处罚实施办法就会流于空泛而缺乏切实的可操作性,或者是不适当的。所以,事实上,包括海洋法律法规在内的任何法律法规的制定,通常都要经过长时间的调查、研究过程,而调查、研究主要就是要获取对相关对象的全面、具体的认知。这些都表明,切实而适当的、作为海洋生态制度的主要部分的涉海法律法规是以人们对涉海事物及其生态关系的全面认知为基础的,所以也主要是以海洋科技为基础的,因为不仅(如前所述)所必需的这些认知主要是通过包括涉海人文社会科学在内的海洋科技获得的,而且海洋生态制度作为一种人为的为人之物是人们运用一定的"科学"方法建立起来的,这"科学"方法至少是符合科学精神和程序的方法,有些(如调查、统计分析、思想实验等方法)还直接就是海洋科技方法。

另外,海洋科技本身也是制度化的,它是有组织的、制度化的社会活动,是一个相对独立的社会组织系统及体制体系,它有一套具有一定普遍意义的制度性规范(如普遍主义、有组织的怀疑、创新、成果的相对独享性等),海洋科技按照这套规范来有序运行。海洋科技本身的这种制度化对海洋生态制度也有一定的启示意义,因为它们有着类似性,如直接目标都是规范人们的行为、维护和保障良好生态。

### (四)海洋生态科技支撑"海洋生态文明的实践基础"

涉海实践是人类处理人海关系的现实活动及其方式。海洋科技从观念、认知和方法等方面对海洋生态意识、行为和制度的支撑,都是在现代人类的涉海实践中实现的。事实上,现代人类的涉海实践无不依赖于海洋科技,它或者直接就是海洋科技实践,或者是至少部分地具体运用海洋科技的实践(如海洋产业活动

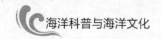

等)。海洋科技实践获取、运用(从而确认和检验)对涉海事物及其关系的认知,同时应用、创新海洋科技方法,具体运用海洋科技的实践则确认并检验着这些认知和方法。就是说,正是涉海实践确认了这些认知和方法,从而也就确认了涉海事物及其相互依存共生的普遍性关系,因为这些认知和方法的对象正是涉海事物及其关系。这种事物相互依存共生的普遍性关系一经确认,就内化为人们的海洋生态观念,这种观念在涉海实践中显现出来就是海洋生态意识。并且,海洋生态意识也只能在涉海实践中生成,因为现实的观念不是空的,现实的海洋生态意识同任何其他现实意识一样也不是空的,它必有意向对象,而这对象不可能由该意识自身凭空创造,只有在涉海实践中海洋生态意识才能超出自身而得到对象从而成为现实的海洋生态意识。同样地,只有在涉海实践中,海洋生态观念、认知和方法才能获得具体作用对象,才能现实化,从而规定海洋生态行为模式,即为海洋生态行为指明目标、提供依据、确定途径。与此类似,具体体现为涉海生态规范体系的海洋生态制度也是在人类的涉海实践中确立和完善的,因为各种涉海生态规范也是海洋生态观念、认知和方法等的现实化,而这种现实化也只能在涉海实践中实现,这是由涉海实践是沟通涉海主客体的唯一方式并具有直接现实性所决定的。总之,构成海洋生态文明的基本要素都是实现于涉海实践中的。而在涉海实践中,海洋生态意识会激发、引导海洋生态行为,后者同时又受海洋生态制度的规范,从而使这些基本要素构成一个有机整体,即海洋生态文明。就是说,海洋生态文明也是在涉海实践中生发的。

更一般地看,海洋生态文明是现代人类应对涉海生态问题、维护人海协调共生、维护和增进人类利益、保障人类社会和海洋和谐稳定可持续发展的具体实践方式和结果,并且是在这种(生态的或非生态的)涉海实践中变化发展的,人类涉海实践的广度和深度决定着海洋生态文明的高度,人类涉海实践的生态成效则标示着海洋生态文明的水平,而海洋生态文明的基本要素(海洋生态意识、行为和制度)也是在人类涉海实践中现实化并成为有机整体的(参见上文),因此人类涉海实践(主要是生态实践)是海洋生态文明的一般基础。

进一步看,海洋生态文明的这一一般基础,显然是实践基础,并且这实践基础离不开海洋生态科技。这里所谓的海洋生态科技,是指一切被生态地运用的海洋科技,也就是被用于维护或改善海洋生态、维护和增进人类利益、保障人海和谐稳定可持续发展的海洋科技,包括本身的应用不会对生态造成破坏的海洋科技(如海洋绿色科技,这是狭义的、严格意义的海洋生态科技)和原本可能破坏生态但被生态地运用的海洋科技。在此意义上,构成海洋生态文明的实践基础的现代人类的现实的涉海生态实践都是运用海洋生态科技的活动,甚至直接是海洋生态科技活动(海洋科技生态实践),因为海洋生态科技首先是人类获取、运用对涉海事物及其生态关系的认知的活动及其方式。经验表明,海洋科技是现代人类涉海实践所不可或缺的最基本、最主要和最有力的手段。海洋生态科技对人类涉海生态实践也是如此。实际上,在现代社会,没有哪一种涉海实践单凭直觉、经验或神话式的想象进行了,即便在出海捕鱼这种相对简单的涉海实践中,渔民也至少不再单凭感官经验预测天气、海洋等的变化,而会预先并随时接收人们运用海洋科技所形成的天气预报、海洋预报等,并据以决定和调整捕鱼活动。如此相对简单的涉海实践尚且不能离开海洋科技,更不用说相对更复杂的涉海实践了。例如,没有海洋石油勘探、开采科技,就不能高效地发现石油资源,更不可能比较准确地确定石油储量和有效地开采;如果没有海洋石油勘探、开采的生态科技,或者非生态地运用海洋石油勘探、开采的一般科技,海洋石油勘探、开采的实践就不可能是生态的,就会是反海洋生态文明的。总之,没有海洋生态科技,就没有现代涉海生态实践,海洋生态科技是涉海生态实践的最基本、最有力并且不可或缺的手段。由此可见,实际上是海洋生态科技支撑着作为海洋生态文明基础的涉海生态实践,也支撑着海洋生态文明。

## 三、海洋科技对海洋生态文明的支撑不够牢靠但不能被抛弃

以上探讨表明,现代海洋科技以其观念、认知和方法等通过现代人类涉海实践支撑着海洋生态文明。那么,这种支撑对海洋生态文明这座大厦来说是否足够、是否牢靠?如果不牢靠,我们是否就应当将其抛弃?下文将表明,答案都是否定的。

### (一)海洋科技对海洋生态文明的支撑不足够且不牢靠

海洋科技为海洋生态文明的基本要素即海洋生态意识、行为和制度提供了支撑,进而也支撑着海洋生态文明,但这并不表明海洋科技的支撑对海洋生态文明就是足够的。因为海洋科技在其中是作为手段发挥作用的,尽管它是具有基础性意义的手段,而任何一种文明,包括海洋生态文明,除了手段,至少还都必须

有(事实上也都有)驱动和运用这种手段的力量,即社会经济、政治以至文化等。在现代社会,虽然海洋科技和社会经济、政治以至文化是十分密切地联系在一起的,但是它们毕竟不是绝对同一的,而是彼此相对独立的存在(尽管都不是自足的存在),从而对海洋生态文明都发挥着不可替代的作用(例如,经济为包括海洋科技在内的涉海实践提供必要的内在驱动力和外在物质支持,政治为海洋生态制度提供确立和完善的途径等),海洋生态文明正是这些不同的作用共同作用的结果。就是说,海洋科技实际上是和社会经济、政治以至文化等共同支撑起海洋生态文明大厦的。

海洋生态文明从其产生就和海洋科技紧密相关,最初是海洋科技发展及应用的一种无意识结果。具体说来,海洋生态文明是在海洋生态问题日渐凸显和严重的情况下开始产生和形成的,是人类应对海洋生态问题的一种方式和结果。而海洋生态问题是伴随着海洋科技的发展及广泛应用而来的。人类运用海洋科技开发和利用海洋资源和海洋空间力度不断加大,"严重影响了海洋生态环境的正常状态,破坏了原有海岸带的动态平衡,影响了岸滩的冲淤变化,改变了海岸的形态,破坏了海洋生物赖以生存的栖息地"。[①] 海洋生态问题由此而生。诚然,海洋科技(的发展和应用)不是海洋生态问题的根源,不能将海洋生态问题归咎于海洋科技,但海洋科技至少是人类借以制造生态问题的最有力手段,尽管制造生态问题可能并非是人类有意识的、自觉的。或者更一般地说,无论如何,无论出于何种目的和动机、无论是否有意,在现代涉海世界,人类都是运用海洋科技打破涉海生态平衡、破坏人海依存共生的生态关系的。海洋科技不是造成涉海生态问题的"罪魁",却是造成该问题的"帮凶"。就此而言,海洋生态文明一开始就和海洋科技有着深厚的渊源,是在海洋科技之上生发的,海洋科技对海洋生态文明具有根本意义。而这一事实也从反面说明,海洋科技为海洋生态文明提供的支持是不足够的,因为这一事实表明,海洋科技作为一种人类活动,或者作为手段被运用于涉海实践,都可能破坏海洋生态。这意味着,如果单靠海洋科技支撑,那么海洋生态文明也可能被破坏。

海洋科技是一种有限区域即涉海世界内的科技,它的对象范围、目标、方法、

---

[①] 马德毅:《发展海洋科技 促进海洋生态文明 建设海洋强国》,《海洋开发与管理》2012 年第 12 期。

适用对象、解决问题的能力等都是有限的。例如,它至多只是对事实的认识,而不是对存在的认识;它无法回答自身的意义问题,也不能回答人类生存的意义问题;它自身不能解决如何应用它的问题;它不能证明涉海社会道德伦理原则的普遍必然性。又如,海洋科技能为我们提供客观知识,然而"客观知识为我们达到某些目的提供了有力的工具,但是终极目标本身和要达到它的渴望却必须来自另一个源泉"。[1] 海洋科技是建基于人类经验而又必须能够被验证的,但"人们的经验总是有限的,必然会达到自己以经验无法证明新事物的地步"。[2] 同时,海洋科技不仅只能给我们提供不完全的且近似的知识和有限的方法,而且是可错的,而麻烦在于它"甚至没有绝对有把握的方法去排除'错误'"。[3] 尽管它有自我纠错机制,这仍然不可能完全消除或避免错误。还有,海洋科技也是建基于人类的一些基本信念之上的(参见上文)。这都表明,海洋科技本身就不是绝对牢固和可靠的。因此,它对海洋生态文明的支撑也不牢靠。

## (二)海洋科技对海洋生态文明的支撑不能被抛弃

对支撑海洋生态文明来说,虽然海洋科技既不是足够的也不是牢靠的,但它足够坚固和有力。具体说来,海洋科技是基于人类经验特别是涉海经验和逻辑而超越经验的活动及其方式和成果体系。对人类经验的依赖,使之天生就是有限的和不足够牢靠的。但是,一方面,人类直接生存于现实经验世界,海洋生态文明也同样立足于经验之上、同样依赖于经验。虽然海洋科技并未完全局限于经验,不再是经验,它在其成果所具有的普遍性(必然性和确定性)意义上超越了经验,克服了经验的偶然性和不确定性,但是它所达到的必然性和确定性必须为经验所验证,所以它仍然依赖于经验。另一方面,海洋科技不是一盘散沙,也不是凝固不变的,而是一个不断演进的有机体。这个有机体虽是有限的,却有无限拓展的可能。在无限的拓展中,它能够完善、加固自身。这两方面表明,海洋科技对支撑海洋生态文明是足够坚固的。因此,我们不应当抛弃海洋科技而另寻

---

① 〔德〕爱因斯坦:《爱因斯坦文集》(第3卷),许良英,赵中立,张宣三编译,商务印书馆1979年版,第173-174页。

② 张慎:《西方哲学史(学术版)》(第六卷),江苏人民出版社2005年版,第288页。

③ 〔英〕齐曼:《元科学导论》,刘珺珺,张平,孟建伟等译,湖南人民出版社1988年版,第152页。

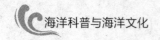 

其替代物。

实际上,至少在可以预见的很长时期里,对支撑海洋生态文明来说,海洋科技也是不能被抛弃的、是抛弃不了的。首先,事实表明,海洋科技是迄今人类获取和运用对涉海事物的可验证的普遍性知识的最有效、相对最可靠的活动和方式,其成果即海洋科技知识也是在涉海世界中最有效、相对最可靠的。它既驱除了神话式的想象,也在一定意义上超越了经验,从而为海洋生态文明提供了相对坚实的认知、观念和方法等支撑。而这意味着,海洋科技特别是海洋生态科技已经成为海洋生态文明的一部分,并且是基础性的部分。抛弃海洋科技,就是抛弃海洋生态文明的部分必要基础,从而海洋生态文明将不再可能成为现实。其次,科技是迄今人类所创造、掌握的用以改造世界、创造文明乃至创造世界的最强大、最有效的力量,是"一种在历史上起推动作用的、革命的力量"。[1] "科技是国之利器。"[2] 海洋科技在涉海世界也是如此。"以科学技术为主体的创新驱动是海洋生态文明建设的最有力的支撑体系。"[3] 海洋科技不但"日益在实践上进入人的生活,改造人的生活,并为人的解放作准备",[4] 而且是升级或优化涉海产业结构、改变或创新涉海经济形式、转变涉海经济增长方式、实现和维护人海协调共生及社会可持续发展的最重要的"知识形态的"生产力。诚然,这种力量的不当运用也会造成生态问题,但是"科学技术对于解决生态问题,是最基础、最直接、最见效力的因素。所以,为应对生态问题,必须大力发展科技,而不是取消科技"。[5] 海洋科技对解决海洋生态问题也是这样,也不能取消它而只能发展它。所以总起来看,海洋科技是海洋生态文明的最重要的支撑。最后,在现代社会,海洋科技还没有替代物。离开海洋科技,人类对涉海事物及其关系的把握,就只能退回到缺乏普遍性的、更加不可靠的经验直观或神话式的想象。而历史表明,凭借经验直观或神话式想象所获得的认知、观念和方法是十分表象的、不可靠的

---

① 《马克思恩格斯文集》(第 3 卷),人民出版社 2009 年版,第 602 页。

② 郑度,张镱锂:《资源开发利用、生态恢复治理等领域研究成果得到实际应用——科技助力青藏高原生态文明建设》,《经济日报》2018 年 7 月 20 日第 4 版。

③ 王书明,董兆鑫,章立玲:《海洋生态文明的意涵、建设实践与推进思路——基于文献研究的解读》,《中国海洋社会学研究》2019 年第 7 期。

④ 《马克思恩格斯文集》(第 1 卷),人民出版社 2009 年版,第 193 页。

⑤ 马来平(标点有改动)。《科技哲学视野下的生态文明建设——全国科学技术与生态文化建设学术研讨会综述》,《自然辩证法研究》2014 年第 1 期。

甚至是错误乃至虚幻的,因此根本不足以导向或现实化为海洋生态意识、行为和制度,从而根本不足以成为海洋生态文明的支撑物。所以,即使海洋科技是沙滩,我们也只能以这沙滩为部分"地基"建立海洋生态文明,除此之外我们没有更好的选择,除非我们从文明退回到野蛮。

综上所述,海洋科技作为人类有效地获取、运用对涉海事物及其关系的可验证的普遍性认知的活动及其方式和成果体系,是一个观念体系,也是一个认知体系,还是一个方法体系。在涉海实践中,这些观念、认知和方法显现成为海洋生态意识,现实化为海洋生态行为依据和模式以及海洋生态制度的诸规范。通过这种方式,海洋科技为海洋生态文明提供了支撑,因为海洋生态意识、行为和制度及其关系构成了海洋生态文明的基本框架。不过,海洋科技本身的有限性和局限性决定了它对海洋生态文明的支撑是不足够的、不牢靠的。但是,有限的海洋科技是一个有无限拓展可能的有机体,在此意义上它对支撑海洋生态文明又是足够坚固的。同时,海洋科技不但是涉海世界最强大的实践手段,而且是无可替代的(至少在今天是如此)。所以,海洋科技对海洋生态文明的支撑是强有力的,也是无可替代的。

# 海路交通在早期中西文化交流中的意义

## ——兼论海洋在科学史科普中的作用

马 金[①]

（中国科学院大学人文学院,北京,100049）

**摘 要**:海路交通是连接中国文化和基督教文化的纽带。基督教文化分有海洋文化的性格,海路交通的发展推进了耶稣会士来华传教的进程。为使海洋科学史科普更加丰满,本文借助海洋文化来重新审视以耶稣会士为媒介的"西学东渐"和"东学西传"的历史交流过程,聚焦于科学借助海洋传播方式传入中国的过程及其对中国学术思维发展的影响,探索一种以海洋来理解中西文化交流的新视域。

**关键词**:中国文化;海洋文化;海路交通;基督教文化;科学史科普

当前,由于人口数量剧增,陆地上的环境和资源压力越来越大,借助海洋寻求更大的发展成为国际间的普遍共识。中国领土幅员辽阔,也拥有巨大的海洋优势,借助海洋发展实现经济腾飞成为一项国家发展战略。我们顺应经济全球化的历史趋势,争取建成海洋强国。因此,了解海洋文化的历史发展过程,以史为鉴是理性地判断事态和制定决策的参照。

一般来讲,如果没有其他外来因素当作催化剂的话,一个相对稳定的文化形态自身是具有较强的文化惯性的,甚至具有非常强烈的排他性。当一种异质文化优于传入地文化或者对其造成了某种巨大的威胁的时候,它才会逐步地开始

---

① 作者简介:马金(1987— ),男,山东肥城人,中国科学院大学人文学院科学技术史专业博士研究生,主要研究方向为中国古代科学思想史、周易与中国古代科技、中国古代数学史。联系方式为 majin191@mails. ucas. edu. cn。

意识到问题的严重性并采取某些策略与之抗衡。中国文化和基督教文化在历史上就上演过这样的碰撞,耶稣会士投中国人所好,采取了"科技传教"策略,儒家士人采取"中西会通"的文化交流模式,所涉猎的内容之广可谓空前,并取得了一系列优秀的成果。过去,中国科学技术史专业的学者们对中国文化和基督教文化的历史碰撞结果的研究取得了可喜的成果,大体上分为两个方面:一是从具体的学科内史的角度对知识本身进行研究;二是做了大量的外史性的研究。目前,外史研究中以海洋传播为背景的研究不算太多。本文从科技史的角度,以海洋作为研究背景,力图探求一种理解基督教文化传播的新视域,并从这一视域重新审视中西交流,以期增加科学史科普的丰满程度。

虽然古代中国拥有蜿蜒曲折的海岸线,但它却始终是农耕文明的典型代表。它具有自给自足和非商业化的特点,再加上政治理性化的程度极高,在很大程度上压抑了其他方面理性化程度的发展。我们不完全苟同地理决定论,但是又不得不承认是我们自身的文化架构导致了它的相对封闭性。相对而言,以海洋文化为主导的欧洲文化,以其具有的开放进取精神、冒险精神、平等精神和商业契约精神,在与科学的亲缘性上表现得比农耕文化更加契合。因此,当今实施海洋发展战略,若从近代西方海洋文化的传播历史中学习,更容易清晰地认识和剖析自我,找到不足。

宣传海洋科普,突出海洋的意义,并不一定单纯地局限于描述海洋本身。以海洋为媒介所引起的其他方面的研究也必然是宣传海洋科普不可或缺的一个方面,这不但有利于突出海洋的作用,也更有利于理解海洋的文化性格。史学界普遍认为陆上丝绸之路的开辟和佛教传入中国有着密切联系。设想一下,如果可以更多地侧重海洋视角来研究中国文化与基督教文化的交流,既会清晰地理解海洋文明与农耕文明之间的碰撞,又会更多地还原文化之间多重的传播方式的历史面目,甚至会让我们更多的理解以耶稣会士为研究对象的基督教文化本身。耶稣会士的经历本就体现了基督教教义和精神。借助耶稣会士研究,在一定程度上会更加多元地了解西方宗教史上波澜壮阔的历史变革,甚至有助于解决宗教和科学的关系问题。

## 一、海路交通使中国文化与基督教文化正式碰面

历史上中国与西方世界的联系主要依靠丝绸之路,按交通方式可将其分为

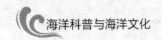

陆上丝绸之路和海上丝绸之路。丝绸之路主要承载着贸易交换的使命,它是指连接中国与南亚、西亚、中亚之间的所有来往通道的统称。陆上丝绸之路随着历代政权和疆域的变动出现断裂;海上丝绸之路,始于汉,盛于唐宋,衰于明清,一般分为三条航线:一是东线到达朝鲜、日本;二是南线到达东南亚;三是西线到达南亚、阿拉伯和东非等地。"我国古代经济重心在 11 世纪后半叶(即北宋晚期)完成其南移过程……这从根本上改变了秦汉以来我国经济一直以黄河流域为重心的经济格局;同时经济重心由于向东南方向移动而更加靠近拥有优良海港的沿海地区,为封闭型的自然经济向开放型的商品经济过渡提供了某种历史机遇。"①

除贸易目的之外,丝绸之路也承载着文化交流的使命,因此,它也是一条文化之路。陆上丝绸之路与佛教的传入甚为相关,而中国与基督教世界的沟通则得力于西方地理大发现和海洋航行。虽然历史上有郑和七次下西洋的航海壮举,却未能给中国带来诸如与基督教世界之碰撞所带来的几近翻天覆地的思想和科技的巨变。文艺复兴以来的西方文化以其先进的科技知识为敲门砖借助海洋航行开启了近代西学东渐的序幕。

（一）中西交流的先决条件:找到通往东方的海上航线

15 世纪,欧洲的封建制度面临瓦解,新兴的资产阶级想获取更多的领地和财富,迫切需要新的商品市场和原料产地。西欧很多国家对东方的香料和奢侈品的需求度极高。但是,崛起的奥斯曼土耳其帝国,控制着从西欧到达东方的海上航道,这给欧洲其他国家带来了巨大的经济压力,因此他们特别希望可以找到一条其他的道路来通往东方。想要到达东方,至少需要三个条件:指南针、可行的地图和发达的造船技术。

指南针在 12—13 世纪的时候从中国经由阿拉伯世界国家传入了欧洲。因此,地图和造船技术成为当时亟须解决的问题。

能不能绘制精确的地图成为制约新航路开辟的一大障碍。古希腊是几何学的故乡,利用天文学和几何知识,希腊先哲首先认识到地球是个球体。到了托勒密时期,托勒密(Claudius Ptolemaeus)写成了较为成熟的《地理学》专著,他记载

---

① 葛金芳:《中国经济通史》(第 5 卷),湖南人民出版社 2002 年版,第 838-839 页。

了地名和地貌特征,借助天文观测技术,确定它们的坐标并标注在地图上。但是自从托勒密之后,西方世界地图学的发展处于一个衰落和停滞期。新的准确的地图并未出现,这给认识东方带来了很大的困难。为了解决困难,托勒密的《地理学》被译成了拉丁文,在欧洲世界广为传播以求制图学有新的进展;同时,早期欧洲旅行家的个人游记,例如《马可波罗行记》成了当时欧洲人绘制东方地图的主要参考材料。虽然他们不知道通往东方的具体路径,但是贸易利益的驱使以及他们的冒险精神和宗教传播使命使得他们坚信一定可以找到通往东方的路。

16世纪初期,西班牙和葡萄牙在政治上建立了中央集权制。这两个国家的造船业和航海业都比较发达,拥有改良的多桅轻便帆船,它们航行速度快、灵活程度高、安全系数大,载重量大。"船上设有船员们的舱室,所载食品足以满足长期航行的需要。快帆船长30米,宽约8米,船舵固定在舰柱上,它有一个三角帆,能够逆风航行,特别适合远程航行。除此之外,在船上还配有杀伤力强大的火炮。在航海技术方面除了使用罗盘外,还增加了观向仪、方向仪、绞盘、铁锚和锚链等器械。"借此,西班牙和葡萄牙开辟了经地中海直达东方国度和横渡大西洋通往美洲大陆的航路。

### (二)适应性的科技传教策略的逐步确立:利玛窦的早期奠基工作

16世纪末到17世纪前叶,澳门成为连接古代中国和欧洲的重要的海上交通枢纽。它既是外国人踏上中国的必选之地,又是东亚最繁华的城市之一。1511年,葡萄牙人通过马六甲海峡想进入马可波罗笔下描述过的黄金国度。16世纪中叶,葡萄牙商人借晒晾货物为由开始在澳门定居,随之而来的是天主教初步传播的尝试,从此澳门成为开启东方传教事业的发端地。

来华传教士中,利玛窦(Matteo Ricci)是传教事业的奠基人。他历经海上艰险于1582年8月7日来到澳门。为方便进入中国,他先在澳门学习中文,很快就在中文方面取得了很大的进步。可是当时正值明末闭关锁国,禁止外国人进入中国。早于利玛窦之前的传教先驱沙勿略(San Francisco Javier),未能等到中国内地向他敞开大门,于1552年病逝在广东的上川岛。如同沙勿略一般,利玛窦进入中国也是困难重重,迟迟未能达成心愿。

当时,耶稣会士罗明坚(Michele Ruggieri)负责传教事务。1583年夏,利玛窦跟随罗明坚来到中国内地。为了更易于被中国人接受,他们在外貌上做了很

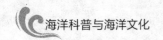

大的改变,改穿僧服扮作洋和尚,隐藏了传教的初衷。

经过辗转,他们到达了肇庆。为表达对肇庆知府王泮的感谢,利玛窦赠送了礼物,但是礼物被退回。中国官员对安放在传教士住所中的自鸣钟很感兴趣。它与中国传统的计时工具完全不同,出于好奇,知府希望出钱请罗明坚到澳门订制一个同样的钟表。作为耶稣会的精英团队成员,利玛窦来华之前,曾在耶稣会主办的罗马学院学习过自然科学知识和技术。传教士返回澳门,带来一名外国钟表匠,在两个当地工匠的帮助下,制作了一个自鸣钟。利玛窦利用中国人对自鸣钟的喜好,赢得了在肇庆居住的机会。

官员准许他们建屋居住,于是两人趁机修建了一座两层的建筑作为教堂,知府赐名"仙花寺"。当时有很多民众到圣母玛利亚的画像前祈祷,在他们看来,这个画像如同中国传统意义上的送子观音。此时的利玛窦意识到中国根深蒂固的儒家传统和佛老思想对其在下层民众中传教的困难,因此他想把视线转向知识阶层,意欲与儒家知识分子交往。但是儒家知识分子非但不亲近宗教,还向来都把奇技淫巧当作"贱技",工匠技术不是儒家的爱好,因此利玛窦在上层的传教又一次陷入困难之中。让利玛窦庆幸的是他绘制的一幅世界地图引起了儒家士大夫们的广泛关注。它是自从 15 世纪到 16 世纪以来欧洲航海家们在世界各地探索寻找贸易航线所绘制的地图。这是地理大发现的成果首次展现在中国人面前。为了迎合中国人自居为天朝上国和中国处于世界中心的思想,利玛窦在绘制地图时巧妙地改变了本初子午线的呈现方式,让中国看起来仍然是世界的中心。世界地图让中国人第一次认识到中国仅仅是世界领土的一部分。地球是圆的,这更冲击了中国人传统的"天圆地方"观念。世界地图打开了中国人的视野,它成为利玛窦结交中国士人的媒介。所以,利用自鸣钟和世界地图,利玛窦为传教工作做了前期铺垫。

但是,好景不长,利用科技传教的传教路线很快带来了麻烦。亚洲其他国家的耶稣会士在传教的过程中都要求当地信徒从服饰到仪式模仿葡萄牙神父,教堂设计也要模仿欧洲的建筑风格。而深知中国传教之艰的利玛窦的传教策略却不同于亚洲其他国家耶稣会士的策略。他们认为这是对上帝的离经叛道,因此利玛窦的传教策略在天主教内部引起了强烈的质疑。为尽快消除误解,罗明坚决定返回欧洲,向教皇说明他们在中国所采取的特殊的传教政策。不凑巧的是,此时的欧洲教廷也是多事之秋,罗马教廷先后有 4 位教皇辞世,罗明坚焦急地等待着,心力交瘁,还未能说明情由就逝世于萨勒诺城。在中国仅剩下利玛窦独自一人支撑局面。更加糟糕的是,当时广东沿海受到了倭寇的侵扰,所以政府开始驱逐外国人。1589年新任总督要求利玛窦离开肇庆,这意味着利玛窦6年来为在中国传教所做的努力统统白费,他被迫由肇庆移居到韶州。

移居到韶州后,利玛窦开始了新的计划,他改僧服为儒服,并伺机寻找机会北上京城求得皇帝对天主教的支持。虽然耶稣会内部对他强烈不满,但是他依旧坚持着适应中国文化的传教策略。1595年夏,利玛窦几经曲折来到了南昌,并结识了白鹿洞书院(北宋时期的四大书院之一)的儒士们。在与他们的交流中,利玛窦更加深刻地喜欢上了中国文化,并企图将中国文化介绍到西方。特别值得一提的是,利玛窦记录了一次科举考试的种种细节,并写信告诉欧洲友人,这引起了欧洲人的喜欢,也给启蒙时期的欧洲注入了新的活力,他们更加期望和这个遥远的国度产生更多交流。

利玛窦始终没有忘记他来中国的传教使命。他尽力利用一切机会加紧觐见中国皇帝的步伐。1599年,利玛窦北上来到了通州,正赶上日本侵略朝鲜,京城戒备森严,外国人不能获得入城资格,他抱憾而返。1600年,利玛窦再次进入北京的机会来临,他携带着送给皇帝的礼物满怀希望地乘坐押送丝绸贡品的船只北上。遗憾的是,这次旅程更加艰难。临近北京时,因他随身携带的一个耶稣受难的木雕引起了官方的怀疑,他被关押了,这使得利玛窦一度陷入绝望。幸运的是,在被囚禁了两个月后,突然传来好消息,要求利玛窦携带礼品送进京城。进宫后,他并没有见到万历皇帝。值得欣慰的是,他所带来的西方科技器物再次帮助了他,万历皇帝非常喜欢自鸣钟。但是,中国人更喜欢把自鸣钟当作玩物,而不是准确的计时工具。出于好奇,京城的大臣们对三棱镜也很感兴趣,但无人知道它的具体用途。利玛窦进献的世界地图也没有引起太多的关注。面对这样的局面,利玛窦意识到想让皇帝皈依天主教的愿望根本无从实现。但皇帝对所进献的器物的喜爱使得他可以成功地继续留在北京。

在北京,利玛窦利用他的聪明才智广泛交友,期间结识了徐光启、李之藻和杨廷筠等人。徐光启眼光独特、思想敏锐,经常与利玛窦研究西学,合译了诸多西方著作(翻译的书籍中有多半都是自然科学类图书),其中最著名的就是《几何原本》前六卷。中国人通过利玛窦了解了自从文艺复兴以来的西方文化,涉及天文学、数学、地理学、历法、机械、音乐等诸多方面。在传播西学的同时,利玛窦也

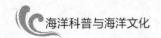

深深被中国文化所吸引,并将"四书"翻译成了拉丁文传向西方。欧洲人认为中国是一个贤人社会,是一个由哲学家管理的社会。那些涉及中国历史、制度和文化的书籍对启蒙时期的欧洲起了很重要的作用。

利玛窦深感传教工作的举步维艰,中国这个特殊的国度需要更多的科技知识来支撑传教的宏愿。1609年2月17日,利玛窦写下了给教皇的最后一封书信,信中他感叹,自己在中国取得的成果平凡,需要更多的传教士前来。一年后病倒,于1610年5月11日去世。在北京的10年,利玛窦未能实施耶稣会宏大的传教计划,这是他终生的遗憾。但利玛窦搭建的东西文化交流的桥梁,使得双方相互探求、会通。在他之后,陆续来华的传教士紧随他的步伐,继续着"西学东渐"和"东学西传"工作。

## 二、借海路交通重看早期中西交流

### (一)海洋文化与科学的亲缘性及其对中国的影响

就与科学的亲缘性来讲,海洋文化架构的自然性格更有优势。

从地理位置来看,传统中国处于半封闭状态,西面有横断山脉的阻挡,北面有少数民族的潜在威胁。充足的灌溉水源以及适宜的气候造就了典型的农耕社会。人与人之间的社会组织方式取决于血缘关系和宗族关系。经济上自给自足。政治上存在着严重的人身依附关系,人民被牢牢的束缚在土地上。在儒家"仁爱"和"忠恕"思想的影响下,中国人渐渐形成了平稳和追求和平的大陆性格。历代政府推行"重农抑商"政策。即便有绵延的海岸线和海上丝绸之路,但是政治结构的高度理性化抑制了商业文化的发展。

与中国截然相反,西方民族和国家却恰恰是得益于海洋文化的发展。有着漫长的海岸线,特别倚重商业交换,再加上希腊和希伯来文化的双重滋养,使得西方逐渐地形成了与大海航行有关的进取好动、海盗冒险、价值平等的自然性格。

海洋文化比较容易产生开放包容和重视实学的海洋思维,这尤其表现在航海技术方面。航海探险必然要求有较为成熟的地学和天学知识。"公元前6世纪毕达哥拉斯(Pythagoras,约 BC560-BC480)就提出了地为圆球的见解。其后,阿那克萨哥拉(Anaxagoras,约 BC500-BC428)给出了经验性证明。2个世纪之后,亚里士多德(Aristotle,约 BC384-BC322)进行了全面的论证,阐发了'地球'的概念。中世纪时期,地球观虽被《圣经》所阐述的地平观所取代,却并未被征服,有关对蹠点存在的激烈争论也说明球形大地观并未销声匿迹。随着文艺复兴和自然科学的发展,'地圆说'在欧洲被越来越多的人接受。13 世纪,学术界已有人公开主张大地球形说。罗吉尔培根(Roger Bacon,约 1214—1292)还提出向西航行到达亚洲的可能性,这种设想不断发展,最后鼓舞了勇士们闯入神秘的大西洋。无论是哥伦布'发现新大陆',还是麦哲伦环球航行,都与他们本人及其资助者信奉地圆说密不可分。"[1] "在远洋航行中,确定船只的方位是第一位的……同阿拉伯的'卡玛尔'、中国人的牵星术一样,欧洲人很早就知道了测量天体角度来定位的原理。古代希腊人称之为'狄奥帕特拉'……在航海中可以利用任何简陋的工具,哪怕是一只手臂、一个大拇指,或者一根分节的棍子都行,来使观察到的角度不变以保持航向。约在 132 年左右,……航海家使用一种很简单的仪器来测量天体角度,称之为'雅各竿'。观测者有两根竿子在顶端连接起来,底下一根与地平线平行,上面一根对准天体(星星或太阳),就能量出偏角。然后利用偏角差来计算纬度和航程。比雅各竿要先进一些的是十字测角器,其应用大致是中世纪后期的事。观测者将竖杆的顶端放到眼前,然后拉动套在竖杆上的横杆(或横板,一般也有好几块),最后使横杆的一端对着太阳,另一端对着地平线,这样就得出了太阳的角度。另一个更先进的观测仪器是星盘……星盘是一个金属圆盘,用铜制成,上面一小环用作悬挂用。圆盘上安一活动指针,称照准规,能够绕圆盘旋转。照准规两端各有一小孔,当圆盘垂直悬挂起来时,观测者须将照准规慢慢移动。到两端小孔都能看到阳光(或星光)时,照准规在圆盘上所指的角度也就是星体(或太阳)的角度。"[2] 在明末郑和下西洋的航海过程中,虽然我们也使用了针路和过洋牵星术等技术,但是我们的航行并非商业驱动,不利于刺激我们尝试发展新的技术。且单就可接触天文学的群体来说,仅仅是一小撮人,他们大多都是皇家的占星术士或者钦天监的官员,因为天文学是维护皇权统治的天然有力武器。

---

[1] 夏劲,陈茜:《中西两种科学文化背景下的郑和下西洋和地理大发现之比较》,《自然辩证法通讯》2006 年第 4 期。

[2] 刘景华:《中世纪欧洲造船和航海技术的考察》,《长沙水电师院(社会科学学报)》1996 年第 3 期。

传教士到达中国后,单凭知识层面对我们的影响就是空前的。自然科学类知识让部分儒家士人认识到了西学的重要性,开始了"中西会通"。继利玛窦之后,耶稣会士不断地被遣派来华。早期以法国人居多且成就颇为显著,其中影响颇深的就是几位"国王数学家"。他们先后都在康熙身边服务,为康熙授学、著书等。在给皇家科学院的信中,讲到了他们的分工:"洪若翰负责中国天文学史,地理学史,天体观测,以与巴黎天文台所做的天文观测相比较;刘应负责中国通史,汉字和汉语的起源;白晋负责动植物的自然史和中国医学的研究;李明负责艺术史和工艺史;张诚负责了解中国的现状、警察、官府和当地的风俗,矿物和物理学(指医学)的其他部分,即指白晋研究以外的部分。"[1]白晋等人还受康熙皇帝的委托回法国招募耶稣会士来华,他们成为康熙年间全国范围内大地测量的主要参与者。在耶稣会士的帮助下,蒙养斋得以建立,编撰了《历象考成》《数理精蕴》等大型的科学著作。

传教士传播西学的同时,还将中国的学问介绍到西方,其中包括天文学、医学和传统工艺等方面。中国古代历史纪年的开端与《圣经》的记载不一致,是传教士西传中国天文学的直接刺激因素。又因中国历法预测频频失误,使得传教士对中国天算学产生了某些质疑。历算的频频失误使得传教士不得不借助欧洲的科学家来检验中国天文学的有关知识。欧洲人对中国医学的脉学和针刺术颇感兴趣。卜弥格(Michel Boym)等对中国的脉学进行了研究,编撰了《医生之脉钟》等书。耶稣会士还翻译了《本草纲目》,这对中西医学的交流起到了促进作用。除此之外,还西传了传统工艺技术,主要通过绘制大量的图谱对印刷术、瓷器、纺织、染色技术等做了引介。

### (二)海洋文化与传教及其对中国的影响

借助"地理大发现"、海上贸易和文化侵略进行的传教活动,正式地将天主教传播到了欧洲大陆以外的地区。当时天主教内部严重腐败,再加上和王权以及市民阶层的矛盾,教会的发展面临严重威胁。"宗教改革"使得天主教在欧洲丧失了众多的信众,为了寻找信众,重拾天主教的苦修精神和重塑教会形象,不得不借助海洋航行开启海外传教战略。天主教的耶稣会多采取一种军事化的管

---

[1] 韩琦:《中国科学技术的西传及其影响》,河北人民出版社 1999 年版,第 20 页。

理方式,要求成员为了传播福音绝对地服从和奉献上帝。殖民者航海甚至到了这样的地步,即如果船上没有传教士,这个船没法起航。天主教教义分有海洋文化的性格。天主教文化也就变成了一种侵略文化和宗教文化帝国主义。航海探险队所到之处,都会树立起十字架,甚至以宗教人物的名字给当地命名。殖民者取得地盘后紧接着就传播教义,要求当地民众受洗,甚至使用残酷的死刑逼迫。虽有反抗,但是落后使得他们几乎都没有选择的权利,就成为天主教传教士的奴隶。但是,耶稣会士在亚洲的传教却是困难重重,因为亚洲大部分国家都具有悠久的历史文化传统,这成为抗衡天主教肆虐的关键因素。

传教士在中国的传教充满坎坷。康熙朝早年间的"历狱案"的结果就是禁止西洋新法和禁止传教。但后来,因为中国历法屡屡出错,以南怀仁(Ferdinand Verbiest)为主的传教士又一次获得了政治上的优势,服务于康熙帝。后又因中西礼仪之争,矛盾从教会内部转到了外部,从东方转到了西方,直接导致了康熙皇帝和罗马教皇之间的矛盾,矛盾历时很久,热度持续升级,到1724年中国开始了禁教。

天主教教义的欧洲特征,与中国传统文化严重不相符。天主教的"上帝"一神论与中国儒家的自然神论的气质不相适应。它是从国家层面的主动传教,而非民间性质的传教,走的路线优先考虑上层路线。禁教也说明了大陆性格和海洋性格之间差异的不可通约性。中国文化和外来文化契合最好的就是佛教文化,佛教思想与儒家和道家的思想互补,结合较为完美。虽然历史上灭佛多次,但依旧没有完全禁止,只是数量的减少。而天主教这种以海洋文化为背景的异质文化却被禁止了100多年,也导致了中西知识交流的断层。

没有地理大发现的航海行动,文化的大规模交流几乎不可能。没有迫于无奈的传教适应政策,就没有科学的变相传入。且到了鸦片战争时期,西方殖民主义者也是利用其海洋优势让我们节节败退,走向了我们的屈辱史。可以毫不夸张地说,中西激烈碰撞均以海洋作为前提契机。

## 三、结语:鲜活立体的科学史科普

一般来讲,科普分为两种类型,一种是纯粹地关注科普理论和科学知识的普及,另一种是注重科学知识产生、发展的历史性过程,它通常以故事或者科学家

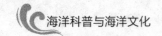

传记等形式呈现出来。"科学史研究科学发生和发展的历史。具体地说,它研究科学概念、科学理论和科学思想的产生、演化过程及其发展规律。考察科学家的生平、成就、思维方式及研究方法上的特点。探讨科学家科研中的成败原因,研究科学发展中不同观点和理论之间的纷争与融合,考察科学发展的内部逻辑、外部动力和相互关系,研究科学与社会发展的关系,等等。"① 科学史主要研究的是作为特殊的文化现象的科学,也就是作为历史性概念的科学。学界一致强调科学史需要将"内史"和"外史"相结合。而一般情况下,外史多侧重社会史方面,莫顿(Robert K. Merton)已经做了大量的工作,并取得了科学史界的认可。做科学史强调回到历史中,可是历史并不单纯地指社会史一个方面,它还包括诸如思想史、哲学史、经济史、政治史等诸多方面。要求回到历史与境,需要考虑多层次、多方面的要素之间的关系,而不能单纯地抓住一个方面就认为这是科学外史的全部。然而长期以来,我们的历史学研究与中国科学技术史的研究范式存在诸多差距,这是学界同仁需要进一步打破的一个藩篱。

在历史与境中,如何做好科学史科普?大致有两种方案:一是历史关联(经验性)导致的研究。这不能从理论上解决问题但是可以描述历史过程,描述这个过程本身就是科学史研究应该具有的一个方面。二是研究与古代科学相关的却是非科学的东西,比如牛顿的炼金术。牛顿的炼金术不是科学,但是牛顿研究了物理学和数学,并且取得了巨大成就,而炼金术与物理学和数学都是统一在牛顿身上的。我们不是说牛顿的炼金术是科学,而仅仅说明其与科学有着某种经验性的联系。对于中国古代科学的研究亦是如此。揭示这种经验性的价值,正是中国古代科学史的任务所在,而不是继续低端或糟糕地去使用科学的大、小定义去解决问题或者对于科学的定义和内容所规定的东西视而不见。

自古以来,中西交流首先表现在科技知识领域,然后再由科技知识领域延伸到其他领域,如思想史、哲学史、政治史等。知识的推进路径预示着思想的发展轨道。知识史为思想史的理解奠定了契机与平台,脱离了知识史,思想史也就失去了它可以被理解的历史与境。中国古代的所有知识均具有博物学传统,均蕴含于各种经典之中。各种经典从本质上讲都是教育,具体体现为知识的传播、思想的交融、文化传统的渐进式形成等。然而"公众理解科学,要理解的不仅是科

① 孙定建:《科学史教育:全方位科普的有效手段》,《理论观察》2003 年第 3 期。

学知识,甚至首先不是科学知识,而是对于科学这种人类文化活动和社会活动的整体的理解。包括抽象一点的如科学精神、科学思想、科学方法,具体一点的如科学史、科学与社会的关系等"。①

科学史训练在加深对科学知识的理解方面所起的作用与其他的训练方式相比有特殊优势。梳理海洋科学史与理解科学的东传之间以及传入地文化对科学的接受过程是息息相关的。首先,科学的变迁和更新史通过鲜活、形象的事例而非枯燥的灌输事实的方式表现出来。这加深了对于科学的传播过程的理解,同时也客观生动地展示了科学在传入地的传播中所经历的不同的被认知阶段和与传入地文化之间的摩擦,这使得人们可以更有效地理解中西文化与科学之间错综复杂的关系问题。这比直接通过教科书所灌输的知识有效得多,也是研判各种历史争论的有效着力点。其次,借海洋科普来理解基督教的传播史,不但开拓了理解的新视域,而且使得理解更加具体和丰满。在具体的历史与境中,科学史的研究容易让我们理解抽象的概念,也更容易让我们知道科学的来龙去脉。在领会科学本质和知识的同时不乏一种"历史性活教材"般的参与。笔者认为这才是比较接地气的科普形式。

---

① 吴绪玫:《从科普到科学文化传播:不可或缺的科学史教育》,《昆明学院学报》2010 年第 6 期。

# 汪品先的海洋科学文化思想

裴嘉林 ①

（内蒙古师范大学科学技术史研究院,内蒙古 呼和浩特,010000）

**摘　要**:海洋文化蕴含着深刻的科学思想,科学是文化的一部分,目前国内对海洋科学文化的研究尚有不足。汪品先立足南海进行海洋地质研究,系统科学思想一以贯之,推动地球系统科学研究取得重大突破。同时注重挖掘科学中的人文因素,搭建科学与文化的桥梁,将复杂的深海系统和深奥的钻探工程改编成通俗易懂的语言具有借鉴意义。

**关键词**:系统科学;大洋钻探;科学文化;科普

## 一、汪品先生平简介

汪品先,海洋地质学家,1936 年 11 月生于江苏苏州。他现任同济大学海洋与地球科学学院教授,中国科学院院士,第三世界科学院院士,国家重点基础研究发展计划"973"项目带头人。他曾被授予上海市和全国劳动模范,并担任过第 6,第 7 届的全国人大代表,第 8 至第 10 届全国政协委员。汪品先早年在上海格致中学学习,那里开设了上海第一个俄语班。1953 年至 1955 年在北京俄文专科学校学习俄文。1955 年赴莫斯科国立大学留学,在地质系学习古生物专业。1960 年回国被分配到华东师范大学,创办海洋地质专业。1972 年为了响应国家能源开发的号召,华东师范大学地质团队来到同济大学以探明海上石油储藏情况。通过对黄海和长江口的有孔虫研究,指出了东海、黄海化石分布情况及环境

---

① 作者简介:裴嘉林（1995— ）,男,内蒙古师范大学科学技术史研究院硕士研究生,主要研究方向为科学哲学、科学社会学。

控制因素,推动我国古生物研究向定量古生态学的方向发展。在及其艰苦的环境下,1980 年由中国海洋出版社出版汪品先《中国海洋微体古生物》文集。1978年汪品先先后赴法国和美国的学术机构访问,1981 年获得联邦德国洪堡奖学金。汪品先这样评价他的这段留学经历:"如果说,在苏联 5 年学习获得的是扎实的学术基础,那么从德国学到的则是活跃的学术思想。"①汪品先从海外的学习经历积累了丰富的古地质与古生物知识,为日后南海研究奠定了扎实的基础,同国外专家的学术交流活动,使他了解到深海研究是未来的趋势,对海洋与文化关系的理解也愈发深刻。1999 年,汪品先主持了中国第一次深海科学钻探 ODP184 航次;2009 年,建立起中国东海海底观测小衢山试验站;2010 年,主持国家自然科学基金重大研究计划"南海深部计划"。他在国内外发表论文两百余篇,专著及论文集十余种。

## 二、汪品先的海洋科学文化观

### (一)中国是大陆文明,缺少海洋意识是中国近代的落后的原因之一

复旦大学教授周振鹤有《假如齐国统一了天下》一文。中国古代齐国"通工商之业,便鱼盐之利"。经济的发展助齐桓公成为春秋霸主,同时促进了水上交通的发展,亦重视"舟楫之便"。"齐桓公用管仲之谋,通轻重之权,徼山海之业,以朝诸侯,用区区之齐,显成霸名。"②假如齐国统一天下,工商之业得到正常发展,轻重之术与侈靡思想推向四海,中国的面貌是不是会焕然一新?汪品先对这种说法表示赞同。中华文化是有海洋因素且历史悠久的,但中华文化是秦文化的继承与发展,农本思想不仅抑制了工商业的发展,也使中华文明的海洋成分被大大弱化,海洋意识相对薄弱。随着明朝"海禁""寸板不许下海"政策的实施,使当时的海洋事业进一步受到限制。西方文明发源于爱琴海,地理大发现之后,欧洲各国攫取了大量财富促进了资本的原始积累,由于经济的需要,交通运输业,采矿业,造船业随之发展起来,对科技的需求空前提高。科学社会学家默顿(Robert King Merton)在《十七世纪英格兰的科学技术与社会》中论证了牛顿、胡克、波义耳、惠更斯等一大批对科学发展至关重要的人物的出现,与殖民扩张及

① 王庆:《汪品先:深海守望者》,《国际人才交流》2014 年第 4 期。
② 司马迁:《史记》,中华书局 1999 年版,第 1219-1220 页。

航海业带来的技术需求有着密不可分的联系,而不是单纯依靠科学自身的发展动力。可以说是海洋文明孕育了近代科学,随后坚船利炮轰开了古老中国的大门,农耕文明败给了海洋文明,使中国在之后的百年受尽屈辱。西方文明与中华文明并没有优劣之分,高低之别,纵观世界文明史,海洋是不可或缺的因素。大陆文明要求"父母在,不远行",习惯稳定,海洋文明倾向于开拓创新,前者趋向于保守,后者倾向于变更,而这正是科学创新的前提。我国应吸取历史的经验教训,发展海洋事业。

### (二)海洋强国科技当先,要用系统的、整体的思路进行海洋研究与开发

党的十九大报告提出:"坚持陆海统筹,加快建设海洋强国"。壮大海洋经济、加强海洋资源环境保护、维护海洋权益事关国家安全和长远发展。党的十八大提到了建设海洋强国的四个方面,其中提高资源开发能力是我国建设海洋强国的基本手段和具体路径。中国拥有300万平方千米海疆,海洋资源丰富,现对其开发已不局限于近海浅海,没有世界先进技术,即便拥有海洋也只能"望洋兴叹"。海洋资源开发,环境保护,实现海洋可持续发展,需要了解海洋的前世今生,需要用整体的,系统的思路进行地球科学的研究。近几十年对如"厄尔尼诺"等全球问题的探究表明,以前误认为的局部事件,然而只有置于全球系统才能理解。新世纪地球科学发展方向将是地球系统科学,深海研究是其中的关键之一。深海的加入,拓展了地球系统科学的空间范围;地球表层过程加入了深海记录,给予地球系统科学时间上的纵深。深海研究最直接的手段是大洋钻探,因为地球系统演变的历史隐藏在深海沉积物中。"我国的海洋事业目前正经历着自郑和下西洋600年来的最佳时机,我们必须只争朝夕,自主奋斗,才能早日实现建设海洋科技强国的理想。"[①] 汪品先院士说。

### (三)科学是文化的一部分,科技既是生产力又是文化力

汪品先认为科学具有两重性,发展海洋不仅需要有科学技术的"金刚钻",还要重视其发展的内在动力,动力的根源在于文化。科学不仅是生产力还是文化力,既包括物质财富又具有精神内涵。科学对社会的贡献既体现为创造有形的物质产品,亦包括无形的精神升华。科学的土壤是文化并且是先进文化。我

---

① 刘诗瑶:《赤子丹心,深海见证:记中国科学院院士汪品先》,《国土资源》2019年第9期。

们现在谈到科学,首先想到的是它技术的应用层面,是物质的方面,而忽略了它在精神方面、文化方面的属性。科学是文化的一部分,一旦科学阉割了文化,剩下的只是"为稻粱谋"。从历史上看,现代科学是在文艺复兴时期孕育的,艺术家对近代科学的产生起着至关重要的作用。科学社会学家本·戴维(Joseph Ben-David)在《科学家在社会中的角色》一书提到,科学更多的来源于中世纪大学外部,指的就是艺术家群体。例如达·芬奇,他画波浪蕴含着水力学的功底,他画动物蕴含着解剖学的知识,他的画利用了透视的原理。科学理论由艺术家来实践,又由科学家解释和表达。在许多国家"科学院与艺术学院"两个学院是不分开的,科学与艺术的共性在于创新思维和探索的欲望。电影《阿凡达》的导演卡梅隆自己出资深潜,创造了马里亚纳海沟 10 898 米的深潜纪录。科学源于好奇心,那份对宇宙探索的渴望,科学应该是有趣,好玩的。汪品先曾表示如果没有深海研究,他不知道生活还会有什么乐趣。

### (四)科普是科学与文化的"桥梁"

从文化角度发展科学,弥补科学与文化的鸿沟,增强文化软实力,则需搭建科学与文化的"桥梁",科普就是这座"桥梁",能够胜任的"造桥者"是科学家。汪品先认为科学家跟社会进行对话非常必要,不可以躲在象牙塔里自娱自乐。若要全方位的理解科学,使自然科学和社会科学相结合,需要让最顶尖的科学家开展科学普及工作。科学家的声音在社会的三个层面上应被听到,第一是科学研究的"大目标"。现代科学专业性很强,具体知识外行人不容易懂,也不容易引起圈外人的兴趣,而"大目标"往往关系国计民生,关系到每个人的切身利益。比如南海"可燃冰"的发现与开采关乎国家未来的能源供给,与百姓生活息息相关,引起了公众的广泛讨论。二是科学研究中意识形态的问题。道德和教育等都是全社会的关注的问题,在知识界最为敏感,因此科学界无论是治学为人还是思维方式,都足以引起社会热议。近来一些社会公众人物,高校领导的学术不端行为暴露了科研体制的漏洞,同时是对博士这个高知群体诚信道德方面的拷问。三是科学研究的志趣,只有从科学家的眼中才能看得到自然美,在科学研究过程上碰见的奇迹或幽默,都值得科学家通过科普途径与社会分享。汪品先在 82 岁高龄时,连续三次搭乘载人深潜器"深海勇士"号到南海深潜,将海底之行比作"爱丽丝梦游仙境",科学研究的乐趣唯有科学家才能够切身体会。

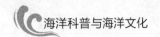

## 三、汪品先海洋科学文化实践

### (一) 地球系统科学:牵一发而动全身

"如果说地球科学在 19 世纪的最大进展在于进化论,20 世纪在于板块理论,那么 21 世纪的突破点很可能在地球系统演变的理论。"[1] 地球系统科学是一个非常年轻的学科,美国国家航空航天局 1983 年设立的"地球系统科学委员会"标志着这门学科的正式诞生,它首要的目的是用于应对全球变化问题,比如找寻全球变暖的根源,臭氧层破坏的原因等。这就迫使人们用整体的思路看待大气圈、水圈、生物圈、岩石圈。它是一门交叉学科,传统意义上是地质学、海洋学、气象学等学科的整合,现在加入生命科学、统计学等综合学科。例如对地球表层系统的研究越来越倾向于定量化,海量观测数据的处理需要用到回归分析,因子分析等多元统计方法。我国引进地球系统科学理论还是比较早的,1987 年便有对地球系统科学的介绍,不过仍是各学科各自为战。缺乏对地球系统科学整体性的研究,导致了一些误解,将地球系统科学理解为各门地球科学的累加是不正确的,汪品先认为"地球系统科学是探索其圈层相互作用,整合各种学科,将地球作为一个完整系统来研究的学问。地球系统科学先从当代的全球气候变化开始,然后向早期地质年代推进。当前面临的更加艰巨的新任务是将地球表层与地球内部过程连接起来研究"。[2] 地幔中的水和碳分别是地球表层的几倍与几十倍,水循环和碳循环塑造了地球的生态环境,全球变化让我们追寻碳的踪迹。工业社会产生的二氧化碳由海洋浮游生物吸收创造有机质,死亡后沉积海底便把碳传送到岩石圈,沉积记录随着冰期旋回发生变化,体现了万年尺度的碳"生物泵"循环模式。造山运动使岩石圈抬升,硅酸盐化学风化吸收 $CO_2$。深入地球内部的岩石"脱钙"通过火山喷发将 $CO_2$ 还回大气,这是更长时间尺度的碳循环。所以地球系统科学是跨越圈层跨越时空的,不同圈层的变化时间尺度各不相同。"全球季风系统""大洋传送带""层序地层学",都从宏观视野,"上帝视角"来观察,对其研究也将是复杂的,非线性的。

将地球系统科学等同于用遥感数据解释地球也是不正确的。遥感是地球系

---

① 汪品先:《走向地球系统科学的必由之路》,《地球科学进展》2003 年第 5 期。

② 汪品先:《对地球系统科学的理解与误解》,《地球科学进展》2014 年第 11 期。

统科学产生的技术手段,地球系统科学的研究包括"观测、解释、模拟、预测"几个步骤,观测也就是信息的收集,需要"上天、入地、下海",海洋必然不能排除在外。"最接近地球内部的地方是深海洋底,洋中脊和深海沟是链接地球内部和表层的通道。"[1] 海底观测网的建立可能是人类视域的第三次突破。"在洋底布置观测网,用光纤或电缆供应能量,采集信息,进行长年的自动化观测,随时上传观测信息。"[2] 从海洋内部认识海洋是了解地球系统的又一重要平台。可是观测平台的开发与建设,信息的分析与共享需要大量的资金与精尖的技术,任何国家不能独立实现,20 世纪 60 年代开始的大洋钻探计划是一个国际合作的典范,是一项系统工程。它的会费由各国分摊,钻探船由各国合作打造,会员国竞标每年的项目,选出各项目的首席科学家,之后汇集各国学者,一同出海执行计划,研究结果由各国共享。底观测网的建设可以借鉴大洋钻探计划的模式。

## (二)大洋钻探:走向地球系统科学的必由之路

关于全球变化的争论,根本原因在于观测的时间有限,地球表层能量与物质的交换,在长尺度上决定着地球的命运。因此向地球深部进军,是地球科学的下一个目标,揭示表层系统和深部的链接,是地球科学的下一个突破口。海底地壳最薄,最接近地球内部,大洋钻探是最佳途径。地学和生命科学的结合为理解地球历史,看清全球变化带来了契机。"海洋浮游生物在深海沉积物中的积累为研究全球变化提供了很好的切入点,它汇集了四大圈层的信息。"[3] 深海沉积是地球的"史书",通过对沉积标本中微生物和碳,氧同位素分析便可以读懂历史。国际深海钻探计划(DSDP)和大洋钻探计划(ODP)拓展了地球系统科学的研究范围,得以进入"地球系统科学"的新阶段。地球表面 60% 是超过两千米的深海,深海是全球概念的重要组成部分。全球构造的板块学说与地球轨道与冰期旋回理论得到证明,有赖于大洋钻探提供的直接证据。"热液生物群和深部生物圈的发现,为太古代还原性大气环境下的生命起源和元古代向氧化型大气过渡中的生命演化提供了研究线索。大陆坡下天然气水合物及其释出事件的发现,为古新

---

[1] 汪品先:《从海洋内部研究海洋》,《地球科学进展》2013 年第 5 期。
[2] 汪品先:《从海底观察地球–地球系统的第三个观测平台》,《地球科学进展》2007 年第 3 期。
[3] 汪品先:《对地球系统科学的理解与误解》,《地球科学进展》2014 年第 11 期。

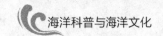 

世末等重大生物灭绝和气候突变的解释找到了依据。"① 我国海洋环境得天独厚，是地球系统科学值得关注的要点。法国古海洋学家卡罗·拉伊(Carlo Laj)说："中国南海中可能会有地球上最迷人的地质记录。"② 中国南海对研究地球演进的历史和地球系统科学来说有着特殊的意义。因为从青藏高原到菲律宾海沟 4 000 千米距离有着 20 000 千米的落差，是世界地形上反差最大的地区之一，同时世界上最大的大陆和最大的大洋在南海这个边缘海进行能量和物质交换，河流输入的陆地碎屑和冰期的风尘沉积形成的高沉积速率的地层有着丰富的环境演变记录。1999 年，汪品先主持以研究东亚季风与南海历史为主题的项目书在同年大洋钻探项目评比中位列第一，定为 ODP184 航次，采集了总计 5 500 米的高质量深海岩芯，取得高质量的晚新生代深海沉积连续记录。其中，1143 号井 5 Ma 的沉积记录显示，碳同位素有 0.4～0.5 Ma 长周期的变化，大洋碳库储存的低频变化与碳酸盐和热带风尘沉积互相印证，说明低纬季风对大洋碳库的作用，1148 号井 20 Ma 的沉积记录显示，碳同位素重值期($\delta^{13}C_{max}$)发生在冰盖大扩张和冰期旋回之前，证明了碳循环对于冰期变化具有调控的功能。站在地球系统的高度看，气候的长期演变必然综合了高低纬地区，长短时间尺度的气候过程以及海洋到大气到陆地等不同实体水循环和碳循环等多种能量循环过程，当前研究古气候的演变越来越强调冰盖以外的驱动机制。南海晚新生代连续的氧同位素记录说明，第四纪冰期旋回应当是高纬与低纬物理作用和生物地球化学共同作用的过程，打破了过去意义上只从晚第四纪的特例出发，过分强调北半球高纬地区作用的米兰科维奇理论，"得到了低纬和高纬、水循环和碳循环相互结合，短周期和长周期相互叠加控制气候演变的新认识"。③

季风是现今地球上范围最大的低纬度气候系统。海洋碳循环与海洋生产力从陆地到海洋的物质运输受全球季风，包括夏季风的降水和风化等过程的影响。钻探数据显示，几乎在整个新生代，尤其在渐新世，"全球大洋表层和深层海水无机碳碳同位素都存在 40 万年的波动周期，偏心率振幅的低值期对应于无机碳碳

① 汪品先：《对地球系统科学的理解与误解》，《地球科学进展》2014 年第 11 期。

② 胡昭阳：《汪品先：锲而不舍的中国海洋科学家》，《世界科学》2011 年第 3 期。

③ 汪品先：《南海三千万年的深海记录》，《科学通报》2003 年第 21 期。

同位素的正偏移,这种周期也体现在碳酸盐溶解指标和季风记录中。"① 所以汪品先提出一个假说,由于太阳辐射受偏心率调控,偏心率低时,低纬季风强度减弱,陆地风化作用和入海营养盐通量减小,导致海洋生产力减弱和惰性溶解有机碳库扩大,最终引起无机碳库碳同位素值偏重。因此,新生代全球大洋无机碳库的40万年周期很可能是全球季风规模强烈波动的一个体现。拉伊认为汪品先是把古季风置于全球尺度中展开研究的第一人,具有独到的见解和观察力。

碳的深层循环与第四纪冰期旋回的创新得益于将地球视为一个整体的系统思想。和"全球变化"一样,大洋钻探的古环境研究把地球上的水圈、气圈、冰圈、生物圈和岩石圈看作统一的系统,从中研究全球的气候演变,因此大洋钻探可以看作延伸到整个新生代和中生代晚期的"全球变化"研究。在这个全球环境系统中,构造因素和地球轨道因素属于外来的强迫因素。大气,大洋环流和海洋相互作用属于内部响应机制。上述深海研究突破了传统"海洋地质"的概念,打破了学科分割的壁垒,凸显了地球科学研究的系统性与整体性。

### (三)搭建科学与文化的"桥梁"

"增强海洋意识,弘扬海洋文化,应当从教科书和文化艺术做起。"② 汪品先的学术生涯一直致力于科普活动。他主编少年儿童出版社的出版的《十万个为什么》第6卷(海洋卷)和"深海探索系列丛书"6册,深海探索系列图书获得了2019年"上海市优秀科普图书奖"。书籍中插入大量图片,而且都是第一手资源,通对科学家真实的工作场景、实物样本(如岩芯)的样貌、科学研究系统工作原理简要图示的展示,将大洋钻探,"三深"建设,地球系统科学知识以图文并茂的形式,通俗地介绍给读者,内容设计以问答形式呈现更容易激发读者兴趣,不以灌输知识为目的。例如他将海底观测系统比作"气象站"和"实验室",是海底的"眼睛",对海底的情况进行连续、原位、实时的"现场直播",并对地震和海啸进行预测。通过大洋钻探为南海开具了"出生"和"死亡"证明:南海东部次海盆"出生"于约3 300万年前,"死亡"于约1 500万年前,西南部海底"出生"于约2 300万年前,"死亡"于约1 600万年前。在2018年8月14日"南海深部计

---

① 海洋国家地质重点实验室(同济大学):《大洋钻探五十年》同济大学出版社2018年版第108页。

② 程绩:《海洋强国,从"绿色"迈向"深蓝"》,《海洋地质与第四纪地质》2015年第2期。

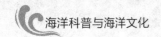

划"成果展示会上,汪品先呼吁做报告的十余位专家用科普语言把国家自然科学基金重大研究计划取得的亮点展示给社会。汪品先从三方面揭示南海这个边缘海的"生命史":深海盆的形成演变为其"骨",深海沉积其所含的环境信息为其"肉",海水的生物地球化学系统为其"血"。构造上的板缘裂谷、气候上的低纬驱动、现代过程的碳泵效率等重大进展的展示既体现了学术前沿,又突出了原创性成果,还能够让公众理解。汪品先为普及海洋知识,提高全民海洋意识在各界奔走。他主动要求在同济大学主讲《科学、文化与海洋》公选课;推动建成我国第一个深海科普基地同济大学深海科普展示馆,并于2018年完成了二期工程,现已成为上海市科普教育基地。在"我和院士有个约会"活动中,汪品先亲自做讲解员,为来自上海几所中学的小朋友与家长讲解海洋科学知识。他还多次参加上海市科协主办的"从长江口走向深海"系列科普活动。

## 四、结论

汪品先教授演绎了现代版的"老人与海",以南海为切入点,推动了地球系统科学的发展,参加"三深"工程建设为进一步深海研究做出了准备,对南海资源开发做出了基础性贡献。他不忘追源溯本,认为中国海洋继续发展的根本动力在于全民海洋意识的觉醒,在于科学工作者内发的创新意识。汪品先的科普活动从文化的角度出发,以创新为着眼点,以科学精神乐趣为兴趣点,对于唤醒全民的海洋意识,创新科普理论,搭建科学与文化之间的桥梁具有重要的意义。在中国共产党提出"坚持陆海统筹,加快建设海洋强国"与构建"人类命运共同体"的今天,汪品先的海洋科学文化思想及实践工作对于增强中国的海洋意识与文化自信,建设海洋强国,构建人类命运共同体具有一定的借鉴意义与现实意义。

# 附 录
## 海洋强国视域下的海洋科普与海洋文化
### ——"海洋科普与海洋文化学术研讨会"综述

王 静①

（山东财经大学马克思主义学院，山东 济南，250100）

2012 年 11 月 8 日，党的十八大报告中首次提出"建设海洋强国"重大命题，标志着海洋强国上升到国家战略高度。自 2013 年习近平主席首次提出构建人类命运共同体的倡议后，"命运共同体"成世界热词，这一理念也先后载入了联合国安理会决议和人权理事会决议中。2019 年 4 月 23 日，习近平在青岛集体会见应邀出席中国人民解放军海军成立 70 周年多国海军活动的外方代表团团长发表的讲话中又在"命运共同体"理念下首次提出了"海洋命运共同体"，指出"我们人类居住的这个蓝色星球，不是被海洋分割成了各个孤岛，而是被海洋连结成了命运共同体，各国人民安危与共"。为进一步繁荣海洋科普和推进海洋文化研究，由山东自然辩证法研究会、中国科普作家协会海洋科普专业委员会和山东省科普创作协会联合主办，中国海洋大学出版社承办的"海洋科普与海洋文化学术研讨会"于 2019 年 11 月 23 日在中国海洋大学鱼山校区学术交流中心隆重召开。

---

① 作者简介：王静（1990— ），女，山东财经大学马克思主义学院讲师，主要研究方向为近现代科学思想史。

图1 "海洋科普与海洋文化学术研讨会"合影

研讨会开幕式由中国海洋大学出版社社长杨立敏主持,中国海洋大学原校长、国际欧亚科学院院士吴德星教授和省府参事、山东自然辩证法研究会理事长、山东科普创作协会理事长马来平教授出席会议并分别致辞。原国家海洋局第一海洋研究所所长、中国科普作家协会海洋科普专业委员会副主任委员马德毅、山东科普创作协会副理事长、国家一级作家霞子等受邀出席会议。来自北京、四川、重庆、内蒙古以及山东自然辩证法学界、科普领域的专家、学者以及相关领域的110余位代表云集一堂,共同就海洋科普与海洋文化相关议题建言献策。

马来平教授首先以《关于繁荣山东海洋科普的若干建议》为题进行主题报告。他从编制山东海洋科普行动方案、设立山东海洋科普研究中心、成立山东海洋科普研究会、组建山东海洋科普图书出版基地、构筑和充分利用海洋科普场馆系统、壮大海洋科普产业、建立健全海洋科普的评价和激励制度、推动海洋科普进教材、进课堂、进校园等方面提出了切实建议。马教授指出,当前山东海洋强省建设从战略规划阶段迈向了全面实施阶段,海洋科普不仅是激励海洋科技创新、建设海洋强国的内在需求,还是经略海洋创新文化环境以及培养海洋创新人才的基础工程,繁荣海洋科普意义重大,刻不容缓。随后,中国科普作家协会海洋科普专业委员会副主任委员、原国家海洋局第一海洋研究所所长马德毅研究员则在《中国文明演进中海洋文化的历史兴背》的主题报告中展现了海洋文化在中国文明演进中的重要作用。中国海洋大学医药学院于广利教授在《国内外海洋药物研究开发进展》中则以丰富的数据和文献资料展现了国内外海洋药物研究的最新进展和中国在海洋药物研究中的重大突破。中国海洋大学文新学院马树华教授也以《走向大众：海洋文化的书写、记忆与传承》为题做了内容丰富的精彩发言。

23 日下午，研讨会以"海洋科普创作与出版探讨"和"学术论文交流"两个板块分组讨论。"海洋科普创作与出版探讨"由海洋科普专业委员会副秘书长、中国海洋大学出版社副总编辑李夕聪主持，中国海洋大学多位编辑、参会科普作家、一线科普工作者就海洋科普创作问题、海洋相关书籍的出版问题进行了多角度交流。"学术论文交流"板块则就会议提交的 30 多篇论文，围绕"马克思主义视角下的海洋强国战略""海洋文化及海洋史研究""海洋科普问题探讨""海洋开发及生态保护"等方面对海洋科普与海洋文化展开了热烈讨论，并提出诸多新的论点。

## 一、马克思主义视角下的海洋强国问题研究

自党的十八大以来提出海洋强国的战略思想后，学界对这一热点问题进行了多维度的深入研究。多位学者就海洋强国战略的形成、海洋命运共同体理念提出的必要性、可能性、主体内容、意义等问题各抒己见。中国石油大学（华东）的夏从亚教授、王月琴博士指出，海洋命运共同体理念的生成来自海洋与人类生命、与世界联通、与未来发展三个维度的聚焦，决定了其核心要义必然是以人类共同发展为根本目标，以海洋共同利益为主要内容，以和谐合作为主要方式。海洋命运共同体理念是对马克思主义共同体理论的丰富，是习近平新时代中国特色社会主义思想的进一步充实，能够为推进新时代中国特色社会主义国际海洋战略提供行动指南，亦可为实现中华民族伟大复兴、建立全球海洋秩序提供战略保证和中国智慧。山东财经大学李国选副教授指出习近平海洋强国建设的构想可从形成基础、基本内容、理论特征和时代价值等四个方面进行分析，指出习近平海洋强国建设构想形成了"一纲四目二核心"的结构，体现了强烈的问题意识和不同时期中国共产党的海洋强国建设构想的一脉相承及与时俱进。山东财经大学刘长明教授则以马克思主义分析视角提出公有制内蕴的公共性原则使海洋命运共同体成为可能，而发展中国家的觉醒为海洋命运共同体提供了广泛的民意基础，中国力量则是海洋命运共同体的有力保障。济宁医学院的葛洪刚、秦建中认为辩证思维、战略思维是海洋强国战略思想中科学方法论的集中体现。山

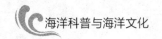

东农业大学马红亦从海洋强国战略实施的可能性和重要性的角度进行了探讨。

海洋强国的建设与国家治理体系的构建密切相关。齐鲁工业大学许忠明、李政一指出海洋强国战略的提出是中国特色社会主义事业的重要组成部分，是推进国家治理体系和治理能力现代化的重要支撑。他们强调必须深入挖掘海洋强国内部存在的政治、经济、文化和生态建设资源，构建海洋强国制度体系才能推进国家治理体系和治理能力的现代化。就海洋强国战略的建设问题，山东师范大学的张孟指出，科学技术的支撑与科技人才的支持是重要保障。他认为要培养海洋科技人才要从宏观和微观上通过创新机制调动知识分子的积极性和主动性。

## 二、海洋文化及海洋史研究

习近平总书记海洋强国战略、海洋命运共同体的理念的提出离不开他对科学文化发展的思考。不少学者从马克思主义科学文化观、生态文明观的角度为海洋强国战略中需要关注的生态文明建设问题提供了宏观视野的探索。山东大学马佰莲教授指出新中国成立以来我国占主导地位的科学文化形态依次经历了科学上层建筑论、科学生产力论、科学先进文化论到生态文化论的发展。当前生态文化观将是未来一个时期中国特色社会主义先进文化建设的重要方向。山东建筑大学刘海霞教授指出我国生态文明建设面临着生态环境质量短期内难以彻底改善、环保风暴背景下民生受影响、群众参与生态文明建设程度较低等问题，要解决这些问题应当从完善生态文明教育制度、探索建立多元主体参与的环境治理制度等方面进行推进。山东科技大学学报编辑部的路卫华博士认为习近平同志提出的"绿水青山就是金山银山"的观点同样适用于海洋生态文明建设，这是海洋生态文明建设所体现的普遍性，但海洋中所存在的"公海"区域就又存在特殊性，需要探索。山东法官培训学院余晓龙博士认为海洋文化在海洋强国建设进程中起着基础性支撑作用，催生了海洋生态文化重点建设的需求。当前中国应立足于对海洋环境公益保护的特殊需求，以司法治理理论为指导，通过海洋环境公益司法制度的有效整合和机制完善，重塑以"风险预防、多元互动、程序规制"为特点的海洋生态法治文化，为海洋综合开发提供文化支撑与法治保障。

海洋强国战略的实施离不开对中国海洋文化、海洋史领域的深入研究。就中国海洋文化而言,山东大学和春红老师指出,中国海洋文化软实力的建设兼具统一性与多样性两个特点。中国海洋文化的历史悠久、源远流长是其软实力统一性的表现,而漫长的海岸线催生的各具特色的地方性的海洋文化可为中国海洋文化软实力提供有力支撑。山东师范大学研究生崔嘉琪认为中华海洋文明观是我们科学认识海洋文化的重要基础,它为一带一路的倡议提供了支持和保障,为海洋资源的开放和保护提供了依据,为海洋强国的建立提供了理论指导,因此具有重要的当代价值。

早在 8000 年甚至更早之前,中国人已有对海洋的探索。15、16 世纪东西方文明通过海上航线而愈发密切地交流起来。中国科学院大学博士生马金指出通过海洋文化来理解中西交流的历史过程,可以使得科学史的研究成果融入科普工作中,更容易让我们理解科学的来龙去脉。山东农业大学张庆伟副教授也是在中西文化以海洋为媒介进行的交流中关注到孙元化的西学思想。他指出孙元化通过徐光启和耶稣会士接触西学后,便将对西学的实践和应用集中在军事科技领域,并在无意间触及了西学的形上之维。而孙元化在西学东传朝鲜的过程中起到了关键作用,为西学在东亚的传播做出的独特贡献,正印证了海洋在中西文明交流的重要纽带作用。

中国海洋大学王书明教授、董兆鑫博士认为,当前海洋史的研究依然是笼罩在"西方中心论"的思维范式下,林肯·佩恩的《海洋与文明——世界海洋史》一书中的观点则是要致力于超越海洋史学中的"西方中心论"论调。林肯·佩恩试图扭转人们观察世界的方式,将整体海洋史观建立于海洋史与世界史关系的思考之上,力图以一种整体的海洋史观从理论上超越"西方中心论"对"时空"的剖离。当然,这种整体海洋史观目前仍有待提供清晰的理论框架。

## 三、海洋科普问题探讨

《提升海洋强国软实力——全民海洋意识宣传教育和文化建设"十三五"规划》指出"提升全民海洋意识是海洋强国和 21 世纪海上丝绸之路的重要组成部分,国家的海洋战略必须扎根在其国民对海洋的认知中"。因此,海洋科普是海洋强国战略的重要一环。中国近代海洋学的发展可追溯到 19 世纪末,而海洋科普正是伴随着中国海洋学家的科学研究和自觉担当得以不断推进。内蒙古师范大学宋芝业教授团队提交了《曾呈奎的科学传播思想》《曾呈奎科学传播工作的成效》和《汪品先的海洋科学文化思想》三篇论文,通过对曾呈奎、汪品先海洋科学研究中对科普重要性的认识和实践进行了梳理和探讨。宋芝业、张佑文认为,曾呈奎先生不仅参与建立了新中国第一个海洋研究机构,创办了我国第一个海洋科学刊物《海洋与湖沼》,推动了海洋科学研究的快速发展,而且始终观注海洋科普工作。曾呈奎任职的中国海洋研究所在他的影响下成为为数不多的将科学传播工作作为日常工作的科研机构之一,设立了中国科学院海洋生物标本馆、科普展厅等科普场馆,并建有中国科普博览(海洋生物虚拟博物馆)、中国科普博览(海洋馆)等科普站点。特别是自他担任山东省科协工作以来,他曾先后举办了新中国成立以来山东省规模最大的科普创作活动和科普积极分子评选活动等,为山东省科协日后的科学传播工作树立了优秀榜样。宋芝业、张佑文指出曾呈奎作为海洋科学工作者,相对于一般科学传播工作者而言,其传播手段、传播方式更加多样化,取得的成果也更为显著,但其科学传播思想也有一定局限性,如曾呈奎的科学传播工作多具有单向性,且在其思想中对"科普""科学传播"相关名称使用较为混乱等。裴嘉林则主要通过对海洋地质学家汪品先的海洋科学实验活动和科学文化观进行梳理后指出,汪品先作为科学家不但推动了地球系统科学研究取得了重大突破,而且还注重挖掘科学中的人文因素,搭建科学与文化的桥梁,致力于科普活动,主编了多部深海探索科普书籍,并推动建成我国第一个深海科普基地同济大学深海科普展示馆。

青少年是海洋科普的重要对象,中国著名科普学者,国家一级作家霞子强调如何加强青少年的海洋科普教育,为建设海洋强国培养未来人才的问题,值得深入探讨和研究。她认为目前可以从打造高质量的青少年海洋科普教育读物、大力开展青少年海洋科普研学活动、以沿海地区的青少年海洋科普教育优势,带动内陆和偏远地区的青少年海洋通识教育等措施推动全国青少年海洋科普教育的共同发展。

海洋科普教育承担着传播海洋科技、分享海洋文化、塑形海洋观等任务,实体化的科普场馆以及常规化的科普期刊、书籍、科普网站等是海洋科普教育的重要载体,但当前面临着众多问题亟待解决。潍坊医学院的赵洪武讲师指出,通过在《全国报刊索引》、"知网"等常用检索工具搜索"海洋"时发现目前与海洋有关的文献数量有 28 万多条,分布于 300 余种期刊、报纸、论文汇编、会议纪录中,但与海洋科普直接相关的内容较少。其中《海洋世界》是当前国内唯一一本有关海洋的综合性科普期刊,显示了当前海洋科普期刊存在数量少的尴尬局面。至于海洋科普图书的出版,目前国内以海洋出版社、中国海洋大学出版社为中坚力量,内容上偏重少儿海洋科普;海洋科普网站则存在科普内容少且陈旧的状况,亟待改善。临沂市科技馆的张纪昌作为一线科普工作者,他指出当前山东省各市县科技场馆的海洋科普具体时间尚未形成长效机制,海洋科普的新局面尚未呈现,文化氛围还不够浓厚,特别是非沿海市县的科技场馆因地缘劣势,海洋科普工作有较大提升空间。因此他以临沂市科技馆为例,结合实际情况,认为可从丰富科技展馆海洋科普建设内涵、拓展科技场馆海洋科普活动外延和激发科技场馆运行活力等三方面为山东省海洋科普提出实践思路和可行性建议。

山东大学马克思主义学院高奇教授指出,大数据既给海洋科普带来了新挑战,也为海洋科普营造了新域境。大数据技术能够推动是海洋科普在受众需求、内容供给、方法选择、评价反馈、管理服务等方面实现精准化,提升海洋科普供给与需求的匹配度。他认为,大数据正在重塑海洋科普模式,促使海洋科普模式从传统的单项、单一、粗放转向双向互动、全覆盖、个性化和精准。海洋科普工作者应当顺势而为,积极适应新的技术条件,推进海洋强国建设,共同构建海洋命运共同体。

## 四、海洋开发与生态保护

习近平总书记在 2013 年就曾指出,"经过多年发展,我国海洋事业总体上进入了历史上最好的发展时期"。"我们要着眼于中国特色社会主义事业发展全局,统筹国内国际两个大局,坚持陆海统筹,坚持走依海富国、以海强国、人海和谐、合作共赢的发展道路,通过和平、发展、合作、共赢方式,扎实推进海洋强国建设",而海洋强国战略的实施离不开对海洋的开放与保护,更是需要中国早期对海洋相关知识的积累。中国气象局气象干部培训学院张改珍副研究员利用丰富的文献材料,呈现出中国近代海洋气象事业发展的脉络,指出中国海洋大学经历多年积累成为发展海洋气象学学科的最重要基地之一,蒋丙然、王彬华是推动中国近代海洋气象事业发端、发展的重要人物。他指出近代海洋事业的发展通过科研机构与场所的建立、海洋气象研究及人才的培养、海洋气象观测与预报、海洋气象科普等活动为今天的海洋开发、保护提供了历史积淀。山东大学常春兰副教授、研究生孙佳丽认为,在当前海洋生态日益脆弱的严峻态势下,"海洋荒野"概念应运而生。"海洋荒野"作为不受人类影响的完整的海洋生态系统,具有特定的生物物理属性,但也具有一定程度的相对性。"海洋荒野"是以生物物理属性为基础的一种社会建构,积极宣传"海洋荒野"的价值,培养公众对"海洋荒野"的依恋情结不仅有助于中国领海的海洋保护,更有利于理解国际政策框架内公海保护政策。山东农业大学谢鸿坤指出要实现海洋生态的保护,必须关注海洋科技的发展。海洋科技作为一个观念体系、认知体系和方法体系,虽然因其本身的优先性和局限性决定了它对海洋生态文明支撑的局限性,但有限的海洋科技本身作为一个具有无限拓展可能的有机体又可为涉海世界最强大的实践手段。

海洋药物开发利用已经成为我国建设海洋强国的重要内容。山东中医药大学的研究生徐广浩、崔瑞兰教授指出,当前过度强调海洋药物资源的开发而忽视海洋生态环境的保护和修复已经对海洋生态环境造成了不利影响,使得海洋药物资源可持续开发利用面临严重挑战。因此,我们在推进海洋药物资源开发利用的同时,要始终坚持生态优先,落实海洋生态红线制度,为实现海洋药物资源可持续发展留足蓝色空间。中国海洋大学江宏春认为对于海洋的开发与保护,如南中国海地区,需要通过周边国家合作机制的构建来解决。对于如何达成这种合作,江宏春认为可以以《联合国海洋法合约》为基础,以现有的区域性环保合作机制为起点,并采用"分立""综合"并举的模式来推进,中国要在这一机制的构建过程中发挥必要领导作用。

另有学者注重探寻海洋开发过程中的风险问题的出现与解决。如山东科技大学的刘丽红和王耀东指出,海洋开发过程中客观上存在风险,而这些风险中有些是预测难度大、破坏程度高、影响范围大的"黑天鹅"事件。因此,我们必须树立风险意识,应用科学的应对机制防范化解海洋风险,防止或减少损失。赵永帅则以海上溢油事故为例来展现海洋开发中的不公平风险分配问题,指出这种溢油事故具有风险感知难度大、持续性强、防治难度大等特点,需要建立多重对策才有可能解决。

　　针对参会学者的观点,来自《山东社会科学》的编辑陆影和马来平理事长从观点创新、学术规范、问题意识、学理性等方面提出了诸多建设性意见,为参会者论文质量的进一步提升助力良多。

　　闭幕仪式由李夕聪副秘书长主持,杨立敏秘书长和马来平理事长分别总结讲话。中国科普作家协会海洋科普专业委员会秘书长杨立敏在总结讲话中表示,海洋科普专业委员会将一如既往,团结和凝聚社会各界力量,为普及海洋知识,提升全民海洋意识而继续努力。马来平教授指出,此次研讨会110余位专家、学者、科普一线工作者共聚一堂,山东自然辩证法研究会的会员更是在充分研讨和准备下使得年会的质量和学术氛围比往年有所提升,显示了大家对本次会议的热情和重视。他认为,此次会议学术含量厚重,不仅论题广泛,而且还将诸如"精准科普""海洋荒野""黑天鹅"等新思想、新观点、新概念融入研究主题,开拓了研究视野且具现实关怀,这次研讨会整体上呈现出规模大、层次高、学术交流广泛深入等特点,不仅意味着研究会工作形式创新"初战告捷",更代表着未来研究会的工作"天地广阔、任重道远",是一次成功、圆满的研讨会。